수학 좀 한다면

최상위를 위한 특별 학습 서비스

상위권 학습 자료
상위권 단원평가＋경시 기출문제(디딤돌 홈페이지 www.didimdol.co.kr)

문제풀이 동영상
HIGH LEVEL 전 문항 및 LEVEL UP TEST 80%

최상위 초등수학 5-2

펴낸날 [개정판 1쇄] 2022년 11월 15일 [개정판 6쇄] 2024년 10월 18일
펴낸이 이기열
펴낸곳 (주)디딤돌 교육
주소 (03972) 서울특별시 마포구 월드컵북로 122 청원선와이즈타워
대표전화 02-3142-9000
구입문의 02-322-8451
내용문의 02-323-9166
팩시밀리 02-338-3231
홈페이지 www.didimdol.co.kr
등록번호 제10-718호

최상위
수학 5·2 학습 스케줄표

짧은 기간에 집중력 있게 한 학기 과정을 학습할 수 있도록 설계하였습니다.
방학 때 미리 공부하고 싶다면 8주 완성 과정을 이용하세요.

공부한 날짜를 쓰고 하루 분량 학습을 마친 후, 부모님께 확인 check ☑를 받으세요.

1주

월	일	월	일	월	일	월	일	월	일
1. 수의 범위와 어림하기									
10~13쪽		14~16쪽		17~19쪽		20~22쪽		23~25쪽	
☐		☐		☐		☐		☐	

2주

월	일	월	일	월	일	월	일	월	일
1. 수의 범위와 어림하기				**2. 분수의 곱셈**					
26~28쪽		29~31쪽		36~39쪽		40~43쪽		44~47쪽	
☐		☐		☐		☐		☐	

3주

월	일	월	일	월	일	월	일	월	일
2. 분수의 곱셈						**3. 합동과 대칭**			
48~50쪽		51~53쪽		54~56쪽		60~63쪽		64~67쪽	
☐		☐		☐		☐		☐	

4주

월	일	월	일	월	일	월	일	월	일
3. 합동과 대칭									
68~70쪽		71~73쪽		74~76쪽		77~79쪽		80~82쪽	
☐		☐		☐		☐		☐	

공부를 잘 하는 학생들의 좋은 습관 8가지

매일매일 규칙적인 학습 시간 계획을 세워요.

과제에 대한 시간 관리를 잘 해요.

책상 정리정돈을 잘 해요.

열심히 공부한 다음 적당한 휴식을 가져요.

8주 완성

등, 하교 때 자신이 한 공부를 다시 기억하며 상기해 봐요.

모르는 부분에 대한 질문을 잘 해요.

수학 문제를 푼 다음 틀린 문제는 반드시 오답 노트를 만들어요.

자신만의 노트 필기법이 있어요.

상위권의 기준

최상위
수학

수학 좀 한다면

구성과 특징

MATH TOPIC

엄선된 대표 심화 유형들을 집중 학습함으로써 문제 해결력과 사고력을 향상시키는 단계입니다.

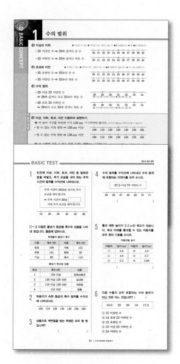

BASIC CONCEPT

개념 설명과 함께 구성되어 있습니다.
교과서 개념 이외의 실전 개념, 연결 개념, 주의 개념, 사고력 개념을 함께 정리하여 심화 학습의 기본기를 갖출 수 있게 하였습니다.

BASIC TEST

본격적인 심화 학습에 들어가기 전 단계로 개념을 적용해 보며 기본 실력을 확인합니다.

HIGH LEVEL

교외 경시 대회에서 출제되는 수준 높은 문제들을 풀어 봄으로써 상위 3% 최상위권에 도전하는 단계입니다.

윗 단계로 올라가는 데 어려움이 없도록 BRIDGE 문제들을 각 코너별로 배치하였습니다.

LEVEL UP TEST

대표 심화 유형 외의 다양한 심화 문제들을 풀어 봄으로써 해결 전략과 방법을 학습하고 상위권으로 한 걸음 나아가는 단계입니다.

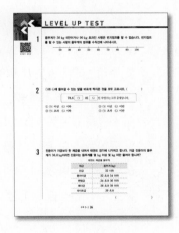

차례

수의 범위와 어림하기

230 — cm
220 —
210 —
200 —
190 —
180 —
170 —
160 —
150 —
140 —
130 —

간단하게
어림하기

포함되거나 안 되거나, 수의 범위

'탑승 기준: 키 160 cm 이상' 키가 159 cm인 친구가 놀이공원에 가서 이런 안내문을 본다면 실망할 수밖에 없겠죠? 키가 정확히 160 cm인 친구는 어떨까요? 자신의 키가 탑승할 수 있는 범위에 들어서 기쁠 거예요. 키가 0.1 cm, 아니 0.01 cm만 작았어도 160 cm 이상이라는 수의 범위에 들지 못했을 테니까요. 즉 160 이상의 범위에는 160과 같거나 160보다 큰 키가 포함돼요.

우리는 생활 속에서 이미 다양한 수의 범위를 사용하고 있어요. 수의 범위를 나타내는 말로는 이상, 이하, 초과, 미만이 있습니다. '정원이 15명 이하'인 버스에는 15명까지는 탈 수 있지만 16명은 탈 수 없어요. 15 이하인 수의 범위에는 16이 포함되지 않거든요. '시속 110 km 초과 운행 금지'인 도로에서는 시속 110 km보다 빠르게 달려선 안됩니다. ■ 초과는 ■ 보다 큰 수의 범위를 나타내기 때문이에요. 또한 '15세 미만 관람 불가'인 영화는 15세보다 나이가 적은 사람은 볼 수 없어요. ■ 미만은 ■ 보다 작은 수의 범위를 나타내니까요.

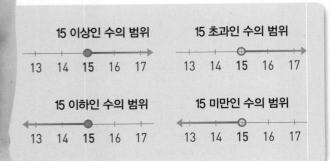

15 이상인 수의 범위   **15 초과인 수의 범위**
13 14 15 16 17   13 14 15 16 17

15 이하인 수의 범위   **15 미만인 수의 범위**
13 14 15 16 17   13 14 15 16 17

올림할까? 버림할까?

마트에 가면 물건을 몇 개씩 묶어서 팔거나 상자 안에 넣어서 파는 경우가 있어요. 만약에 풍선이 13개 필요한데 풍선을 10개씩 묶음으로만 판다면 풍선을 몇 묶음 사야 할까요? 풍선을 한 묶음만 사면 3개가 부족하기 때문에 두 묶음, 즉 20개를 살 수밖에 없지요. 13개가 필요할 때 20개를 사는 것은 3개를 10개로 생각하여 어림하는 방법인 올림을 활용한 것이에요.

반대로, 구하려는 자리 아래 수를 버려서 나타내는 방법을 버림이라고 해요. 풍선 98개를 한 상자에 10개씩 담아서 팔기로 했다면 팔 수 있는 풍선은 모두 몇 개일까요? 10개씩 9상자에 담고 남은 8개는 팔 수 없기 때문에 팔 수 있는 풍선은 모두 90개입니다. 남은 풍선 8개를 0개로 생각한 셈이에요.

이밖에도 생활 속에서 올림과 버림의 예는 수없이 많아요. 2019년은 '20세기'가 아닌 '21세기'라고 하죠? 2019를 올림하여 백의 자리까지 나타내면 2100이 되는 것을 이용한 것입니다. 10살부터 19살까지의 청소년을 '10대'라고 부르는 건 반대로 버림이 적용된 예랍니다.

더 가까운 숫자로 어림하기, 반올림

일상생활에서 모든 계산을 매번 정확하게 할 수 있을까요? 실제로는 정확한 계산보다 대략적인 양을 이용하여 어림하는 경우가 더 많습니다. 몸무게나 키는 물론이고 기온이나, 속도 등의 측정값은 대부분 어림하여 나타낸 값이에요. 생활에 큰 불편함을 주지 않는 정도에서 값을 어림하면 불필요한 과정을 없앨 수 있을 뿐만 아니라 수학적으로 생각하기도 훨씬 쉬워져요.

어느 미술관의 하루 관람객을 세어봤더니 7829명이었다면, 관람객을 약 8000명이라고 말할 수 있어요. 약 7800명 또는 약 7830명으로 말 할 수도 있고요. 이때 사용한 대표적인 어림 방법이 바로 반올림입니다. 7829는 7000과 8000 중에 8000에 더 가까우므로 7829를 반올림하여 천의 자리까지 나타내면 8000이 돼요. 또한 7829는 7800과 7900 중에 7800에 더 가까우므로 7829를 반올림하여 백의 자리까지 나타내면 7800이 됩니다.

반올림을 할 때는 구하려는 자리 바로 아래 자리 숫자를 확인하면 돼요. 구하려는 자리 바로 아래 자리의 숫자가 0, 1, 2, 3, 4이면 버림하고, 5, 6, 7, 8, 9이면 올림합니다.

1 수의 범위

BASIC CONCEPT

❶ 이상과 이하 ■ 이상인 수 또는 ■ 이하인 수는 기준이 되는 수 ■를 포함합니다. ➡ 점 ●을 사용합니다.

- 35 이상인 수 ➡ 35와 같거나 큰 수

30 31 32 33 34 35 36 37 38 39 40

- 35 이하인 수 ➡ 35와 같거나 작은 수

30 31 32 33 34 35 36 37 38 39 40

❷ 초과와 미만 ■ 초과인 수 또는 ■ 미만인 수는 기준이 되는 수 ■를 포함하지 않습니다. ➡ 점 ○을 사용합니다.

- 35 초과인 수 ➡ 35보다 큰 수

30 31 32 33 34 35 36 37 38 39 40

- 35 미만인 수 ➡ 35보다 작은 수

30 31 32 33 34 35 36 37 38 39 40

❸ 수의 범위

- 29 이상 33 미만인 수
  ➡ 29와 같거나 크고 33보다 작은 수

28 29 30 31 32 33 34
29 이상 33 미만인 자연수 ➡ 29, 30, 31, 32

- 29 초과 33 이하인 수
  ➡ 29보다 크고 33과 같거나 작은 수

28 29 30 31 32 33 34
29 초과 33 이하인 자연수 ➡ 30, 31, 32, 33

실전 개념

❶ 이상, 이하, 초과, 미만 이용하여 표현하기

예) 이 놀이 기구를 타려면 키가 130 cm 이상이어야 합니다. ＝키가 130 cm 미만이면 탈 수 없습니다.

- 탈 수 있는 키의 범위 ➡ 130 cm 이상

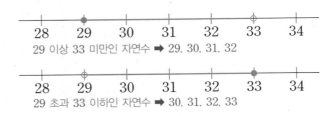

- 탈 수 없는 키의 범위 ➡ 130 cm 미만

100 110 120 130 140 150 160

예) 이 수레에 실을 수 있는 짐의 무게는 500 kg 이하입니다. ＝짐의 무게가 500 kg 초과이면 실을 수 없습니다.

- 실을 수 있는 무게의 범위 ➡ 500 kg 이하

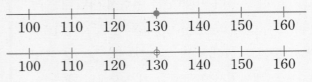

- 실을 수 없는 무게의 범위 ➡ 500 kg 초과

200 300 400 500 600 700 800

연결 개념

[중등 연계]

❶ 부등호 읽기

- ■≥● ➡ ■는 ●보다 크거나 같습니다.
  ■는 ● 이상입니다.

- ■≤● ➡ ■는 ●보다 작거나 같습니다.
  ■는 ● 이하입니다.

- ■>● ➡ ■는 ●보다 큽니다.
  ■는 ● 초과입니다.

- ■<● ➡ ■는 ●보다 작습니다.
  ■는 ● 미만입니다.

❷ 두 수의 범위에 공통으로 속하는 자연수 찾기

| 11 초과 17 미만 | 14 이상 20 이하 |

두 수의 범위를 각각 수직선에 나타내고 공통된 수의 범위를 찾습니다.

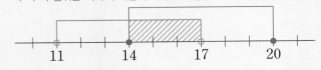

11 14 17 20

➡ 공통된 수의 범위는 14 이상 17 미만이므로 주어진 수의 범위에 공통으로 속하는 자연수는 14, 15, 16입니다.

1 빈칸에 이상, 이하, 초과, 미만 중 알맞은 말을 써넣고, 추가 요금을 내야 하는 주차 시간의 범위를 수직선에 나타내시오.

> 주차 시간이 30분을 넘으면 추가 요금을 내야 합니다.
>
> ➡ 주차 시간이 30분 ☐ 이면 추가 요금을 내야 합니다.

```
  ├────┼────┼────┼────┼────┤
 10   20   30   40   50   60
```

[2~3] 다음은 줄넘기 등급별 횟수와 상품을 나타낸 표입니다. 물음에 답하시오.

학생들의 줄넘기 횟수

이름	횟수 (번)	이름	횟수 (번)
준호	109	가희	121
하윤	141	희원	95
기상	89	예서	110

줄넘기 횟수별 상품

등급	횟수 (번)	상품
1	150 이상	문화상품권
2	130 이상 150 미만	실내화
3	110 이상 130 미만	색연필
4	110 미만	필통

2 하윤이가 속한 등급의 횟수 범위를 수직선에 나타내시오.

```
  ├────┼────┼────┼────┼────┼────┤
 100  110  120  130  140  150  160
```

3 상품으로 색연필을 받는 학생은 모두 몇 명입니까?

( )

4 수의 범위를 수직선에 나타내고 수의 범위에 포함되는 자연수를 모두 쓰시오.

> 67.5 이상 70 미만인 수

```
  ├────┼────┼────┼────┼────┼────┤
 65   66   67   68   69   70   71
```

( )

5 어떤 육교 아래에는 높이가 5.3 m 미만인 자동차만 통과할 수 있습니다. 육교 아래를 통과할 수 있는 자동차를 모두 찾아 기호를 쓰시오.

자동차별 높이

자동차	높이 (m)	자동차	높이 (m)
㉠	5.6	㉣	4.9
㉡	4.6	㉤	5.7
㉢	5.3	㉥	5.08

( )

6 다음 수들이 모두 포함되는 수의 범위가 아닌 것은 어느 것입니까? ( )

> 15.0   23   20   19   17.5

① 15 이상인 수
② 14 초과 23 이하인 수
③ 15 초과인 수
④ 15 이상 23 이하인 수
⑤ 24 미만인 수

2 어림하기

❶ 올림, 버림, 반올림 알아보기

올림	버림	반올림
구하려는 자리 아래 수를 올려서 나타내는 방법	구하려는 자리 아래 수를 버려서 나타내는 방법	구하려는 자리 바로 아래 자리의 숫자가 0, 1, 2, 3, 4이면 버리고, 5, 6, 7, 8, 9이면 올리는 방법
• 올림하여 십의 자리까지 나타내면 1572 ➡ 1580 십의 자리 아래 수인 2를 10으로 봅니다. • 올림하여 백의 자리까지 나타내면 1572 ➡ 1600 백의 자리 아래 수인 72를 100으로 봅니다.	• 버림하여 십의 자리까지 나타내면 1572 ➡ 1570 십의 자리 아래 수인 2를 0으로 봅니다. • 버림하여 백의 자리까지 나타내면 1572 ➡ 1500 백의 자리 아래 수인 72를 0으로 봅니다.	• 반올림하여 백의 자리까지 나타내면 1572 ➡ 1600 십의 자리 숫자가 7이므로 올림합니다.

❷ 올림, 버림, 반올림 활용하기

올림	버림	반올림
• 묶음으로 판매하는 물건을 부족하지 않게 사는 경우 • 지폐만으로 물건을 사는 경우	• 물건을 묶음으로 포장하는 경우 • 동전을 지폐로 바꾸는 경우	• 측정한 값을 주어진 수와 가까운 몇십 또는 몇백 등으로 표현하는 경우
예 색종이 138장을 10장씩 묶음으로 사려면 138을 올림하여 십의 자리까지 나타냅니다. 138 ➡ 140 최소 140장 사야 합니다.	예 구슬 138개를 10개씩 묶음으로 포장하려면 138을 버림하여 십의 자리까지 나타냅니다. 138 ➡ 130 최대 130개 포장할 수 있습니다.	예 관람객 138명을 몇백 몇십 명으로 표현하려면 138을 반올림하여 십의 자리까지 나타냅니다. 138 ➡ 140 140명입니다.

실전개념

❶ 소수 4.253을 어림하여 나타내기

• 올림하여 소수 첫째 자리까지 ➡ 4.3
  소수 첫째 자리 아래 수인 0.053을 0.1로 봅니다.

• 반올림하여 일의 자리까지 ➡ 4
  소수 첫째 자리 숫자가 2이므로 버림합니다.

❷ 어림하기 전 수의 범위 구하기

어림한 방법	어림하기 전 수의 범위
올림하여 십의 자리까지 나타낸 수가 40일 때,	├─●───┼───●───┼───○──┤ 30 40 50 ➡ 30 초과 40 이하인 수
버림하여 십의 자리까지 나타낸 수가 40일 때,	├───┼───●───┼───○┤ 30 40 50 ➡ 40 이상 50 미만인 수
반올림하여 십의 자리까지 나타낸 수가 40일 때,	├───●───┼───○───┤ 30 35 40 45 50 ➡ 35 이상 45 미만인 수

사고력개념

❶ 올림, 버림, 반올림을 그림으로 이해하기

25를 올림하여 십의 자리까지	25를 버림하여 십의 자리까지	25를 반올림하여 십의 자리까지
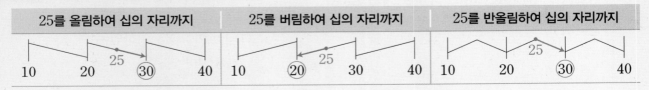		

1 올림하여 주어진 자리까지 나타내어 보시오.

수	백의 자리	천의 자리
5049		
26718		

2 버림하여 천의 자리까지 나타내면 3000이 되는 수를 모두 찾아 ○표 하시오.

> 3003   4418   3988   2099   4001

3 182를 반올림하여 나타내려고 합니다. 다음 수직선을 보고 □ 안에 알맞은 수를 써넣으시오.

(1)

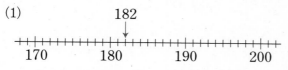

182를 반올림하여 십의 자리까지 나타내면 □ 입니다.

(2)

182를 반올림하여 백의 자리까지 나타내면 □ 입니다.

4 시은이가 100원짜리 동전을 347개 모았습니다. 모은 돈을 1000원짜리 지폐로 바꾸면 최대 얼마까지 바꿀 수 있습니까?

( )

5 귤 492상자를 수레에 모두 실으려고 합니다. 수레 한 대에 최대 10상자까지 실을 수 있다면 수레는 최소 몇 대 필요합니까?

( )

6 다섯 자리 수 ■▲504를 올림하여 천의 자리까지 나타내었더니 43000이 되었습니다. 어림하기 전의 다섯 자리 수를 구하시오.

( )

7 어떤 수를 반올림하여 십의 자리까지 나타내었더니 480이 되었습니다. 어떤 수가 될 수 있는 수의 범위를 수직선에 나타내어 보시오.

MATH TOPIC 1 심화유형

이상, 이하, 초과, 미만을 이용하여 표현하기

어떤 과학관에서 나이가 다음과 같은 사람에게는 입장료를 받지 <u>않기로</u> 했습니다. 입장료를 내야 하는 나이의 범위를 초과와 미만을 이용하여 나타내시오.

> 만 10세 이하인 사람
> 만 60세 이상인 사람

● 생각하기 주어진 범위에 속하지 않는 나이를 알아봅니다.

● 해결하기 **1단계** 입장료를 내야 하는 나이의 범위 알아보기

만 10세 이하이면 입장료를 내지 않습니다. ➡ 만 10세보다 많으면 입장료를 내야 합니다.
만 10세와 같거나 적으면

만 60세 이상이면 입장료를 내지 않습니다. ➡ 만 60세보다 적으면 입장료를 내야 합니다.
만 60세와 같거나 많으면

2단계 초과와 미만을 이용하여 나타내기

10보다 큰 수 ➡ 10 초과인 수

60보다 작은 수 ➡ 60 미만인 수

따라서 입장료를 내야 하는 나이의 범위는 만 10세 초과 만 60세 미만입니다.

답 만 10세 초과 만 60세 미만

1-1 다음은 놀이공원에서 바이킹을 탈 수 있는 키의 범위를 수직선에 나타낸 것입니다. 빈칸에 이상, 이하, 초과, 미만 중 알맞은 말을 써넣으시오.

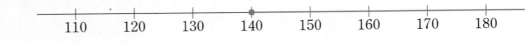

110	120	130	140	150	160	170	180

➡ 키가 140 cm ☐ 인 사람만 바이킹을 탈 수 있습니다.

➡ 키가 140 cm ☐ 인 사람은 바이킹을 탈 수 없습니다.

1-2 나이가 다음과 같은 사람은 지하철 요금을 내지 <u>않아도</u> 됩니다. 지하철 요금을 내야 하는 나이의 범위를 이상과 미만을 이용하여 나타내시오.

> 만 6세 미만인 사람
> 만 65세 이상인 사람

(   )

MATH TOPIC

심화유형 **2**

주어진 수의 범위에 포함되는 자연수 구하기

수직선에 나타낸 수의 범위에 포함되는 자연수는 모두 10개입니다. ㉠에 알맞은 자연수를 구하시오.

```
————————————●————————————————————————⊕————
            74                        ㉠
```

● **생각하기** • ■ 이상인 수의 범위에는 ■가 포함됩니다.
  • ■ 미만인 수의 범위에는 ■가 포함되지 않습니다.

● **해결하기** **1단계** 주어진 수의 범위에 포함되는 자연수 알아보기

주어진 수의 범위는 74와 같거나 크고 ㉠보다 작습니다. ➡ 74 이상 ㉠ 미만
74와 같거나 큰 자연수를 작은 수부터 차례로 10개 써 보면
74, 75, 76, 77, 78, 79, 80, 81, 82, 83입니다.

2단계 ㉠에 알맞은 자연수 구하기

주어진 수의 범위에 포함되는 자연수 중 가장 큰 수는 83이고, ㉠ 미만에는 ㉠이 포함되지 않으므로 ㉠은 84입니다. ➡ 즉 주어진 수의 범위는 74 이상 84 미만입니다.

답 84

2-1 다음 빈칸에 알맞은 자연수를 구하시오.

> 27.6 이상 ☐ 미만인 자연수는 모두 9개입니다.

( )

2-2 수직선에 나타낸 수의 범위에 포함되는 자연수는 모두 7개입니다. ㉠에 알맞은 자연수를 구하시오.

```
————————————●————————————————————————●————
            ㉠                        55
```

( )

2-3 두 수직선에 나타낸 수의 범위에 공통으로 포함되는 자연수를 모두 쓰시오.

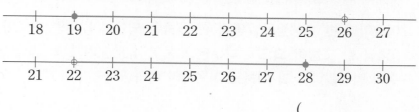

( )

조건에 맞는 수의 범위 구하기

심화유형 3

경호네 학교 학생들이 케이블카를 타려고 합니다. 한 번에 30명까지 탈 수 있는 케이블카를 최소한 5번 운행해야 모두 탈 수 있습니다. 학생 수의 범위를 초과와 이하를 이용하여 나타내시오.

● 생각하기 케이블카를 못 탄 학생이 1명 남아도 한 번 더 운행해야 합니다.

● 해결하기 **1단계** 학생 수가 가장 많은 경우와 가장 적은 경우 각각 알아보기

30명씩 타고 5번 운행하는 경우 ➡ (학생 수)=30×5=150(명)

30명씩 타고 4번 운행하고 1명이 남는 경우 ➡ (학생 수)=30×4+1=121(명)

2단계 학생 수의 범위 구하기

학생 수가 가장 적은 경우는 121명이고, 가장 많은 경우는 150명입니다.

따라서 학생 수는 120명 초과 150명 이하입니다.

120명이 학생 수의 범위에 포함되지 않습니다.

답 120명 초과 150명 이하

3-1 어느 회사 직원들이 엘리베이터를 타려고 합니다. 한 번에 8명까지 탈 수 있는 엘리베이터를 적어도 9번 운행해야 모두 탈 수 있습니다. 이 회사 직원 수의 범위를 이상과 이하를 이용하여 나타내시오.

( )

3-2 어떤 농장에서 수확한 딸기를 한 바구니에 20개씩 담았습니다. 딸기를 남김없이 모두 담으려면 최소 55개의 바구니가 필요합니다. 수확한 딸기 수의 범위를 초과와 이하를 이용하여 나타내시오.

( )

3-3 이슬이네 반 학생들을 7명씩 한 모둠이 되도록 나누면 모둠이 5개 생기고 몇 명이 남고, 9명씩 한 모둠이 되도록 나누면 모둠이 4개 생기고 몇 명이 남습니다. 이슬이네 반 학생 수의 범위를 이상과 이하를 이용하여 나타내시오.

( )

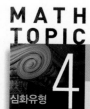

MATH TOPIC 4

심화유형

어림하여 나타내기

34725를 올림하여 백의 자리까지 나타낸 수와 버림하여 천의 자리까지 나타낸 수의 차를 구하시오.

● 생각하기   올림하여 ■의 자리까지 나타내기 위해서 ■의 자리 아래 수를 ■으로 봅니다.
버림하여 ■의 자리까지 나타내기 위해서 ■의 자리 아래 수를 0으로 봅니다.

● 해결하기   **1단계** 올림하여 백의 자리까지 나타내기

34725의 백의 자리 아래 수인 25를 100으로 보고 올림하면 34725 ➡ 34800입니다.

2단계 버림하여 천의 자리까지 나타내기

34725의 천의 자리 아래 수인 725를 0으로 보고 버림하면 34725 ➡ 34000입니다.

➡ 34800-34000=800

답 800

4-1   61549를 어림하여 나타낸 수가 큰 것부터 차례로 기호를 쓰시오.

ⓐ 올림하여 십의 자리까지 나타낸 수   ⓒ 버림하여 백의 자리까지 나타낸 수
ⓒ 반올림하여 천의 자리까지 나타낸 수   ② 반올림하여 만의 자리까지 나타낸 수

(   )

4-2   4299를 버림하여 십의 자리까지 나타낸 수와 반올림하여 십의 자리까지 나타낸 수의 차를 구하시오.

(   )

4-3   다음 중 올림하여 천의 자리까지 나타낸 수와 버림하여 천의 자리까지 나타낸 수가 같은 것을 모두 찾아 쓰시오.

| 13001 | 7000 | 2999 | 6520 | 1080 | 26000 |

(   )

MATH TOPIC

5 심화유형

반올림 활용하기

오른쪽과 같은 정사각형 모양의 꽃밭의 둘레는 몇 m인지 반올림하여 일의 자리까지 나타내시오.

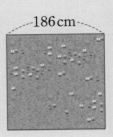
186 cm

● 생각하기 반올림하여 일의 자리까지 나타내려면 <u>소수 첫째 자리의 숫자</u>를 확인합니다.
일의 자리의 바로 아래 자리

● 해결하기 **1단계** 꽃밭의 둘레가 몇 m인지 알아보기

(꽃밭의 둘레)$=186 \times 4 = 744$ (cm) ➡ 7.44 m

2단계 꽃밭의 둘레를 반올림하여 일의 자리까지 나타내기

7.44를 반올림하여 일의 자리까지 나타내면 소수 첫째 자리 숫자가 4이므로 버림하여 7이 됩니다. ➡ 7 m

7.44는 7과 8 중에서 7에 가깝습니다.

답 7 m

5-1 하나의 무게가 3180 g인 볼링공 3개의 무게는 몇 kg인지 반올림하여 일의 자리까지 나타내시오.

(   )

5-2 박물관에 오늘 오전에 입장한 사람은 168명이고 오늘 오후에 입장한 사람은 279명입니다. 오늘 박물관에 입장한 사람 수를 반올림하여 몇백 몇십 명으로 나타내면 ㉠명, 반올림하여 몇백 명으로 나타내면 ㉡명입니다. ㉠과 ㉡의 차를 구하시오.

(   )

5-3 어느 학교에서 1554명의 학생들에게 학교 뱃지를 하나씩 나누어주려고 합니다. 필요한 뱃지의 개수를 세 사람이 각각 다음과 같이 어림하였습니다. 뱃지의 개수를 학생 수와 가장 가깝게 어림한 사람을 찾아 이름을 쓰시오. (단, 모든 학생이 뱃지를 받아야 합니다.)

> • 하진: 학생 수를 반올림하여 십의 자리까지
> • 규성: 학생 수를 반올림하여 백의 자리까지
> • 은채: 학생 수를 반올림하여 천의 자리까지

(   )

올림, 버림 활용하기

심화유형 **6**

현화네 학교에서 724명의 학생에게 공책을 한 권씩 나누어주려고 합니다. 문구점에서 공책을 10권씩 묶음으로만 팔고 한 묶음의 가격은 2000원입니다. 공책을 사는 데 최소 얼마가 필요합니까?

● **생각하기**   묶음으로 파는 물건을 부족하지 않게 사는 경우에는 올림을 이용합니다.

● **해결하기**   **1단계** 사야 할 공책은 몇 권인지 알아보기

공책을 10권씩 묶음으로 사야 하므로 724를 올림하여 십의 자리까지 나타내면 730입니다. 즉 사야 하는 공책은 730권입니다.

2단계 공책을 사는 데 적어도 얼마가 필요한지 구하기

공책을 10권씩 73묶음 사야 합니다. 72묶음을 사면 공책이 4권 부족합니다.

따라서 공책을 사는 데 최소 73×2000=146000(원)이 필요합니다.

답 146000원

6-1 어떤 제과점에서 식빵 한 개를 만드는 데 밀가루가 100 g 필요하다고 합니다. 이 제과점에서 밀가루 9.58 kg으로 만들 수 있는 식빵은 최대 몇 개입니까?

(   )

6-2 윤기네 농장에서 고구마를 519 kg 캤습니다. 이 고구마를 10 kg씩 상자에 담아서 팔려고 합니다. 한 상자에 15000원씩 받고 상자에 담은 고구마를 모두 판다면 받을 수 있는 돈은 최대 얼마입니까?

(   )

6-3 수아네 학교 학생 477명에게 풍선을 하나씩 나누어 주려고 합니다. 풍선을 25개씩 묶음으로만 팔고 한 묶음에 3000원이라면, 풍선을 사는 데 최소 얼마가 필요합니까?

(   )

어림하기 전의 수 완성하기

네 자리 수 1▲■7을 올림하여 백의 자리까지 나타내었더니 1300이 되었습니다. 네 자리 수 1▲■7 중 가장 작은 수를 구하시오.

● 생각하기   올림하여 백의 자리까지 나타내기 위해서 백의 자리 아래 수를 100으로 봅니다.
단, 백의 자리 아래 수가 0일 때는 올림하지 않습니다.

● 해결하기   **1단계** 올림하기 전의 수를 생각하여 ▲ 구하기

1▲■7의 백의 자리 아래 수 ■7을 100으로 보고 올림하였더니 1300이 되었습니다.

➡ 백의 자리 숫자 ▲는 3보다 1 작은 수인 2이므로 어림하기 전의 수는 12■7입니다.

2단계 어림하기 전의 네 자리 수 중 가장 작은 수 구하기

12■7의 ■에는 0부터 9까지의 수가 모두 들어갈 수 있습니다.

따라서 어림하기 전의 네 자리 수 중 가장 작은 수는 1207입니다.

답 1207

7-1 다섯 자리 수 5■▲01을 올림하여 백의 자리까지 나타내었더니 54700이 되었습니다. 다섯 자리 수 5■▲01을 반올림하여 천의 자리까지 나타내어 보시오.

(   )

7-2 네 자리 수 7▲■6을 버림하여 백의 자리까지 나타내었더니 7100이 되었습니다. 네 자리 수 7▲■6 중 가장 큰 수를 구하시오.

(   )

7-3 네 자리 수 55□3을 올림하여 백의 자리까지 나타낸 수와 반올림하여 백의 자리까지 나타낸 수가 같습니다. □ 안에 들어갈 수 있는 수를 모두 구하시오.

(   )

MATH TOPIC 8

심화유형

어림하기 전의 수의 범위 구하기

어떤 수를 반올림하여 백의 자리까지 나타내었더니 4800이 되었습니다. 어떤 수가 될 수 있는 수의 범위를 이상과 미만을 이용하여 나타내시오.

● 생각하기   반올림하여 백의 자리까지 나타낸 수는 십의 자리에서 올림하거나 버림한 것입니다.

● 해결하기   **1단계** 어림하기 전의 수 중 가장 작은 수 구하기 ← 십의 자리에서 올림한 경우

어림하기 전의 수는 <u>4800보다는 작으면서</u> 십의 자리 숫자가 5, 6, 7, 8, 9 중 하나여야 합니다. ➡ 4750 이상   47□□

2단계 어림하기 전의 수 중 가장 큰 수 구하기 ← 십의 자리에서 버림한 경우

어림하기 전의 수는 <u>4800보다는 크면서</u> 십의 자리 숫자가 0, 1, 2, 3, 4 중 하나여야 합니다. ➡ 4850 미만   48□□

따라서 어떤 수의 범위는 4750 이상 4850 미만입니다.

답 4750 이상 4850 미만

8-1   어떤 수를 올림하여 백의 자리까지 나타내었더니 4400이 되었습니다. 어떤 수가 될 수 있는 수 중 가장 작은 자연수와 가장 큰 자연수를 각각 구하시오.

가장 작은 자연수 (   )

가장 큰 자연수 (   )

8-2   어떤 수를 반올림하여 십의 자리까지 나타내었더니 640이 되었습니다. 어떤 수가 될 수 있는 수의 범위를 이상과 미만을 이용하여 나타내시오.

(   )

8-3   어떤 수를 버림하여 천의 자리까지 나타내었더니 37000이 되었습니다. 어떤 수가 될 수 있는 수의 범위를 수직선에 나타내시오.

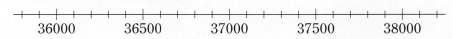

MATH TOPIC 9
심화유형

어림하기 전의 수의 범위 활용하기

오른쪽 정오각형의 모든 변의 길이의 합을 반올림하여 십의 자리까지 나타내었더니 290 cm가 되었습니다. 이 정오각형의 한 변의 길이의 범위를 이상과 미만을 이용하여 나타내시오.

● **생각하기** 정오각형의 모든 변의 길이의 합의 범위가 ● cm 이상 ★ cm 미만일 때, 한 변의 길이의 범위는 (●÷5) cm 이상 (★÷5) cm 미만입니다.

● **해결하기** **1단계** 어림하기 전 모든 변의 길이의 합의 범위 알아보기

반올림하여 십의 자리까지 나타내면 290이 되는 수의 범위 ➡ 285 이상 295 미만

즉 정오각형의 모든 변의 길이의 합의 범위는 285 cm 이상 295 cm 미만입니다.

2단계 정오각형의 한 변의 길이의 범위 나타내기

정오각형은 다섯 변의 길이가 같으므로 정오각형의 한 변의 길이의 범위는

(285÷5) cm 이상 (295÷5) cm 미만 ➡ 57 cm 이상 59 cm 미만입니다.

답 57 cm 이상 59 cm 미만

9-1 어떤 수에 50을 더한 후 올림하여 십의 자리까지 나타내었더니 100이 되었습니다. 어떤 수의 범위를 초과와 이하를 이용하여 나타내시오.

(   )

9-2 오른쪽 정삼각형의 한 변의 길이를 버림하여 십의 자리까지 나타내면 290 cm가 됩니다. 이 정삼각형의 모든 변의 길이의 합의 범위는 몇 cm 이상 몇 cm 미만입니까?

(   )

9-3 예성이의 시험 성적을 나타낸 표입니다. 네 과목의 총점이 340점 이상 370점 미만이면 장려상을 받을 수 있습니다. 예성이가 장려상을 받으려면 수학 점수를 최소 몇 점 이상 받아야 합니까? (단, 한 과목당 100점 만점입니다.)

시험 성적

과목	국어	수학	사회	과학
점수 (점)	88		80	85

(   )

수의 범위와 어림하기를 활용한 교과통합유형

수학+사회

수도권 지하철 요금은 기본 요금과 추가 요금의 합으로, 거리에 따라 추가 요금이 늘어납니다. 다음은 거리에 따른 지하철 교통 카드 요금을 나타낸 표이고, 보기 는 지하철 요금을 계산하는 방법입니다. 만 13살인 진우가 시청역에서 출발하여 방배역까지 지하철을 타고 갔습니다. 두 역 사이의 노선 거리가 25.4 km일 때, 진우가 교통 카드로 지불한 요금은 얼마입니까?

지하철 교통 카드 요금

	거리	요금		
		어른	청소년	어린이
기본 요금	10 km 이하	1250원	720원	450원
추가 요금	10 km 초과 50 km 이하	5 km마다 100원	5 km마다 80원	5 km마다 50원
	50 km 초과	8 km마다 100원	8 km마다 80원	8 km마다 50원

어른: 만 18세 이상 만 65세 미만 / 청소년: 만 13세 이상 만 18세 미만 / 어린이: 만 6세 이상 만 13세 미만

보기

(예) 어른 한 명이 시청역부터 서초역까지(23.7 km)갈 때,

$23.7 = 10 + 13.7 = 10 + 5 \times 2 + 3.7$이므로 10 km까지는 기본 요금으로 가고, 추가 요금이 5 km마다 100원씩 $2 + 1 = 3$(번) 붙습니다.

➡ (지하철 요금) = (기본 요금) + (추가 요금)

$\qquad = 1250 + 100 \times 3 = 1250 + 300 = 1550$(원)

● **생각하기**
- 나이에 따라 기본 요금과 추가 요금이 다릅니다.
- 일정한 거리마다 추가 요금이 붙습니다.

● **해결하기** **1단계** 기본 요금 알아보기

만 13살은 청소년에 속하므로 기본 요금은 ☐ 원입니다.

2단계 추가 요금 알아보기

25.4 km는 10 km 초과 50 km 이하에 속하므로 요금은 10 km 지점에서 5 km씩 늘어날 때마다 ☐ 원씩 추가됩니다.

➡ $25.4 = 10 + 15.4 = 10 + 5 \times 3 + 0.4$이므로 추가 요금이 ☐ 번 붙습니다.

3단계 교통 카드로 지불한 요금 구하기

(진우의 지하철 요금) = (기본 요금) + (추가 요금) = ☐ $+ 80 \times$ ☐ $=$ ☐ (원)

답 ☐ 원

LEVEL UP TEST

1 몸무게가 30 kg 미만이거나 90 kg 초과인 사람은 번지점프를 할 수 없습니다. 번지점프를 할 수 있는 사람의 몸무게의 범위를 수직선에 나타내시오.

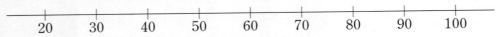

2 ㉠과 ㉡에 들어갈 수 있는 말을 바르게 짝지은 것을 모두 고르시오. (   )

> 78.6 ㉠ 81 ㉡ 인 자연수는 모두 2개입니다.

① ㉠: 이상   ㉡: 이하   ② ㉠: 이상   ㉡: 미만

③ ㉠: 초과   ㉡: 이하   ④ ㉠: 초과   ㉡: 미만

3 진웅이가 지금보다 한 체급을 내려서 태권도 경기에 나가려고 합니다. 지금 진웅이의 몸무게가 38.8 kg이라면 진웅이는 몸무게를 몇 kg 이상 몇 kg 미만 줄여야 합니까?

태권도 체급별 몸무게

체급	몸무게 (kg)
핀급	32 이하
플라이급	32 초과 34 이하
밴텀급	34 초과 36 이하
페더급	36 초과 39 이하
라이트급	39 초과

(   )

4 다음 수 카드 중 세 장을 골라 소수 두 자리 수를 만들려고 합니다. 만들 수 있는 수 중에서 6 초과 8.6 이하인 수는 모두 몇 개입니까?

$$\boxed{4} \quad \boxed{6} \quad \boxed{1} \quad \boxed{8}$$

(   )

5 다음 중 어림하는 방법이 다른 한 경우를 찾아 기호를 쓰시오.

> ㉠ A4용지를 100장씩 묶음으로 팔 때, A4용지 3720장이 필요하다면 몇 묶음을 사야 할까?
>
> ㉡ 1300원짜리 우유와 2300원짜리 빵 값을 천 원짜리 지폐로만 낸다면 얼마를 내야 할까?
>
> ㉢ 선물을 한 개 포장하는 데 리본을 1 m씩 사용한다면 리본 2580 cm로 선물을 몇 개 포장할 수 있을까?

(   )

서술형 6 동현이와 재호가 23500원짜리 축구공을 각각 1개씩 사려고 합니다. 축구공의 값을 동현이는 10000원짜리, 재호는 1000원짜리 지폐로만 내려고 합니다. 두 사람이 내야 할 금액의 차는 얼마인지 풀이 과정을 쓰고 답을 구하시오.

풀이
....

....

....

답 ....

서술형 7
어떤 자연수 ■에 5를 곱해서 나온 수를 버림하여 백의 자리까지 나타내었더니 2700이 되었습니다. ■가 될 수 있는 수 중 가장 큰 수는 무엇인지 풀이 과정을 쓰고 답을 구하시오.

풀이 ....

....

....

....

답 ....

8
어떤 수를 올림하여 십의 자리까지 나타내었더니 560이 되고, 버림하여 십의 자리까지 나타내었더니 550이 되었습니다. 어떤 수가 될 수 있는 수의 범위를 초과와 미만을 이용하여 나타내시오.

(   )

9
어떤 가수의 팬클럽 회원 수를 올림하여 백의 자리까지 나타내면 8000명이 됩니다. 한 사람이 입회비로 500원씩 낸다면 모이는 입회비는 최소 얼마입니까?

(   )

수학+과학

STEAM형
■●▲10

간장은 콩을 삶아 만든 *메주를 소금물에 담가 *발효시켜 만듭니다. 장을 담가 보관하는 옹기 항아리를 장독이라고 하는데, 장독은 통풍과 습도 유지가 용이하여 '숨쉬는 그릇'이라고도 불립니다. 5 L 들이의 장독에 간장이 가득 들어 있습니다. 이 간장을 1.5 L 들이의 병에 가득 담아 한 병에 16000원씩 받고 팔려고 합니다. 간장을 팔아서 받을 수 있는 돈은 최대 얼마입니까?

*메주: 콩을 삶아서 찧은 다음 띄워 말린 것. 간장, 된장, 고추장의 원료로 쓰입니다.
*발효: 미생물이 유기 화합물을 분해하는 작용.

(   )

11 공원 산책로를 10바퀴 돈 거리를 반올림하여 일의 자리까지 나타내면 9 km가 됩니다. 공원 산책로 한 바퀴의 거리는 최소 몇 m입니까?

(   )

12 어린이 도서관에서 책이 7321권 있습니다. 이 책들을 한 층에 50권씩 꽂을 수 있는 책장에 모두 꽂으려고 합니다. 책장 하나에 층이 5개씩 있다면 책장은 최소 몇 개 필요합니까?

(   )

13 농구 경기를 관람하러 온 입장객 수를 반올림하여 백의 자리까지 나타내면 4300명이 됩니다. 이 입장객들에게 응원 깃발을 1개씩 나누어 주기 위해 4300개의 응원 깃발을 준비했습니다. 깃발이 가장 많이 남을 때, 남는 깃발은 몇 개입니까?

(   )

14 세호네 학교 학생 수를 올림하여 백의 자리까지 나타내면 300명, 반올림하여 백의 자리까지 나타내면 200명이 됩니다. 급식실에서 간식으로 모든 학생들에게 삶은 달걀을 두 개씩 주려고 합니다. 달걀이 한 판에 30개씩일 때, 달걀을 최소 몇 판 준비해야 합니까?

( )

> 경시
> 기출
> 문제
15 다섯 자리 수 52□79를 버림하여 천의 자리까지 나타낸 수와 반올림하여 천의 자리까지 나타낸 수가 같습니다. □ 안에 들어갈 수 있는 수를 모두 구하시오.

( )

16 어느 농장의 연도별 배 수확량을 반올림하여 백의 자리까지 나타낸 꺾은선그래프입니다. 2017년과 2018년의 실제 배 수확량의 차는 최대 몇 개입니까?

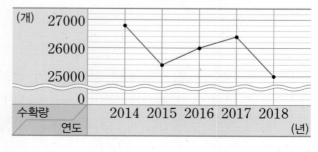

연도별 배 수확량

( )

1 다음은 선규네 모둠 학생들의 제자리 멀리뛰기 대회 기록입니다. 모둠 학생 중 4명이 입상하였을 때, ☐ 안에 알맞은 자연수를 써넣으시오.

제자리 멀리뛰기 대회 기록

이름	선규	다희	은주	서우	예림	아진	지율
기록 (cm)	80.5	98	77.2	111	56	107.9	114
이름	상현	효림	라온	인혜	석하	현호	세빈
기록 (cm)	104.3	97.3	88.6	79.9	64.7	100.5	104

➡ 제자리 멀리뛰기 대회 기록의 입상 기준은 ☐ cm 초과입니다.

2 승철이네 학교에서 체육대회 때 사용할 풍선 394개를 사려고 합니다. ㉮ 문구점에서는 풍선을 10개씩 묶음으로 팔고 한 묶음에 800원입니다. ㉯ 문구점에서는 풍선을 30개씩 묶음으로 팔고 한 묶음에 2250원입니다. 풍선을 부족하지 않게 최소 묶음으로 사려면 어느 문구점에서 사는 것이 더 유리합니까?

(   )

서술형 **3** 5장의 수 카드 중 4장을 골라 네 자리 수를 만들려고 합니다. 만들 수 있는 수 중 반올림하여 백의 자리까지 나타내면 5000이 되는 수는 모두 몇 개인지 풀이 과정을 쓰고 답을 구하시오.

5 0 9 7 4

풀이 ....

....

....

....

답 ....

4 네 자리 수 39■1을 반올림하여 백의 자리까지 나타낸 수와 반올림하여 십의 자리까지 나타낸 수가 같습니다. 어림하기 전의 네 자리 수를 구하시오.

(   )

> 경시
> 기출
> 문제

5 윤서네 반 학생들 중 오늘 모자를 쓴 학생이 15명, 안경을 쓴 학생이 9명입니다. 모자도 쓰지 않고 안경도 쓰지 않은 학생이 7명일 때, 윤서네 반 학생 수를 초과와 미만을 이용하여 나타내시오.

(   )

6 다음 세 가지 조건을 모두 만족하는 자연수는 모두 몇 개인지 구하시오.

> ㉠ 버림하여 십의 자리까지 나타내면 570이 됩니다.
> ㉡ 올림하여 십의 자리까지 나타내면 580이 됩니다.
> ㉢ 반올림하여 십의 자리까지 나타내면 570이 됩니다.

(   )

7 4장의 수 카드 중 3장을 골라 만들 수 있는 세 자리 수 중에서 190 이상 ◆ 미만인 수는 7개입니다. ◆에 들어갈 수 있는 가장 큰 자연수를 구하시오.

$$\boxed{5}\ \boxed{8}\ \boxed{1}\ \boxed{0}$$

(   )

경시
기출
문제
8 다섯 자리 수 456■▲를 반올림하여 백의 자리까지 나타내면 45600이 되고, 456■▲를 올림하여 십의 자리까지 나타낸 수와 버림하여 십의 자리까지 나타낸 수가 같습니다. 456■▲가 될 수 있는 수를 모두 쓰시오.

(   )

9 어떤 수 ㉠을 버림하여 백의 자리까지 나타내었더니 ㉡이 되었고, ㉡을 반올림하여 천의 자리까지 나타내었더니 57000이 되었습니다. 어떤 수 ㉠이 될 수 있는 수 중 가장 큰 자연수를 구하시오.

(   )

연필 없이 생각 톡

컴퍼스를 이용하여 다음 모양을 그릴 때 침을 모두 몇 번 꽂아야 합니까?

* 최상위 사고력 3B 82쪽을 활용하였습니다.

분수의 곱셈

음계에 숨은
분수의 곱셈

소음 속에서 들린 화음

대장간 주변에는 하루 종일 쇠 두들기는 소리가 울려 퍼집니다. 고대 그리스 시대, 이곳을 지나다가 발길을 멈춘 사람이 있었으니 바로 수학자 피타고라스. 그의 발목을 잡은 건 쇠 두들기는 소리 사이에 들리는 조화로운 음계였습니다.

피타고라스는 무게나 길이가 다른 여러 종류의 쇠를 두드려 보기 시작했습니다. 길이가 다른 줄에 추를 매달아 줄을 튕겨 보거나, 직접 하프를 연주해 보는 등 다양한 실험을 해봤어요. 수많은 시행착오 후 그는 음계의 조화가 악기 현(줄)의 길이에 따라 결정된다는 것을 알아냈습니다.

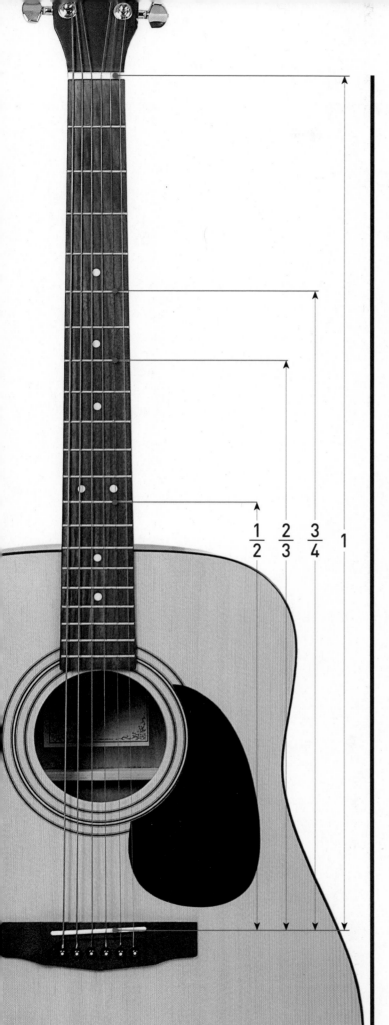

$$\frac{1}{2} \quad \frac{2}{3} \quad \frac{3}{4} \quad 1$$

피타고라스의 음계

현의 길이가 길수록 낮은 음이 나고, 길이가 짧을수록 높은 음이 나는 것은 그 당시에도 알려진 사실이었습니다. 피타고라스는 그중 조화를 이루는 소리의 비밀을 정확한 분수비로 나타냈습니다. 그는 어떤 현을 튕겨서 낸 소리와, 길이가 그 현의 $\frac{2}{3}$인 현을 튕겨서 낸 소리가 조화를 이룬다는 결론을 내렸지요. 이때 피타고라스가 찾은 조화로운 두 음은 '도'와 '솔'이었는데, 이는 음계에서 '완전 5도'를 이루는 음정입니다.

그는 '파' 음을 내는 현부터 완전 5도를 이루는 음계를 쌓아 '파', '도', '솔', '레', '라', '미', '시' 음계를 찾아냈어요. 그리고 찾은 음계를 적절히 배치하여 7가지의 음정을 완성했습니다. 이것이 현재 우리가 사용하는 '도, 레, 미, 파, 솔, 라, 시'의 7음계로, 이를 '피타고라스의 음계'라고 합니다.

피타고라스는 '현의 길이가 간단한 정수의 비율을 이룰 때 아름다운 소리를 이룬다'고 정리했어요. 그는 현의 길이가 $\frac{1}{2}$이 되면 '도—도', '솔—솔'과 같이 한 옥타브 차이가 나는 완전 8도가 되고, 현의 길이가 $\frac{2}{3}$가 되면 '파—도', '솔—레'와 같은 완전 5도가 되며, 현의 길이가 $\frac{3}{4}$이 되면 '도—파', '솔—도'와 같은 완전 4도를 이룬다는 사실을 알아냈습니다. 분수의 곱셈을 이용해 다른 음의 현의 길이를 알 수 있는 놀라운 발견이죠. 그 후 피타고라스가 밝힌 음정의 비밀은 악기를 만들 때 유용하게 사용되고 있어요.

1 (분수) × (자연수)

❶ (단위분수) × (자연수)

$\cdot \dfrac{1}{5} \times 4$

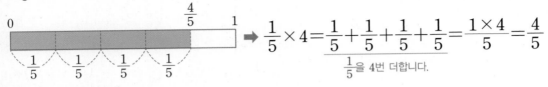

$$\dfrac{1}{5} \times 4 = \dfrac{1}{5} + \dfrac{1}{5} + \dfrac{1}{5} + \dfrac{1}{5} = \dfrac{1 \times 4}{5} = \dfrac{4}{5}$$

$\dfrac{1}{5}$을 4번 더합니다.

❷ (진분수) × (자연수)

$\cdot \dfrac{5}{6} \times 3$

방법1 $\dfrac{5}{6} \times 3 = \dfrac{5}{6} + \dfrac{5}{6} + \dfrac{5}{6} = \dfrac{\overset{5}{15}}{\underset{2}{6}} = \dfrac{5}{2} = 2\dfrac{1}{2}$

$\dfrac{5}{6}$를 3번 더한 뒤 약분합니다.

방법2 $\dfrac{5}{\underset{2}{6}} \times \overset{1}{3} = \dfrac{5 \times 1}{2} = \dfrac{5}{2} = 2\dfrac{1}{2}$

분모와 자연수를 먼저 약분합니다.

❸ (대분수) × (자연수)

$\cdot 1\dfrac{2}{5} \times 2$

← 대분수를 가분수로 나타냅니다.

방법1 $1\dfrac{2}{5} \times 2 = \dfrac{7}{5} \times 2 = \dfrac{7 \times 2}{5} = \dfrac{14}{5} = 2\dfrac{4}{5}$

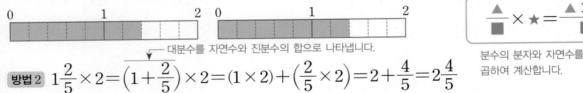

← 대분수를 자연수와 진분수의 합으로 나타냅니다.

방법2 $1\dfrac{2}{5} \times 2 = \left(1 + \dfrac{2}{5}\right) \times 2 = (1 \times 2) + \left(\dfrac{2}{5} \times 2\right) = 2 + \dfrac{4}{5} = 2\dfrac{4}{5}$

$$\dfrac{\blacktriangle}{\blacksquare} \times \bigstar = \dfrac{\blacktriangle \times \bigstar}{\blacksquare}$$

분수의 분자와 자연수를 곱하여 계산합니다.

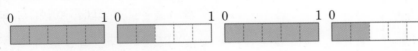

---

❶ 전체의 $\dfrac{1}{\blacksquare}$을 이용하여 전체 길이 구하기

· 전체의 $\dfrac{4}{5}$가 60 cm일 때, 전체 길이 구하기

전체를 1로 생각합니다.

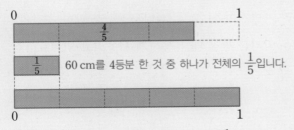

60 cm를 4등분 한 것 중 하나가 전체의 $\dfrac{1}{5}$입니다.

➡ $60 \div 4 = 15$ (cm)가 전체의 $\dfrac{1}{5}$이므로

전체 길이는 $15 \times 5 = 75$ (cm)입니다.

중등 연계

❶ 분배법칙

$$(\bullet + \blacktriangle) \times \blacksquare = (\bullet \times \blacksquare) + (\blacktriangle \times \blacksquare)$$

(●와 ▲의 합에 ■를 곱한 값)
=(●와 ■의 곱과 ▲와 ■의 곱을 합한 값)

예 $\left(2 + \dfrac{1}{4}\right) \times 2 = (2 \times 2) + \left(\dfrac{1}{4} \times 2\right)$

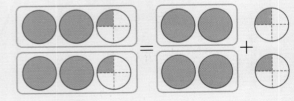

1 다음은 $\frac{1}{6} \times 4$를 두 가지 방법으로 계산한 것입니다. 그림을 보고 □ 안에 알맞은 수를 써 넣으시오.

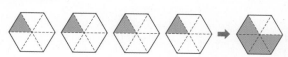

방법 1 $\frac{1}{6} \times 4 = \frac{1}{6} + \frac{1}{6} + \frac{1}{6} + \frac{1}{6}$

$$= \frac{\square}{6} = \frac{\square}{\square}$$

방법 2 $\frac{1}{\underset{3}{6}} \times \overset{2}{4} = \frac{1 \times \square}{3} = \frac{\square}{\square}$

2 다음 중 잘못 계산한 것을 찾아 기호를 쓰고 바르게 계산한 값을 구하시오.

㉠ $\frac{2}{3} \times 9 = \frac{2 \times 9}{3} = \frac{\overset{6}{18}}{\underset{1}{3}} = 6$

㉡ $\frac{7}{\underset{5}{10}} \times \overset{4}{8} = \frac{7 \times 4}{5} = \frac{28}{5} = 5\frac{3}{5}$

㉢ $3\frac{1}{7} \times 3 = 3 + (\frac{1}{7} \times 3) = 3\frac{3}{7}$

( )

3 한 명이 우유를 한 병의 $\frac{4}{7}$씩 마시려고 합니다. 28명이 마시려면 우유는 모두 몇 병 필요합니까?

( )

4 다음 중 계산 결과가 다른 하나를 골라 기호를 쓰시오.

㉠ $\frac{11}{9} \times 4$ ㉡ $1\frac{2}{9} \times 4$

㉢ $\frac{4}{9} \times 11$ ㉣ $1\frac{4}{9} \times 2$

( )

5 $2\frac{3}{8}$을 14번 더한 값을 대분수로 나타내시오.

( )

6 어떤 수를 15로 나누었더니 $4\frac{1}{10}$이 되었습니다. 어떤 수와 4의 곱은 얼마입니까?

( )

7 다음은 어떤 직사각형의 $\frac{2}{3}$입니다. 크기가 1인 원래 직사각형을 □ 안에 그려 보시오.

2 (자연수) × (분수)

❶ 자연수가 분모의 배수인 (자연수) × (분수)

• $8 \times \dfrac{3}{4}$

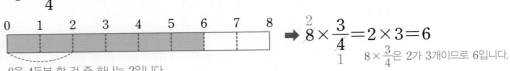

8을 4등분 한 것 중 하나는 2입니다.

➡ $\overset{2}{8} \times \dfrac{3}{\underset{1}{4}} = 2 \times 3 = 6$

$8 \times \dfrac{3}{4}$은 2가 3개이므로 6입니다.

❷ 자연수가 분모의 배수가 아닌 (자연수) × (분수)

• $3 \times \dfrac{3}{4}$

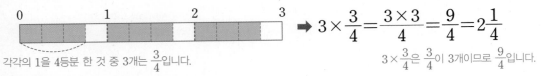

각각의 1을 4등분 한 것 중 3개는 $\dfrac{3}{4}$입니다.

➡ $3 \times \dfrac{3}{4} = \dfrac{3 \times 3}{4} = \dfrac{9}{4} = 2\dfrac{1}{4}$

$3 \times \dfrac{3}{4}$은 $\dfrac{3}{4}$이 3개이므로 $\dfrac{9}{4}$입니다.

❸ (자연수) × (대분수)

• $2 \times 1\dfrac{1}{4}$

대분수를 가분수로 나타냅니다.

방법 1 $2 \times 1\dfrac{1}{4} = \overset{1}{2} \times \dfrac{5}{\underset{2}{4}} = \dfrac{1 \times 5}{2} = \dfrac{5}{2} = 2\dfrac{1}{2}$

자연수와 분수의 분자를
곱하여 계산합니다.

방법 2 $2 \times 1\dfrac{1}{4} = 2 \times \left(1 + \dfrac{1}{4}\right) = (2 \times 1) + \left(\overset{1}{2} \times \dfrac{1}{\underset{2}{4}}\right) = 2 + \dfrac{1}{2} = 2\dfrac{1}{2}$

대분수를 자연수와 진분수의
합으로 나타냅니다.

⚡ 실전 개념

❶ ■ × (분수)의 계산 결과 어림하기

■에 곱하는 분수가 1보다 큰지 작은지를 알면 곱이 ■보다 큰지 작은지 알 수 있습니다.

(예) $8 > \underset{=2}{8 \times \dfrac{1}{4}}$

1보다 작은 분수를 곱하면 값이 작아집니다.

$8 = 8 \times 1$

1을 곱하면 값이 변하지 않습니다.

$8 < \underset{=10}{8 \times 1\dfrac{1}{4}}$

1보다 큰 분수를 곱하면 값이 커집니다.

❷ 시간을 분수로 나타내어 분수의 곱셈하기

• 한 시간에 150 km씩 가는 자동차가 같은 빠르기로 20분 동안 간 거리 구하기

➡ $20분 = \dfrac{20}{60}시간 = \dfrac{1}{3}시간$이므로 20분 동안 간 거리는 $\overset{50}{150} \times \dfrac{1}{\underset{1}{3}} = 50$ (km)입니다.

60분 = 1시간 ➡ ■분 = $\dfrac{■}{60}$시간

🔗 연결 개념

[중등 연계]

❶ 곱셈의 교환법칙

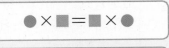

(예) $5 \times 8 = 8 \times 5 = 40$

두 수의 곱셈에서 두 수의 순서를
바꾸어 곱해도 곱은 같습니다.

$\bigstar \times \dfrac{\blacktriangle}{\blacksquare} = \dfrac{\blacktriangle}{\blacksquare} \times \bigstar$

(예) $2 \times \dfrac{3}{7} = \dfrac{3}{7} \times 2 = \dfrac{6}{7}$

(자연수) × (분수)를 (분수) × (자연수)로
바꾸어 계산해도 곱은 같습니다.

1 ☐ 안에 알맞은 수를 써넣으시오.

(1) $\dfrac{5}{9} \times 12 = 12 \times \dfrac{\boxed{}}{9}$

(2) $7 \times 2\dfrac{2}{3} = \dfrac{\boxed{}}{3} \times 7$

(3) $3 \times \dfrac{10}{7} = 10 \times \dfrac{\boxed{}}{7}$

2 30 cm짜리 종이테이프 세 장을 사서 색칠한 부분만큼 사용했습니다. 사용한 종이테이프의 길이를 구하려고 합니다. ☐ 안에 알맞은 수를 써넣어 식을 완성하시오.

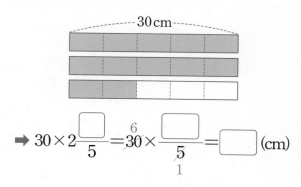

➡ $30 \times 2\dfrac{\boxed{}}{5} = 30 \times \dfrac{\overset{6}{\boxed{}}}{\underset{1}{5}} = \boxed{}$ (cm)

3 태호의 키는 삼촌의 키의 $\dfrac{7}{9}$입니다. 삼촌의 키가 180 cm이라면 태호의 키는 몇 cm입니까?

( )

4 계산 결과를 어림하여 ○ 안에 <, >를 알맞게 써넣으시오.

(1) $3 \times \dfrac{7}{8} \bigcirc 3 \times 1$

(2) $3 \times \dfrac{9}{8} \bigcirc 3 \times \dfrac{7}{8}$

(3) $3 \times \dfrac{7}{8} \bigcirc 3 \times \dfrac{4}{5}$

5 굵기가 일정한 철근 1 m의 무게가 6 kg입니다. 이 철근 $1\dfrac{1}{4}$ m의 무게는 몇 kg입니까?

( )

6 4 L의 식용유를 8개의 병에 똑같이 나누어 담았습니다. 식용유 한 병을 20일 동안 모두 사용했다면 3일 동안에는 식용유를 몇 mL씩 사용한 셈입니까?

( )

3 진분수의 곱셈, 대분수의 곱셈

❶ (단위분수)×(단위분수), (진분수)×(단위분수)

· $\dfrac{1}{3} \times \dfrac{1}{4}$

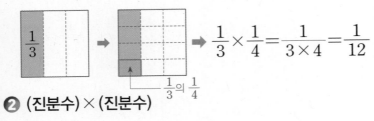

$\dfrac{1}{3} \times \dfrac{1}{4} = \dfrac{1}{3 \times 4} = \dfrac{1}{12}$

전체를 12등분 한 것 중 하나와 같습니다.

$\dfrac{1}{3}$의 $\dfrac{1}{4}$

❷ (진분수)×(진분수)

· $\dfrac{4}{5} \times \dfrac{2}{3}$

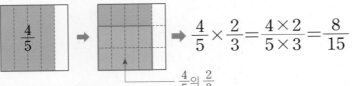

$\dfrac{4}{5} \times \dfrac{2}{3} = \dfrac{4 \times 2}{5 \times 3} = \dfrac{8}{15}$

전체를 15등분 한 것 중 8개와 같습니다.

$\dfrac{4}{5}$의 $\dfrac{2}{3}$

❸ (대분수)×(대분수)

· $1\dfrac{3}{5} \times 3\dfrac{1}{4}$ 대분수를 가분수로 나타냅니다.

$$\boxed{\dfrac{\blacktriangle}{\blacksquare} \times \dfrac{\bigstar}{\bullet} = \dfrac{\blacktriangle \times \bigstar}{\blacksquare \times \bullet}}$$

$$1\dfrac{3}{5} \times 3\dfrac{1}{4} = \dfrac{\overset{2}{8}}{5} \times \dfrac{13}{\underset{1}{4}} = \dfrac{2 \times 13}{5 \times 1} = \dfrac{26}{5} = 5\dfrac{1}{5}$$

분자는 분자끼리, 분모는 분모끼리 곱합니다.

⚡실전개념

❶ 세 분수의 곱셈

분자는 분자끼리, 분모는 분모끼리 곱합니다.

$$\boxed{\dfrac{\blacktriangle}{\blacksquare} \times \dfrac{\bigstar}{\bullet} \times \dfrac{\blacklozenge}{\spadesuit} = \dfrac{\blacktriangle \times \bigstar \times \blacklozenge}{\blacksquare \times \bullet \times \spadesuit}}$$

예 $\dfrac{3}{20} \times \dfrac{5}{9} \times \dfrac{4}{5} = \dfrac{\overset{1}{3} \times \overset{1}{5} \times \overset{1}{4}}{\underset{5}{20} \times \underset{3}{9} \times \underset{1}{5}} = \dfrac{1}{15}$

약분의 순서에 따라 여러 가지 방법으로 계산할 수 있습니다.

❷ 분수의 곱셈으로 나머지의 양 구하기

전체의 $\dfrac{\blacktriangle}{\blacksquare}$를 사용하면 전체의 $\left(1 - \dfrac{\blacktriangle}{\blacksquare}\right)$가 남습니다. 전체를 1로 생각합니다.

예 전체 길이가 80 cm인 끈의 $\dfrac{3}{5}$을 사용하고 남은 끈의 길이 ➡  $\overset{16}{80} \times \dfrac{2}{\underset{1}{5}} = 32$ (cm)

전체의 $1 - \dfrac{3}{5} = \dfrac{2}{5}$가 남습니다.

🔗연결개념

중등 연계

❶ 역수

두 수의 곱이 1이 될 때, 한 수를 다른 수의 역수라고 합니다.

$$\boxed{\blacksquare \times \dfrac{1}{\blacksquare} = 1}$$

예 $7 \times \dfrac{1}{7} = 1$ ➡ 7의 역수는 $\dfrac{1}{7}$이고, $\dfrac{1}{7}$의 역수는 7입니다.

$$\boxed{\dfrac{\blacktriangle}{\bullet} \times \dfrac{\bullet}{\blacktriangle} = 1}$$

예 $\dfrac{5}{9} \times \dfrac{9}{5} = 1$ ➡ $\dfrac{5}{9}$의 역수는 $\dfrac{9}{5}$이고, $\dfrac{9}{5}$의 역수는 $\dfrac{5}{9}$입니다.

정답과 풀이 22쪽

1 그림을 보고 ☐ 안에 알맞은 수를 써넣으시오.

(1)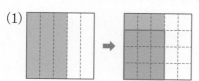

$$\Rightarrow \frac{3}{5} \times \frac{\square}{4} = \frac{\square}{\square}$$

(2)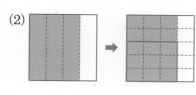

$$\Rightarrow \frac{3}{4} \times \frac{\square}{5} = \frac{\square}{\square}$$

2 값이 작은 것부터 순서대로 기호를 쓰시오.

ⓐ $\frac{2}{3} \times \frac{3}{4}$ ⓑ $\frac{3}{4} \times 1\frac{3}{4}$

ⓒ $\frac{3}{4} \times 1$ ⓓ $\frac{2}{5} \times \frac{2}{3} \times \frac{3}{4}$

( )

3 어떤 물체의 무게를 달에서 재면 지구에서 잰 무게의 $\frac{1}{6}$이 됩니다. 지구에서 잰 무게가 $3\frac{3}{5}$ kg인 물체를 달에서 재면 몇 kg입니까?

( )

4 두 분수를 골라 곱하려고 합니다. 가장 작은 곱을 구하시오.

$$\frac{5}{6} \qquad \frac{11}{12} \qquad \frac{8}{9} \qquad \frac{2}{5}$$

( )

5 채윤이는 어제 책 한 권의 $\frac{1}{6}$을 읽었고 오늘은 나머지의 $\frac{1}{5}$을 읽었습니다. 채윤이가 오늘 읽은 양은 책 전체의 몇 분의 몇입니까?

( )

6 $1\frac{5}{7}$ L의 물을 15개의 병에 똑같이 나누어 담았습니다. 이 중 8개의 병에 든 물을 모두 마셨다면 남은 물은 몇 mL입니까?

( )

계산 결과가 자연수일 때, 곱하는 분수 구하기

어떤 분수에 $\frac{4}{5}$, $\frac{6}{7}$을 각각 곱하면 모두 자연수가 됩니다. 어떤 분수 중에서 가장 작은 기약분수를 구하시오.

● 생각하기 분수끼리의 곱셈에서 분모와 분자는 서로 약분됩니다.

● 해결하기 **1단계** 어떤 분수의 분모와 분자 알아보기

약분하여 분모를 1로 만들어야 합니다.

$\frac{●}{■} \times \frac{4}{5}$와 $\frac{●}{■} \times \frac{6}{7}$의 계산 결과가 각각 자연수 ➡ ┌ ● : 5와 7의 공배수
└ ■ : 4와 6의 공약수

분자와 약분하여 1이 되어야 합니다.

2단계 어떤 분수 중 가장 작은 분수 구하기

$\frac{●}{■}$가 가장 작은 분수가 되려면 ●는 5와 7의 최소공배수인 35이고,
■는 4와 6의 최대공약수인 2이어야 합니다.

따라서 어떤 분수 $\frac{●}{■} = \frac{35}{2} = 17\frac{1}{2}$입니다.

답 $17\frac{1}{2}$

1-1 다음 곱셈식의 계산 결과가 자연수일 때, □ 안에 들어갈 수 있는 자연수는 모두 몇 개입니까? (단, $\frac{1}{□}$은 진분수입니다.)

$$\frac{1}{□} \times 48$$

(   )

1-2 다음 곱셈식의 계산 결과가 가장 작은 자연수일 때, □ 안에 알맞은 기약분수를 구하시오.

$$\frac{7}{8} \times 2\frac{2}{5} \times □$$

(   )

1-3 어떤 분수에 $4\frac{2}{3}$, $5\frac{5}{6}$를 각각 곱하면 모두 자연수가 됩니다. 어떤 분수 중에서 가장 작은 기약분수를 구하시오.

(   )

MATH TOPIC 2

심화유형

수직선에서 등분한 점이 나타내는 수 구하기

수직선에서 $2\frac{1}{4}$과 $4\frac{3}{4}$ 사이를 3등분 한 것입니다. □ 안에 알맞은 수를 구하시오.

● **생각하기**   전체를 3등분 한 것 중 2개는 전체의 $\frac{2}{3}$와 같습니다.

● **해결하기**   **1단계** $2\frac{1}{4}$과 □ 사이의 거리 구하기

$2\frac{1}{4}$과 □ 사이의 거리는 $2\frac{1}{4}$과 $4\frac{3}{4}$ 사이의 거리의 $\frac{2}{3}$입니다.

$$\Rightarrow \left(4\frac{3}{4}-2\frac{1}{4}\right)\times\frac{2}{3}=2\frac{1}{2}\times\frac{2}{3}=\frac{5}{2}\times\frac{2}{3}=\frac{5}{3}=1\frac{2}{3}$$

2단계 □ 안에 알맞은 수 구하기

□ 안에 알맞은 수는 $2\frac{1}{4}$보다 $1\frac{2}{3}$ 큰 수이므로 □$=2\frac{1}{4}+1\frac{2}{3}=3\frac{11}{12}$입니다.

답 $3\frac{11}{12}$

2-1   수직선에서 $5\frac{1}{8}$과 $9\frac{7}{8}$ 사이를 4등분 한 것입니다. □ 안에 알맞은 수를 구하시오.

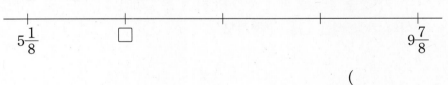

(   )

2-2   수직선에서 $2\frac{1}{7}$과 $4\frac{1}{3}$ 사이를 8등분 한 것입니다. □ 안에 알맞은 수를 구하시오.

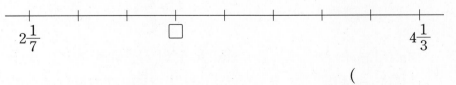

(   )

2-3   집에서 학교까지의 거리는 $3\frac{1}{4}$ km이고 학교에서 도서관까지의 거리는 $5\frac{5}{6}$ km입니다. 약국은 집에서부터 학교를 거쳐 도서관까지 가는 거리의 $\frac{3}{5}$인 지점에 있다고 합니다. 약국에서 도서관까지의 거리는 몇 km입니까?

(   )

수 카드로 조건에 맞는 곱셈식 만들기

수 카드 6장을 한 번씩 사용하여 분수끼리의 곱셈식을 완성하려고 합니다. 다음 곱셈식의 가장 작은 곱을 구하시오.

$$1 \quad 2 \quad 3 \quad 4 \quad 5 \quad 6 \Rightarrow \frac{\square}{\square} \times \frac{\square}{\square} \times \frac{\square}{\square}$$

● 생각하기　분모는 분모끼리 분자는 분자끼리 곱합니다.

● 해결하기　**1단계** 분모와 분자에 각각 필요한 수 카드 고르기

분모끼리의 곱이 가장 커야 하므로 가장 큰 수부터 3장을 고릅니다. ➡ 6, 5, 4
분자끼리의 곱이 가장 작아야 하므로 가장 작은 수부터 3장을 고릅니다. ➡ 1, 2, 3

2단계 주어진 곱셈식의 가장 작은 곱 구하기

분모에 6, 5, 4를 놓고 분자에 1, 2, 3을 놓은 후 곱하면 가장 작은 곱이 됩니다.

$$\Rightarrow \frac{\overset{1}{1} \times \overset{1}{2} \times 3}{\underset{3}{6} \times 5 \times \underset{1}{4}} = \frac{1}{20}$$

답 $\dfrac{1}{20}$

3-1 수 카드 중 4장을 한 번씩 사용하여 분수끼리의 곱셈식을 완성하려고 합니다. 다음 곱셈식의 가장 작은 곱을 구하시오.

$$8 \quad 4 \quad 3 \quad 7 \quad 6 \Rightarrow \frac{14}{15} \times \frac{\square}{\square} \times \frac{\square}{\square}$$

(　　　　　　　　　)

3-2 하람이는 수 카드 4장 중 3장을 한 번씩 사용하여 주어진 곱셈식의 가장 큰 곱을 구하고, 지호는 수 카드 4장 중 2장을 한 번씩 사용하여 주어진 곱셈식의 가장 작은 곱을 구했습니다. 하람이와 지호가 구한 곱을 차례로 쓰시오.

$$1 \quad 5 \quad 9 \quad 2$$

하람 $\dfrac{18}{19} \times \square\dfrac{\square}{\square}$　　　지호 $\dfrac{18}{19} \times \dfrac{\square}{\square}$

(　　　　　　　　　)

MATH TOPIC 4

심화유형

시간을 분수로 나타내어 분수의 곱셈하기

3시간 동안 $70\frac{2}{7}$ km를 가는 자동차가 있습니다. 이 자동차를 타고 같은 빠르기로 1시간 45분 동안 간 거리는 몇 km입니까?

● 생각하기   · (1시간 45분 동안 간 거리)＝(1시간 동안 가는 거리)×(1시간 45분)

· 60분＝1시간 ➡ ■분＝$\frac{■}{60}$시간

● 해결하기   **1단계** 자동차로 1시간 동안 가는 거리 알아보기

3시간 동안 $70\frac{2}{7}$ km를 가므로 1시간 동안 가는 거리는

$70\frac{2}{7} \times \frac{1}{3} = \frac{\overset{164}{\cancel{492}}}{7} \times \frac{1}{\underset{1}{\cancel{3}}} = \frac{164}{7} = 23\frac{3}{7}$ (km)입니다.

2단계 자동차로 1시간 45분 동안 간 거리 구하기

1시간 45분＝$1\frac{45}{60}$시간＝$1\frac{3}{4}$시간

(1시간 45분 동안 간 거리)＝$23\frac{3}{7} \times 1\frac{3}{4} = \frac{\overset{41}{\cancel{164}}}{\underset{1}{7}} \times \frac{\overset{1}{7}}{\underset{1}{4}} = 41$ (km)

답 41 km

4-1 2시간 동안 $54\frac{2}{5}$ km를 가는 자동차가 있습니다. 이 자동차를 타고 같은 빠르기로 2시간 30분 동안 간 거리는 몇 km입니까?

(   )

4-2 ㉮ 자동차는 1시간에 $30\frac{3}{10}$ km를 가고 ㉯ 자동차는 1시간에 $31\frac{2}{5}$ km를 갑니다. 두 자동차가 같은 지점에서 출발하여 같은 방향을 향해 각각 일정한 빠르기로 달렸습니다. 50분 후에 두 자동차 사이의 거리는 몇 km입니까?

(   )

규칙을 찾아 분수의 곱셈하기

심화유형 5

다음을 계산하시오.

$$\left(1+\frac{2}{3}\right)\times\left(1+\frac{2}{4}\right)\times\left(1+\frac{2}{5}\right)\times\left(1+\frac{2}{6}\right)\times\left(1+\frac{2}{7}\right)\times\left(1+\frac{2}{8}\right)$$

● 생각하기 분모와 분자가 약분되는 규칙을 알아봅니다.

● 해결하기 **1단계** 분수끼리의 곱으로 나타내어 곱한 분수의 규칙 알아보기

$$\left(1+\frac{2}{3}\right)\times\left(1+\frac{2}{4}\right)\times\left(1+\frac{2}{5}\right)\times\left(1+\frac{2}{6}\right)\times\left(1+\frac{2}{7}\right)\times\left(1+\frac{2}{8}\right)$$

$$=\frac{5}{3}\times\frac{6}{4}\times\frac{7}{5}\times\frac{8}{6}\times\frac{9}{7}\times\frac{10}{8}$$

분모에 있는 수들은 3부터 1씩 커지고, 분자에 있는 수들은 5부터 1씩 커집니다.

2단계 약분하여 분수의 곱 구하기

■번째 분수의 분자와 (■＋2)번째 분수의 분모가 같으므로 약분하여 곱을 구합니다.

$$\Rightarrow \frac{5}{3}\times\frac{6}{4}\times\frac{7}{5}\times\frac{8}{6}\times\frac{9}{7}\times\frac{10}{8}=\frac{9\times10}{3\times4}=\frac{15}{2}=7\frac{1}{2}$$

답 $7\frac{1}{2}$

5-1 일정한 규칙에 따라 분수를 늘어놓았습니다. 첫 번째 분수부터 14번째 분수까지 모두 곱하면 얼마인지 구하시오.

$$\frac{2}{3},\ \frac{3}{4},\ \frac{4}{5},\ \frac{5}{6},\ \frac{6}{7},\ \frac{7}{8},\ \cdots$$

(   )

5-2 다음을 계산하시오.

$$\left(1+\frac{1}{10}\right)\times\left(1+\frac{1}{11}\right)\times\left(1+\frac{1}{12}\right)\times\left(1+\frac{1}{13}\right)\times\cdots\times\left(1+\frac{1}{30}\right)$$

(   )

MATH TOPIC 6

심화유형

규칙을 찾아서 넓이 구하기

오른쪽 그림은 정사각형에서 각 변의 한가운데 점을 이어서 사각형을
계속 그려 나간 것입니다. 색칠한 정사각형 넓이는 몇 cm²입니까?

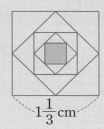

$1\frac{1}{3}$ cm

● 생각하기 　정사각형에서 각 변의 한가운데 점을 이어 그린 사각형의 넓이는 처음 정사각형 넓이의 $\frac{1}{2}$입니다.

● 해결하기 　**1단계** 처음 정사각형의 넓이 구하기

$$1\frac{1}{3} \times 1\frac{1}{3} = \frac{4}{3} \times \frac{4}{3} = \frac{16}{9} = 1\frac{7}{9} \text{ (cm}^2)$$

2단계 색칠한 정사각형의 넓이 구하기

색칠한 정사각형은 처음 정사각형에서 각 변의 한가운데 점을 이어 그린 네 번째 정사각
형입니다.

$$(\text{색칠한 정사각형의 넓이}) = 1\frac{7}{9} \times \underbrace{\frac{1}{2} \times \frac{1}{2} \times \frac{1}{2} \times \frac{1}{2}}_{\frac{1}{2}\text{을 4번 곱합니다.}}$$

$$= \frac{\overset{2}{\overset{4}{\cancel{16}}}}{9} \times \frac{1}{\cancel{2}} \times \frac{1}{\cancel{2}} \times \frac{1}{\cancel{2}} \times \frac{1}{\cancel{2}} = \frac{1}{9} \text{ (cm}^2)$$

답 $\frac{1}{9}$ cm²

6-1 　오른쪽 그림은 정삼각형에서 각 변의 한가운데 점을 이어서 삼각형을 계
속 그려 나간 것입니다. 처음 정삼각형의 넓이가 288 cm²일 때, 색칠한
삼각형의 넓이는 몇 cm²입니까?

（　　　　　　）

6-2 　오른쪽 그림은 직사각형에서 각 변의 한가운데 점을 이어서 사각
형을 계속 그려 나간 것입니다. 색칠한 사각형의 넓이는 몇 m²입
니까?

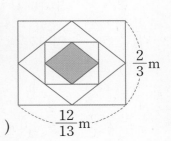

$\frac{2}{3}$ m

$\frac{12}{13}$ m

（　　　　　　）

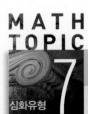

MATH TOPIC 7

심화유형

분수의 곱셈을 활용한 교과통합유형

S T E A M형

수학+과학

지구는 적도를 기준으로 북쪽은 북반구, 남쪽은 남반구로 구분합니다. 지구 전체의 $\dfrac{12}{17}$ 는 5대양을 비롯한 바다이고 바다의 $\dfrac{13}{30}$ 은 북반구에 있습니다. 지구의 남반구에 있는 육지는 지구 전체의 몇 분의 몇입니까?

*5대양: 태평양, 인도양, 대서양, 북극해, 남극해

● 생각하기

• 전체의 $\dfrac{▲}{■}$ 에 속하지 않는 나머지는 전체의 $\left(1-\dfrac{▲}{■}\right)$ 입니다.

• 지구 전체를 1로 생각하면 북반구와 남반구는 각각 $\dfrac{1}{2}$ 입니다.

● 해결하기

1단계 남반구의 바다는 지구 전체의 몇 분의 몇인지 알아보기

바다의 $\dfrac{13}{30}$ 은 북반구에 있으므로 바다의 $1-\dfrac{13}{30}=\dfrac{\boxed{}}{30}$ 은 남반구에 있습니다.

지구 전체의 $\dfrac{12}{17}$ 는 바다이므로 남반구의 바다는 지구 전체의 $\dfrac{12}{17}\times\dfrac{\boxed{}}{30}=\boxed{}$ 입니다.

2단계 남반구의 육지는 지구 전체의 몇 분의 몇인지 구하기 남반구는 바다와 육지로 이루어져 있습니다.

남반구는 지구 전체의 $\dfrac{1}{2}$ 이고 남반구의 바다는 지구 전체의 $\boxed{}$ 이므로

남반구의 육지는 지구 전체의 $\dfrac{1}{2}-\boxed{}=\boxed{}$ 입니다.

7-1

퀴즈 대회에 90명이 참가하였습니다. 첫 번째 문제에서 전체의 $\dfrac{1}{5}$ 이 탈락했고, 두 번째 문제에서 남아 있는 사람의 $\dfrac{3}{8}$ 이 탈락했습니다. 세 번째 문제를 풀 수 있는 사람은 몇 명입니까?

( )

1 ■에 들어갈 수 있는 가장 작은 자연수와 ▲에 들어갈 수 있는 가장 큰 자연수를 각각 구하시오.

$$\frac{\blacksquare}{7} \times 22 > 22 \qquad 1\frac{1}{12} \times \frac{\blacktriangle}{5} < \frac{13}{12}$$

■ (   )

▲ (   )

2 어떤 기약분수와 $\frac{5}{21}$의 곱은 $\frac{1}{7}$입니다. 이 기약분수와 $3\frac{1}{8}$의 곱을 구하시오.

(   )

3 규연이가 크레파스를 쓰다가 길이를 재어 보니 $4\frac{1}{2}$ cm였습니다. 크레파스의 길이가 처음 길이의 $\frac{1}{4}$만큼 줄어들었다면, 처음 크레파스의 길이는 몇 cm였습니까?

(   )

수학+체육

STEAM형 4

볼링은 공을 굴려 10개의 핀을 쓰러뜨리는 게임으로 볼링공을 고를 때는 자신의 몸무게의 $\frac{1}{10}$ 정도 무게의 공을 선택하는 것이 좋습니다. 볼링공에 써 있는 숫자는 볼링공의 무게를 *파운드로 나타낸 것으로, $1\,kg$이 $2\frac{1}{5}$ 파운드와 같습니다. 몸무게가 $50\,kg$인 사람은 몇 파운드짜리 볼링공을 선택하는 것이 좋습니까?

*파운드: 무게의 단위. 1 파운드는 약 0.45 kg입니다.

(   )

서술형 5

떨어뜨린 높이의 $\frac{3}{5}$만큼 튀어 오르는 공이 있습니다. 이 공을 $350\,cm$ 높이에서 수직으로 떨어뜨렸다면, 공이 두 번째로 땅에 닿고 튀어 오르는 높이는 몇 cm인지 풀이 과정을 쓰고 답을 구하시오.

풀이 ....

....

답 ....

6

수아네 학교 여학생의 $\frac{4}{7}$는 피아노를 칠 수 있고, 이 중 $\frac{3}{4}$은 단소를 불 수 있습니다. 수아네 학교 전체 학생의 $\frac{5}{8}$가 여학생일 때, 피아노는 치고 단소는 못 부는 여학생은 전체 학생의 몇 분의 몇입니까?

(   )

수학+음악

STEAM형 7

다음은 음표와 쉼표의 길이를 나타낸 표입니다. 4분음표에서 꼬리가 1개 늘어날 때마다 음표의 길이가 $\frac{1}{2}$배가 되고, 점을 찍은 음표의 길이는 원래 음표 길이의 $1\frac{1}{2}$배가 됩니다. 주어진 악보의 두 번째 마디에 똑같은 음표만 6개 들어갑니다. 두 번째 마디에 들어가는 음표에 ○표 하시오.

	온음표	점2분음표	2분음표	점4분음표	4분음표	점8분음표	8분음표	점16분음표	16분음표
음표	o	♩.	♩	♩.	♩	♪.	♪	♪.	♪
쉼표	▬	▬.	▬	𝄽.	𝄽	𝄾.	𝄾	𝄾.	𝄾
길이	4	3	2		1		$\frac{1}{2}$		$\frac{1}{4}$

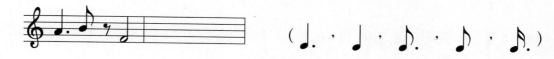

$$(\ \ ♩. \ , \ ♩ \ , \ ♪. \ , \ ♪ \ , \ ♪. \ )$$

8 ㉮ 수도꼭지에서는 1분에 물이 $4\frac{1}{2}$ L씩 나오고 ㉯ 수도꼭지에서는 1분에 물이 $3\frac{3}{4}$ L씩 나옵니다. 두 수도꼭지를 동시에 틀어 빈 물탱크에 3분 36초 동안 물을 받았습니다. 받은 물의 양은 모두 몇 L입니까?

( )

9 정사각형의 가로를 처음 길이의 $\frac{1}{3}$만큼 늘리고, 세로를 처음 길이의 $\frac{1}{3}$만큼 줄여서 직사각형을 만들었습니다. 만든 직사각형의 넓이는 처음 정사각형 넓이의 몇 분의 몇입니까?

( )

10 다음 곱셈식의 계산 결과가 자연수일 때, □ 안에 들어갈 수 있는 자연수 중 10보다 작은 수를 모두 구하시오.

$$\square \frac{2}{9} \times \frac{2}{5} \times 4\frac{1}{2}$$

(   )

서술형 11 자판기에 넣어 둔 음료의 $\frac{5}{9}$는 탄산음료이고 나머지는 과일음료입니다. 일주일 동안 탄산음료의 $\frac{7}{10}$과 과일음료의 $\frac{5}{6}$가 팔렸습니다. 팔린 음료는 처음에 자판기에 넣어 둔 음료 전체의 몇 분의 몇입니까?

풀이 ....

....

....

답

12 다음을 계산하시오.

$$\left(1+\frac{4}{5}\right) \times \left(1+\frac{4}{6}\right) \times \left(1+\frac{4}{7}\right) \times \left(1+\frac{4}{8}\right) \times \cdots \times \left(1+\frac{4}{37}\right) \times \left(1+\frac{4}{38}\right)$$

(   )

13 혜주가 가지고 있는 학종이의 $\frac{19}{30}$는 무늬가 있는 것이고 나머지는 무늬가 없는 것입니다. 무늬가 있는 학종이가 무늬가 없는 학종이보다 32장 많을 때, 혜주가 가지고 있는 학종이는 모두 몇 장입니까?

(   )

14 어떤 일을 가람이가 혼자서 하면 6시간이 걸리고, 서희가 혼자서 하면 4시간이 걸립니다. 이 일을 가람이와 서희가 함께 한다면 일을 끝내는 데 몇 시간 몇 분이 걸립니까? (단, 두 사람이 한 시간 동안 하는 일의 양은 각각 일정합니다.)

(   )

15 다음과 같이 정사각형 모양 종이를 9등분하여 가운데 한 칸을 잘라내는 것을 규칙적으로 반복하고 있습니다. 자르기 전 종이의 넓이가 $2\frac{1}{4}$ m²일 때, 세 번째로 잘라낸 후 남은 종이의 넓이는 몇 m²입니까?

 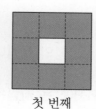 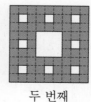

첫 번째   두 번째

(   )

1 오른쪽 그림과 같이 직사각형 모양의 땅에 폭이 일정한 길을 냈습니다. ㄱ과 ㄴ 사이의 거리는 전체 땅의 가로 길이의 $\frac{1}{5}$이고, ㄷ과 ㄹ 사이의 거리는 전체 땅의 세로 길이의 $\frac{1}{4}$입니다. 길을 내기 전 전체 땅의 넓이가 $720 \, \text{m}^2$일 때, 색칠한 부분의 넓이는 몇 m^2인지 풀이 과정을 쓰고 답을 구하시오.

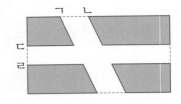

풀이 ....

....

....

....

답

2 1주일마다 자기 키의 $\frac{1}{4}$만큼씩 더 자라는 토마토 품종이 있습니다. 키가 $16 \, \text{cm}$인 이 토마토 묘목을 화분에 심고 몇 주가 지난 후에 키를 재어 보니 처음보다 $15\frac{1}{4} \, \text{cm}$가 더 자랐습니다. 화분에 심은 후 몇 주 동안 자란 것입니까?

( )

3 어느 미술관에 하루 동안 520명의 사람이 왔습니다. 오전에 온 사람 수의 $\frac{2}{5}$와 오후에 온 사람 수의 $\frac{1}{4}$이 같다면, 오전에 온 사람은 몇 명입니까?

( )

4 다음과 같이 정삼각형의 각 변의 한가운데 점을 이어서 규칙적으로 정삼각형을 그리고, 그린 정삼각형을 파란색으로 칠해 나갔습니다. 세 번째 그림에서 파란색으로 칠한 부분의 넓이의 합은 처음 정삼각형의 넓이의 몇 분의 몇입니까?

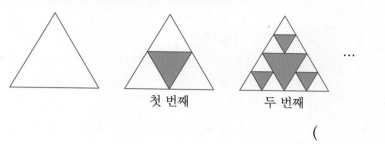

첫 번째   두 번째   ...

(   )

5 떨어뜨린 높이의 $\frac{1}{2}$만큼 튀어 오르는 공이 있습니다. 이 공이 처음 떨어뜨린 높이의 $\frac{1}{30}$ 보다 낮게 튀어 오르려면 적어도 몇 번 땅에 닿아야 합니까?

(   )

6 다음은 정사각형 모양 타일 7개를 겹치지 않게 붙인 것입니다. 색칠한 타일의 넓이는 몇 cm²입니까?

$9\frac{5}{8}$ cm

(   )

▶경시
기출▶
▶문제 **7**

털실 한 뭉치를 풀어서 300명의 학생이 다음 규칙에 따라 한 명씩 순서대로 털실을 잘라 가지려고 합니다. 300번째 학생이 털실을 잘라 가졌더니 털실이 3 cm 남았습니다. 처음 털실 한 뭉치의 전체 길이는 몇 cm입니까?

- 첫 번째 학생이 갖는 털실의 길이: 전체 길이의 $\frac{1}{3}$

- 두 번째 학생이 갖는 털실의 길이: 첫 번째 학생이 갖고 남은 길이의 $\frac{1}{4}$

- 세 번째 학생이 갖는 털실의 길이: 두 번째 학생이 갖고 남은 길이의 $\frac{1}{5}$

(   )

8 들이가 같은 두 개의 비커에 다음과 같이 물이 들어 있습니다. ㉮ 비커에 들어 있는 물의 $\frac{1}{4}$을 ㉯ 비커에 부은 다음, ㉯ 비커에 들어 있는 물의 $\frac{3}{13}$을 ㉮ 비커에 다시 부었습니다. ㉯ 비커에 남은 물의 양은 ㉮ 비커에 남은 물의 양의 몇 분의 몇입니까?

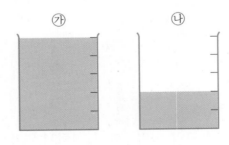

(   )

합동과 대칭

대칭을
찾아라

자연에서 찾는 선대칭도형

도화지의 한쪽에만 물감을 바르고 접었다 펼치면 도화지의 양쪽에 똑같은 모양이 찍힙니다. 이 미술 기법은 '데칼코마니'라고 불리는데, 데칼코마니처럼 한 직선을 따라 접어서 완전히 겹치는 도형을 선대칭도형이라고 해요. 선대칭을 이루는 모양은 자연에서 쉽게 찾을 수 있어요. 사람을 포함한 대부분의 생물은 데칼코마니로 찍어낸 것처럼 선대칭을 이룹니다. 사람의 얼굴, 두 손, 두 발은 물론이고, 곤충의 날개, 뿔, 식물의 이파리도 대부분 좌우 대칭을 이루고 있어요. 선대칭을 이룬 형태는 균형을 잡기에 좋고 아름답기까지 해요.

가장 쉽게 선대칭도형을 만들 수 있는 도구는 바로 거울입니다. 거울의 모서리에 바짝 붙어서 우리 몸의 반쪽을 비춰보면, 거울에 반쪽이 반사되어 좌우가 정확히 대칭인 모습이 보입니다. 호수에 산이나 구름이 거꾸로 비춰진 모습도 멀리서 보면 수면을 대칭축으로 선대칭을 이룹니다. 거울이 없을 때 선대칭도형을 만드는 또 다른 방법은 종이를 접어서 오리는 것이에요. 도형의 반쪽을 그린 다음 종이를 접고 그린 선을 따라 오리면, 접은 선을 대칭축으로 하는 선대칭도형이 만들어집니다.

글씨로 그린 점대칭도형, 엠비그램

소설 『다빈치코드』의 작가인 댄 브라운의 또 다른 대표작 『천사와 악마』에는 도형의 대칭을 이용한 신기한 글씨가 나와요. 이 소설 속에는 교황청과 대립하는 비밀 결사단체가 등장하는데, '일루미나티'라는 이 비밀 결사단체를 상징하는 문양이 바로 그것입니다. 바로 놓고 읽어도 illuminati라는 알파벳으로 읽히지만, 문양을 180° 돌려 보아도 illuminati로 보여요. 이렇게 반 바퀴 돌려서 읽어도 똑같은 글씨가 되는 문양을 '엠비그램(ambigram)'이라고 해요. 양방향을 뜻하는 Ambi―와 그림을 뜻하는 ―gram이 합쳐진 단어죠.

엠비그램처럼 어떤 점을 중심으로 180° 돌렸을 때 처음 도형과 완전히 겹치는 도형을 점대칭도형이라고 해요. 날개가 4개인 바람개비를 떠올려 보세요. 180° 돌려도 날개의 위치는 그대로입니다. 엠비그램은 특정한 단어를 이런 점대칭도형이 되도록 디자인한 것이에요.

소설 『천사와 악마』에서는 다양한 엠비그램이 등장합니다. 고대 4원소인 흙, 공기, 불, 물을 나타내는 문양이나 천사와 악마라는 글자 역시 바로 본 모습이나 180° 돌려 본 모습이 똑같은 엠비그램입니다. 점대칭도형을 매력적으로 활용한 엠비그램은 기업의 로고나 글자 디자인에 다양하게 사용되고 있습니다.

대칭의 중심

천사와 악마(angels&demons)

일루미나티(illuminati)

흙(earth)

공기(air)

불(fire)

물(water)

1 도형의 합동

❶ 합동

- 모양과 크기가 같아서 포개었을 때 완전히 겹치는 두 도형을 서로 합동이라고 합니다.
- 서로 합동인 두 도형을 완전히 포개었을 때,

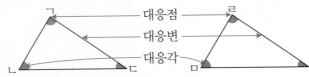

겹치는 점 ➡ 대응점
겹치는 변 ➡ 대응변
겹치는 각 ➡ 대응각

합동인 두 삼각형에서 대응점, 대응변, 대응각은 각각 3쌍입니다.

❷ 합동인 도형의 성질

- 각각의 대응변의 길이가 서로 같습니다.
  ➡ (변 ㄱㄴ)＝(변 ㄹㅁ), (변 ㄴㄷ)＝(변 ㅁㅂ), (변 ㄷㄱ)＝(변 ㅂㄹ)
- 각각의 대응각의 크기가 서로 같습니다.
  ➡ (각 ㄱㄴㄷ)＝(각 ㄹㅁㅂ), (각 ㄴㄷㄱ)＝(각 ㅁㅂㄹ), (각 ㄷㄱㄴ)＝(각 ㅂㄹㅁ)

실전 개념

❶ 직사각형을 잘라 서로 합동인 도형 만들기

- 서로 합동인 도형 2개 만들기

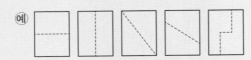

- 서로 합동인 도형 4개 만들기

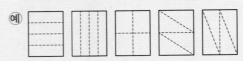

❷ 합동인 삼각형에서 각 ㄹㅁㅂ의 크기 구하기

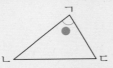 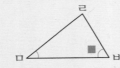

서로 합동인 도형은 대응각의 크기가 서로 같습니다.
(각 ㅁㄹㅂ)＝(각 ㄴㄱㄷ)＝●

➡ 삼각형 ㄹㅁㅂ에서 (각 ㄹㅁㅂ)＝180°−●−■입니다.
삼각형의 세 각의 크기의 합은 180°입니다.

❸ 정사각형을 나눈 모양에서 합동인 사각형 모두 찾기

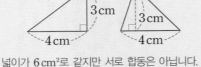

②와 ③이 합동이면 ①＋②와 ①＋③도 합동이고,
②＋④와 ③＋④도 합동입니다.

서로 합동인 사각형 ➡ ②와 ③, ①＋②와 ①＋③, ②＋④와 ③＋④
3쌍

주의 개념

❶ 두 삼각형이 합동이 아닌 경우 알아보기

넓이가 같은 두 삼각형	둘레가 같은 두 삼각형	세 각의 크기가 각각 같은 두 삼각형
	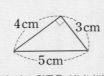	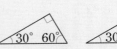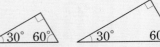
넓이가 6 cm²로 같지만 서로 합동은 아닙니다.	둘레가 12 cm로 같지만 서로 합동은 아닙니다.	세 각의 크기가 30°, 60°, 90°로 같지만 서로 합동은 아닙니다.

1 두 삼각형은 서로 합동입니다. 변 ㄷㄹ은 몇 cm입니까?

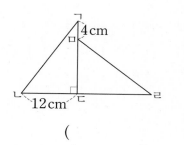

( )

2 두 삼각형은 서로 합동입니다. 각 ㄱㄷㄴ은 몇 도입니까?

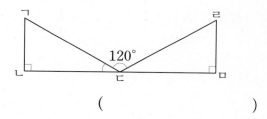

( )

3 다음 중 항상 합동인 도형을 모두 찾아 기호를 쓰시오.

> ㉠ 둘레가 같은 두 삼각형
> ㉡ 넓이가 같은 두 삼각형
> ㉢ 둘레가 같은 두 정사각형
> ㉣ 세 각의 크기가 각각 같은 두 삼각형
> ㉤ 지름이 같은 두 원

( )

4 두 사각형은 서로 합동입니다. 사각형 ㄱㄴㄷㄹ의 둘레가 36 cm일 때, 변 ㅁㅇ은 몇 cm입니까?

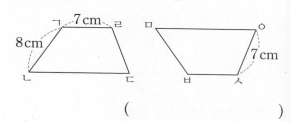

( )

5 두 사각형은 서로 합동입니다. 각 ㅂㅅㅇ은 몇 도입니까?

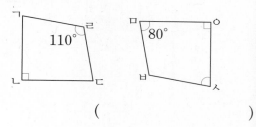

( )

6 다음 도형 중 한 대각선을 따라 잘랐을 때 만들어진 두 삼각형이 서로 합동이 <u>아닌</u> 것을 고르시오. ( )

① 정사각형   ② 마름모
③ 사다리꼴   ④ 평행사변형
⑤ 직사각형

2 선대칭도형

❶ 선대칭도형

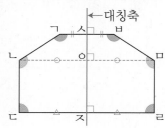

• 선대칭도형: 한 직선을 따라 접어서 완전히 겹치는 도형

• 대칭축을 따라 포개었을 때, 겹치는 점 ➡ 대응점
　　　　　　　　　　　　　　　　겹치는 변 ➡ 대응변
　　　　　　　　　　　　　　　　겹치는 각 ➡ 대응각

선대칭도형에서 대칭축에 의해
나누어진 두 도형은 서로 합동입니다.

❷ 선대칭도형의 성질

• 각각의 대응변의 길이가 서로 같습니다.

➡ (변 ㄱㄴ)=(변 ㅂㅁ), (변 ㄴㄷ)=(변 ㅁㄹ), (변 ㄷㅈ)=(변 ㄹㅈ), (변 ㄱㅅ)=(변 ㅂㅅ)

• 각각의 대응각의 크기가 서로 같습니다.

➡ (각 ㅅㄱㄴ)=(각 ㅅㅂㅁ), (각 ㄱㄴㄷ)=(각 ㅂㅁㄹ), (각 ㄴㄷㅈ)=(각 ㅁㄹㅈ)

• 대응점끼리 이은 선분은 대칭축과 수직으로 만납니다.

• 대칭축은 대응점끼리 이은 선분을 둘로 똑같이 나눕니다. ➡ 따라서 각각의 대응점에서 대칭축까지의 거리가 서로 같습니다.

❸ 선대칭도형 그리는 방법

1단계 각 점에서 대칭축까지의 거리가 같도록
대응점을 찾아 표시합니다.
대칭축에 수선을 그어 대응점을 찾습니다.

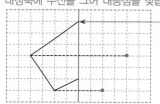

대칭축 위에 있는 꼭짓점은
대응점이 그 점과 같습니다.

2단계 대응점을 차례로 이어 선대칭도형이 되
도록 그립니다.

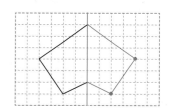

 ❶ 선대칭도형의 대칭축의 개수 알아보기

직사각형	정삼각형	정사각형	정오각형	정육각형	원
➡ 2개	➡ 3개	➡ 4개	➡ 5개	➡ 6개	➡ 무수히 많습니다.

정■각형의 대칭축은 ■개입니다.

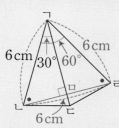 ❶ 정삼각형을 찾아 이등변삼각형 ㄱㄴㄷ의 넓이 구하기

사각형 ㄱㄴㄷㄹ이 선분 ㄱㄷ을 대칭축으로 하는 선대칭도형이고
삼각형 ㄱㄴㄷ이 이등변삼각형일 때, (각 ㄴㄱㄹ)=30°+30°=60°이고
●=(180°−60°)÷2=60°이므로 삼각형 ㄱㄴㄹ은 정삼각형입니다.

➡ (변 ㄴㄹ)=(변 ㄱㄴ)=(변 ㄱㄹ)=6 cm, (선분 ㄴㅁ)=(선분 ㄹㅁ)=3 cm
(삼각형 ㄱㄴㄷ의 넓이)=(변 ㄱㄷ)×(선분 ㄴㅁ)÷2=6×3÷2=9 (cm²)

이등변삼각형에서 길이가 같은 두 변 사이의 각이 60°이면 나머지 두 각도 각각 60°입니다. ➡ 정삼각형

1 다음 중 대칭축이 2개인 선대칭도형을 모두 찾아 기호를 쓰시오.

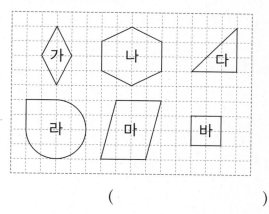

(   )

2 직선 ㄱㄴ을 대칭축으로 하는 선대칭도형입니다. 이 선대칭도형의 둘레는 몇 cm입니까?

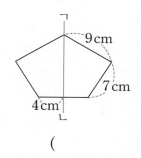

(   )

3 선분 ㅁㅂ을 대칭축으로 하는 선대칭도형입니다. 각 ㉮는 몇 도입니까?

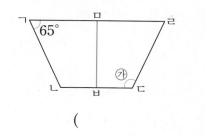

(   )

4 다음 선대칭도형을 완성해 보시오.

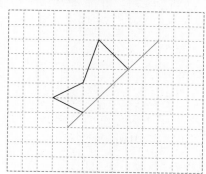

5 선분 ㄱㄹ을 대칭축으로 하는 선대칭도형입니다. 각 ㄷㄱㄹ은 몇 도입니까?

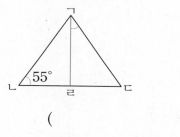

(   )

6 다음 선대칭도형에서 각 ㉠은 몇 도입니까?

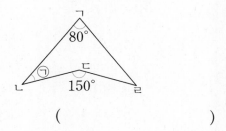

(   )

3 점대칭도형

❶ 점대칭도형

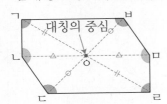

• 점대칭도형: 어떤 점을 중심으로 180° 돌렸을 때 처음 도형과 완전히 겹치는 도형

• 대칭의 중심을 중심으로 180° 돌렸을 때,

겹치는 점 ➡ 대응점

겹치는 변 ➡ 대응변

겹치는 각 ➡ 대응각

점대칭도형에서 대응점끼리 이은 한 선분에 의해 나누어진 두 도형은 서로 합동입니다.

❷ 점대칭도형의 성질

• 각각의 대응변의 길이가 서로 같습니다.

➡ (변 ㄱㄴ)＝(변 ㄹㅁ), (변 ㄴㄷ)＝(변 ㅁㅂ), (변 ㄷㄹ)＝(변 ㅂㄱ)

• 각각의 대응각의 크기가 서로 같습니다.

➡ (각 ㄱㄴㄷ)＝(각 ㄹㅁㅂ), (각 ㄴㄷㄹ)＝(각 ㅁㅂㄱ), (각 ㄷㄹㅁ)＝(각 ㅂㄱㄴ)

• 대칭의 중심은 대응점끼리 이은 선분을 둘로 똑같이 나눕니다.

➡ 따라서 각각의 대응점에서 대칭의 중심까지의 거리가 서로 같습니다.

❸ 점대칭도형 그리는 방법

1단계 각 점에서 대칭의 중심까지의 거리가 같도록 대응점을 찾아 표시합니다.

2단계 대응점을 차례로 이어 점대칭도형이 되도록 그립니다.

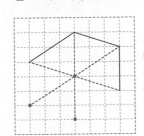

대칭의 중심을 지나는 직선을 그어 대응점을 찾습니다.

➡

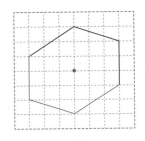

실전 개념

❶ 점대칭도형의 대칭의 중심의 개수 알아보기

대응점끼리 이은 선분이 만나는 점이 대칭의 중심입니다.

➡ 점대칭도형에서 대칭의 중심은 오직 1개입니다. 점대칭도형에서 대응점끼리 이은 선분은 한 점에서 만납니다.

❷ 선대칭도형인지 점대칭도형인지 알아보기

정삼각형	정사각형	정오각형	정육각형	원
선대칭도형 (○)	선대칭도형 (○)	선대칭도형 (○)	선대칭도형 (○)	선대칭도형 (○)
점대칭도형 (×)	점대칭도형 (○)	점대칭도형 (×)	점대칭도형 (○)	점대칭도형 (○)

1 다음 중 점대칭도형인 것을 모두 골라 기호를 쓰시오.

┌─────────────────────────────────┐
│ ㉠ 정삼각형   ㉡ 평행사변형   ㉢ 사다리꼴 │
│ ㉣ 마름모   ㉤ 정오각형   ㉥ 정육각형 │
└─────────────────────────────────┘

(   )

2 다음 점대칭도형에서 대칭의 중심을 찾아 표시해 보시오.

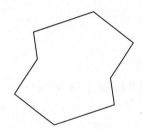

3 점 ㅇ을 대칭의 중심으로 하는 점대칭도형입니다. 다음 물음에 답하시오.

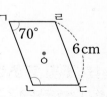

(1) 둘레가 20 cm일 때, 변 ㄱㄹ의 길이는 몇 cm입니까?

(   )

(2) 각 ㄱㄴㄷ은 몇 도입니까?

(   )

4 점 ㅇ을 대칭의 중심으로 하는 점대칭도형입니다. 선분 ㄱㄷ은 38 cm이고 선분 ㄴㄹ은 52 cm일 때, 색칠한 삼각형의 둘레는 몇 cm입니까?

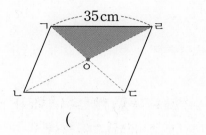

(   )

5 점대칭도형이 되도록 그림을 완성하시오.

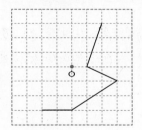

6 점 ㅇ을 대칭의 중심으로 하는 점대칭도형입니다. 각 ㄱㄹㅁ은 몇 도입니까?

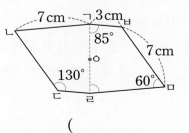

(   )

서로 합동인 도형에서 변의 길이 구하기

두 삼각형은 서로 합동입니다. 삼각형 ㄱㄴㄷ의 둘레는 몇 cm입니까?

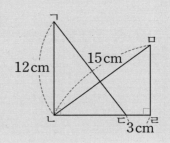

● 생각하기　　서로 합동인 두 도형은 대응변의 길이가 각각 같습니다.

● 해결하기　　**1단계** 변 ㄱㄷ과 변 ㄴㄷ의 길이 각각 알아보기

삼각형 ㄱㄴㄷ과 삼각형 ㄴㄹㅁ은 서로 합동입니다.

(변 ㄱㄷ)=(변 ㄴㅁ)=15 cm

(변 ㄴㄹ)=(변 ㄱㄴ)=12 cm이므로 (변 ㄴㄷ)=12-3=9 (cm)입니다.

2단계 삼각형 ㄱㄴㄷ의 둘레 구하기

삼각형 ㄱㄴㄷ의 둘레는 12+9+15=36 (cm)입니다.

답 36 cm

1-1　두 삼각형은 서로 합동입니다. 선분 ㄴㅁ은 몇 cm입니까?

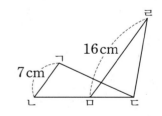

(　　　　　　　)

1-2　서로 합동인 두 삼각형을 붙여 만든 도형입니다. 전체 도형의 둘레는 몇 cm입니까?

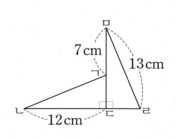

(　　　　　　　)

1-3　서로 합동인 이등변삼각형 6개를 붙여 만든 도형입니다. 전체 도형의 둘레는 몇 cm입니까?

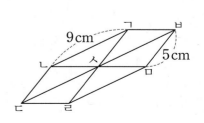

(　　　　　　　)

MATH TOPIC 2

심화유형

서로 합동인 도형에서 각의 크기 구하기

두 삼각형은 서로 합동입니다. 각 ㅁㅅㄷ은 몇 도입니까?

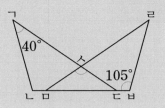

● 생각하기   서로 합동인 두 도형은 대응각의 크기가 각각 같습니다.

● 해결하기   **1단계** 각 ㄱㄷㄴ과 각 ㄹㅁㅂ의 크기 각각 알아보기

삼각형 ㄱㄴㄷ과 삼각형 ㄹㅂㅁ은 서로 합동입니다.

(각 ㄱㄴㄷ)=(각 ㄹㅂㅁ)=105°, (각 ㅁㄹㅂ)=(각 ㄷㄱㄴ)=40°

삼각형의 세 각의 크기의 합은 180°이므로 삼각형 ㄱㄴㄷ과 삼각형 ㄹㅂㅁ에서

(각 ㄱㄷㄴ)=(각 ㄹㅁㅂ)=180°-(40°+105°)=35°입니다.

2단계 각 ㅁㅅㄷ의 크기 구하기

(각 ㅁㅅㄷ)=180°-(35°+35°)=110°

답 110°

2-1   두 삼각형은 서로 합동입니다. 각 ㄹㅁㄷ은 몇 도입니까?

(   )

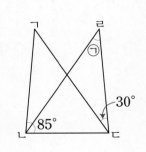

2-2   두 삼각형은 서로 합동입니다. 각 ㉠은 몇 도입니까?

(   )

2-3   서로 합동인 이등변삼각형 3개를 오른쪽과 같이 이어 붙였습니다. 각 ㄴㄱㅁ은 몇 도입니까?

(   )

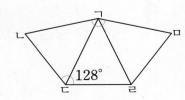

심화유형 3

서로 합동인 도형을 찾아 각의 크기 구하기

사각형 ㄱㄴㄷㄹ은 평행사변형입니다. 각 ㄱㅁㄹ은 몇 도입니까?

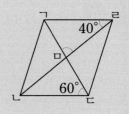

● 생각하기 • 평행사변형의 성질

① 마주 보는 변의 길이가 같습니다.   ② 마주 보는 각의 크기가 같습니다.

③ 한 대각선이 다른 대각선을 반으로 나눕니다.   ④ 점대칭도형입니다.

어떤 점을 중심으로 180° 돌렸을 때 처음과 완전히 겹칩니다.

● 해결하기 **1단계** 서로 합동인 두 삼각형 찾기

평행사변형에서 (선분 ㄱㅁ)=(선분 ㄷㅁ), (선분 ㄹㅁ)=(선분 ㄴㅁ),

한 대각선이 다른 대각선을 반으로 나눕니다.

(변 ㄱㄹ)=(변 ㄴㄷ)이므로 삼각형 ㄱㅁㄹ과 삼각형 ㄷㅁㄴ은 합동입니다.

마주 보는 변의 길이가 같습니다.

2단계 각 ㄱㅁㄹ의 크기 구하기

(각 ㄹㄱㅁ)=(각 ㄴㄷㅁ)=60°이므로

삼각형 ㄱㅁㄹ에서 (각 ㄱㅁㄹ)=180°−(60°+40°)=80°입니다.

답 80°

3-1 사각형 ㄱㄴㄷㄹ은 평행사변형입니다. 각 ㉠은 몇 도입니까?

(   )

3-2 평행사변형 ㄱㄴㄷㄹ을 합동인 사각형 2개로 나누었습니다. 각 ㉠은 몇 도입니까?

(   )

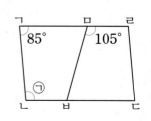

3-3 삼각형 ㄱㄴㄷ을 합동인 삼각형 4개로 나누었습니다. 각 ㄹㅁㄷ은 몇 도입니까?

(   )

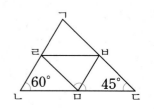

MATH TOPIC 4

심화유형

선대칭도형과 점대칭도형 찾기

다음 알파벳 중 점대칭도형인 것을 모두 찾아 쓰시오.

$$G \quad H \quad I \quad J \quad N \quad O \quad S$$

● 생각하기   점대칭도형은 어떤 점을 중심으로 180° 돌렸을 때 처음 도형과 완전히 겹치는 도형입니다.

● 해결하기   **1단계** 각 알파벳을 180° 돌린 모양 알아보기

G→Ƃ   H→H   I→I   J→ſ   N→N   O→O   S→S

2단계 점대칭도형인 알파벳 찾기

180° 돌렸을 때 처음과 완전히 겹치는 알파벳은 **H, I, N, O, S**입니다.

답 **H, I, N, O, S**

4-1 다음 중 선대칭도형인 것을 모두 찾아 기호를 쓰시오.

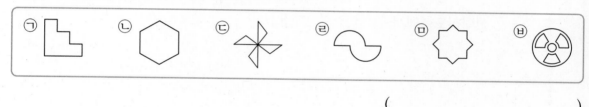

(   )

4-2 다음 한글 중 점대칭도형인 것을 모두 고르시오. (   )

① 곰   ② 응   ③ 녹   ④ 를   ⑤ 는

4-3 다음 한글 자음 중 선대칭도형이면서 점대칭도형인 것을 모두 찾아 쓰시오.

ㄱ ㄴ ㄷ ㄹ ㅁ ㅂ ㅅ ㅇ ㅈ ㅊ ㅋ ㅌ ㅍ ㅎ

(   )

MATH TOPIC 5
심화유형

선대칭도형에서 각의 크기 구하기

사각형 ㄱㄴㄹㅁ은 선대칭도형입니다. 각 ㉠은 몇 도입니까?

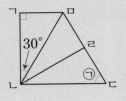

● 생각하기 선대칭도형에서 각각의 대응각의 크기는 서로 같습니다.

● 해결하기 1단계 각 ㄴㄹㅁ과 각 ㅁㄴㄹ의 크기 각각 알아보기

사각형 ㄱㄴㄹㅁ은 선대칭도형이고 대칭축은 선분 ㄴㅁ입니다.

➡ (각 ㄴㄹㅁ)=(각 ㄴㄱㅁ)=90°, (각 ㅁㄴㄹ)=(각 ㅁㄴㄱ)=30°

2단계 각 ㉠의 크기 구하기

(각 ㄴㄹㄷ)=180°−90°=90°, (각 ㄹㄴㄷ)=90°−(30°+30°)=30°이므로
삼각형 ㄹㄴㄷ에서 (각 ㉠)=180°−(30°+90°)=60°입니다.

답 60°

5-1 선대칭도형에서 각 ㉠은 몇 도입니까?

(   )

5-2 도형 ㄱㄴㄷㄹㅁㅂ은 선분 ㄴㅁ을 대칭축으로 하는 선대칭도형입니다. 변 ㄹㅁ과 변 ㄹㅅ의 길이가 같을 때, 각 ㉠은 몇 도입니까?

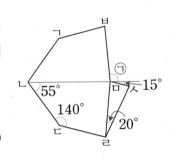

(   )

5-3 삼각형 ㄱㄴㄷ은 선분 ㄴㅂ을 대칭축으로 하는 선대칭도형입니다. 각 ㉠은 몇 도입니까?

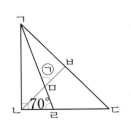

(   )

심화유형 6 선대칭도형, 점대칭도형의 둘레 구하기

점 ㅇ을 대칭의 중심으로 하는 점대칭도형입니다. 점대 칭도형의 둘레는 몇 cm입니까?

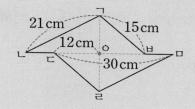

● **생각하기** 점대칭도형에서 각각의 대응점에서 대칭의 중심까지의 거리는 같습니다.

● **해결하기** **1단계** 변 ㄴㄷ과 변 ㅁㅂ의 길이 각각 구하기

(선분 ㅂㅇ)=(선분 ㄷㅇ)=12 cm

(변 ㄴㄷ)=(변 ㅁㅂ)=30−(12+12)=6 (cm)

2단계 점대칭도형의 둘레 구하기

점대칭도형에서 각각의 대응변의 길이는 서로 같으므로

점대칭도형의 둘레는 (21+15+6)×2=42×2=84 (cm)입니다.

답 84 cm

6-1 점 ㅇ을 대칭의 중심으로 하는 점대칭도형의 일부분입니다. 점대칭도형을 완성하였을 때 완성된 점대칭도형의 둘레는 몇 cm입니까?

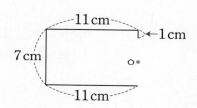

(   )

6-2 점 ㅇ을 대칭의 중심으로 하는 점대칭도형의 일부분입니다. 완성된 점대칭도형의 둘레가 52 cm일 때, 변 ㄱㄴ은 몇 cm입니까?

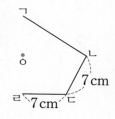

(   )

6-3 선분 ㅇㄹ을 대칭축으로 하는 선대칭도형입니다. 삼각형 ㄱㄴㅁ 과 삼각형 ㅅㄷㅂ이 정삼각형일 때, 선대칭도형의 둘레는 몇 cm 입니까? (단, 선분 ㄱㅇ과 선분 ㅇㅁ의 길이는 같습니다.)

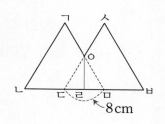

(   )

선대칭도형, 점대칭도형의 넓이 구하기

오른쪽 선대칭도형의 둘레가 38 cm일 때, 선대칭도형의 넓이는 몇 cm²입니까?

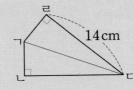

● **생각하기** 선대칭도형에서 대칭축에 의해 나누어진 두 도형은 합동입니다. ➡ 한쪽 도형의 넓이를 구해 2배 하면 전체의 넓이가 됩니다.

● **해결하기** [1단계] 변 ㄱㄹ의 길이 알아보기

선대칭도형의 대칭축은 선분 ㄱㄷ입니다.

(변 ㄴㄷ)=(변 ㄹㄷ)=14 cm

(변 ㄱㄹ)=(변 ㄱㄴ)=(38−14−14)÷2=10÷2=5 (cm)

[2단계] 삼각형 ㄱㄹㄷ의 넓이를 이용하여 전체 넓이 구하기

(직각삼각형 ㄱㄹㄷ의 넓이)=14×5÷2=35 (cm²)

선대칭도형의 넓이는 삼각형 ㄱㄹㄷ의 넓이의 2배이므로 35×2=70 (cm²)입니다.

답 70 cm²

7-1 직선 ㄱㄴ을 대칭축으로 하는 선대칭도형의 일부입니다. 완성된 선대칭도형의 넓이는 몇 cm²입니까?

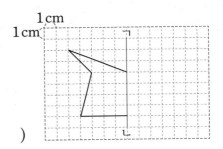

( )

7-2 선분 ㄹㄴ을 대칭축으로 하는 선대칭도형입니다. 선대칭도형의 넓이는 몇 cm²입니까?

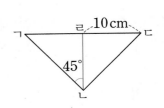

( )

7-3 사각형 ㄱㄴㄷㄹ은 선대칭도형입니다. 사각형 ㄱㄴㄷㄹ이 점 ㅇ을 대칭의 중심으로 하는 점대칭도형의 일부분일 때, 완성된 점대칭도형의 넓이는 몇 cm²입니까?

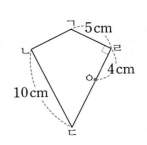

( )

MATH TOPIC 8

심화유형

접은 모양에서 각의 크기 구하기

직사각형 모양 색종이를 접은 것입니다. 각 ㉠은 몇 도입니까?

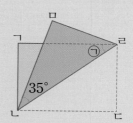

● **생각하기**

  ➡ 종이를 접었을 때, ㉮와 ㉯ 두 모양은 서로 합동입니다.

● **해결하기** **1단계** 각 ㄴㄹㅁ의 크기 알아보기

(각 ㄴㅁㄹ)＝(각 ㄴㄷㄹ)＝90°이므로
<u>직사각형의 한 각은 90°입니다.</u>
삼각형 ㄴㅁㄹ에서 (각 ㄴㄹㅁ)＝180°－(90°＋35°)＝55°입니다.
<u>삼각형의 세 각의 크기의 합은 180°입니다.</u>

2단계 각 ㉠의 크기 구하기

(각 ㄴㄹㄷ)＝(각 ㄴㄹㅁ)＝55°이므로 (각 ㉠)＝90°－55°＝35°입니다.

답 35°

8-1 정사각형 모양 색종이를 접은 것입니다. 각 ㉮와 각 ㉯의 크기를 각각 구하시오.

각 ㉮ (   )
각 ㉯ (   )

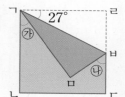

8-2 직사각형 모양 색종이를 접은 것입니다. 각 ㉠과 각 ㉡의 크기를 각각 구하시오.

각 ㉠ (   )
각 ㉡ (   )

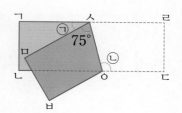

8-3 삼각형 모양 색종이를 꼭짓점 ㄱ이 변 ㄴㄷ 위에 닿도록 접었습니다. 각 ㉠은 몇 도입니까?

(   )

MATH TOPIC 9
심화유형

합동과 대칭을 활용한 교과통합유형

수학+과학

디지털시계는 태엽과 시곗바늘을 사용하지 않고 액정 화면에 숫자로 시각을 나타내는 시계입니다. 다음과 같이 2시 50분에 디지털시계의 오른쪽에 거울을 세워 놓으면 거울에 비친 숫자가 실제 시각과 같이 2시 50분을 나타냅니다. 이렇게 거울에 비친 디지털시계의 숫자가 실제 시각을 나타내는 경우는 $02:50$을 포함하여 하루에 모두 몇 번 있습니까? (단, 자정은 $00:00$, 오후 8시는 $20:00$으로 나타냅니다.)

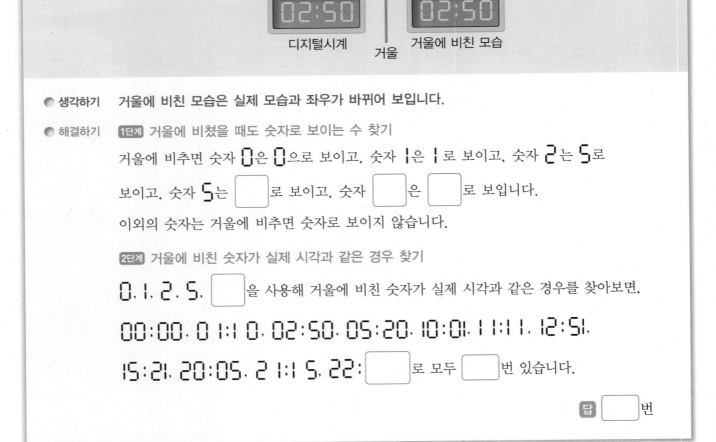

02:50
디지털시계

거울

02:50
거울에 비친 모습

● 생각하기   거울에 비친 모습은 실제 모습과 좌우가 바뀌어 보입니다.

● 해결하기   **1단계** 거울에 비쳤을 때도 숫자로 보이는 수 찾기

거울에 비추면 숫자 0은 0으로 보이고, 숫자 1은 1로 보이고, 숫자 2는 5로 보이고, 숫자 5는 □로 보이고, 숫자 □은 □로 보입니다.

이외의 숫자는 거울에 비추면 숫자로 보이지 않습니다.

2단계 거울에 비친 숫자가 실제 시각과 같은 경우 찾기

$0, 1, 2, 5,$ □을 사용해 거울에 비친 숫자가 실제 시각과 같은 경우를 찾아보면,

$00:00, 01:10, 02:50, 05:20, 10:01, 11:11, 12:51,$

$15:21, 20:05, 21:15, 22:$□로 모두 □번 있습니다.

답 □ 번

9-1

점자는 시각장애인이 종이 위에 도드라진 점을 손가락으로 더듬어 읽을 수 있게 한 글자로, 6개의 점으로 모두 64가지의 점형을 만들 수 있습니다. 종이를 뒤집어 뾰족한 것으로 점을 찍어 쓰기 때문에 쓸 때와 읽을 때의 모양이 오른쪽과 같이 다릅니다. 점자로 '안녕'은 다음과 같이 표현됩니다. 점자로 '안녕'을 쓸 때 종이를 뒤집어 점을 찍어야 하는 곳을 색칠하시오.

쓸 때
○ ●
● ●
● ○
→
읽을 때
● ●
○ ●
○ ○

쓸 때 → 읽을 때

1 다음 정삼각형을 합동인 삼각형 8개가 되도록 선으로 나누어 보시오.

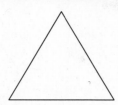

2 직사각형 모양 종이를 다음과 같이 접었더니 색칠한 두 삼각형이 서로 합동이 되었습니다. 접기 전 처음 직사각형 모양 종이의 넓이는 몇 cm²입니까?

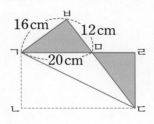

(   )

서술형 3 다음 중 선대칭도형도 되고 점대칭도형도 되는 알파벳은 모두 몇 개인지 풀이 과정을 쓰고 답을 구하시오.

A   C   D   H   J   O   X   Z

풀이 ....

....

....

답 ....

4 점 ㅇ을 대칭의 중심으로 하는 점대칭도형입니다. 각 ㄱㄴㄷ은 몇 도입니까?

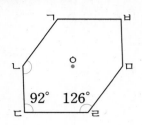

(   )

서술형 **5** 삼각형 ㄱㄴㄷ과 삼각형 ㄷㄹㄱ은 서로 합동입니다. 각 ㉠은 몇 도인지 풀이 과정을 쓰고 답을 구하시오.

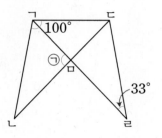

풀이 ....

....

....

답 ....

6 원의 중심 ㅇ을 대칭의 중심으로 하는 점대칭도형입니다. 각 ㄷㅇㄹ은 몇 도입니까?

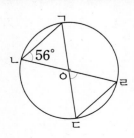

(   )

7 서로 합동인 두 정사각형을 다음과 같이 겹쳐서 그렸습니다. 선분 ㄱㄷ의 길이가 5 cm일 때, 정사각형 한 개의 둘레는 몇 cm입니까?

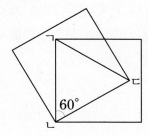

(   )

8 직사각형 모양 종이를 다음과 같이 대각선 ㄴㄹ을 따라 접었습니다. 각 ㅁㄹㄱ은 몇 도입니까?

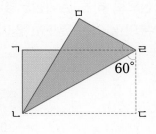

(   )

9 삼각형 ㄱㄴㄷ의 세 변을 각각 대칭축으로 하여 선대칭도형을 그렸습니다. 어느 변을 대칭축으로 하여 그린 선대칭도형의 둘레가 가장 깁니까?

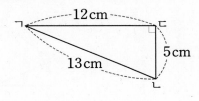

(   )

10

수학+미술

네덜란드의 화가 피에트 몬드리안(Piet Mondrian)은 삼원색과 흰색, 검정색, 회색을 사용하여 수평선과 수직선으로만 구성된 그림을 그린 것으로 유명합니다. 다음은 미술 시간에 솔아가 몬드리안의 그림을 따라 그린 것입니다. 솔아의 그림에서 찾을 수 있는 서로 합동인 사각형은 모두 몇 쌍입니까?

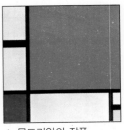

▲ 몬드리안의 작품
「빨강, 파랑, 노랑의 구성」

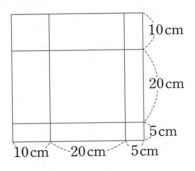

(   )

11 점 ㅇ을 대칭의 중심으로 하는 점대칭도형입니다. 선분 ㄴㅁ의 길이와 선분 ㅁㅇ의 길이가 같을 때, 색칠한 부분의 넓이는 몇 cm²입니까?

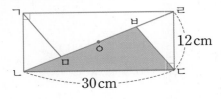

(   )

12 직각삼각형 ㄱㄴㄷ을 다음과 같이 점 ㄷ을 중심으로 23° 돌렸습니다. 각 ㉠은 몇 도입니까?

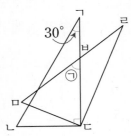

(   )

13 이등변삼각형 모양 색종이를 점 ㄱ이 변 ㄴㄷ 위에 닿도록 접었습니다. 각 ㉠은 몇 도입니까?

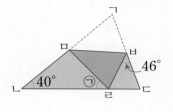

(   )

14 다음은 마름모의 한 변을 대칭축으로 하여 그린 선대칭도형입니다. 선대칭도형의 넓이는 몇 cm²입니까?

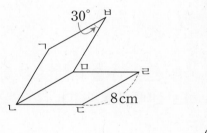

(   )

15 직사각형 ㄱㄴㄷㄹ에서 선분 ㄴㅁ의 길이는 선분 ㅁㄷ의 길이의 $\frac{1}{2}$이고, 점 ㅂ은 변 ㄹㄷ을 이등분 합니다. 각 ㉠은 몇 도입니까?

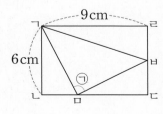

(   )

1 다음은 정삼각형을 서로 합동인 사다리꼴 3개로 나눈 것입니다. 정삼각형의 둘레가 108 cm일 때, 사다리꼴 한 개의 둘레는 몇 cm입니까?

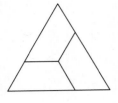

(   )

2 정사각형 모양 색종이를 다음과 같이 접었습니다. 점 ㅂ과 점 ㄴ을 선분으로 이었을 때, 각 ㉮는 몇 도입니까?

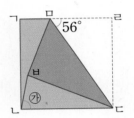

(   )

3 삼각형 ㄱㄴㄷ은 선분 ㄱㄹ을 대칭축으로 하는 선대칭도형이고, 삼각형 ㅂㄱㄴ은 선분 ㅁㅂ을 대칭축으로 하는 선대칭도형입니다. 각 ㉠은 몇 도입니까?

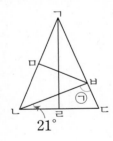

(   )

4 이등변삼각형 ㄱㄴㄷ에서 변 ㄴㄷ을 6등분 한 다음 꼭짓점 ㄱ과 연결하여 6개의 삼각형으로 나누었습니다. 그림에서 찾을 수 있는 서로 합동인 삼각형은 모두 몇 쌍입니까?

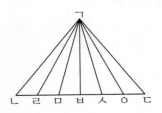

(   )

5 정사각형 모양 색종이를 점 ㄱ과 점 ㄹ이 점 ㅁ에서 만나도록 접었습니다. 각 ㉮는 몇 도 입니까?

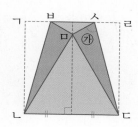

(   )

6 중심이 점 ㅇ인 원 모양 색종이를 4등분 하여 다음과 같이 점 ㅇ과 점 ㄹ이 닿도록 선분 ㄴㄷ을 따라 접었습니다. 각 ㉮는 몇 도입니까?

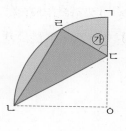

(   )

서술형 **7** 수 카드를 사용하여 만든 네 자리 수 **1691**은 점대칭도형입니다. 이와 같이 수 카드를 사용하여 만들 수 있는 2000과 6000 사이의 네 자리 수 중에서 점대칭도형이 되는 수는 모두 몇 개인지 풀이 과정을 쓰고 답을 구하시오. (단, 수 카드는 여러 번 사용할 수 있습니다.)

[0] [1] [2] [3] [4] [5] [6] [7] [8] [9]

풀이 _____

_____

_____

답 _____

경시 기출 문제 8 사각형 ㄱㄴㄷㄹ은 정사각형이고, 삼각형 ㅁㄴㄷ은 정삼각형입니다. 각 ㄱㅁㄹ은 몇 도 입니까?

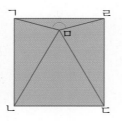

(   )

9 정사각형 모양 색종이를 다음과 같이 접었다가 펼쳤습니다. 점 ㄱ과 점 ㅁ, 점 ㄴ과 점 ㅂ을 각각 선분으로 이었을 때, 각 ㉮는 몇 도입니까?

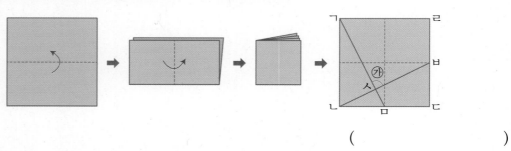

(   )

경시 기출 문제 10 다음과 같은 사다리꼴 2개의 변과 변을 맞닿게 붙여서 선대칭도형을 만들려고 합니다. 두 사다리꼴이 포개어지지 않게 붙인다면 만들 수 있는 선대칭도형은 모두 몇 가지입니까? (단, 돌리거나 뒤집어서 같은 모양은 같은 것으로 봅니다.)

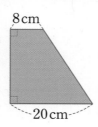

8 cm

20 cm

(   )

소수의 곱셈

돈을 바꾸는 수학, 환율

다른 나라의 돈, 어떻게 바꿀까?

나라마다 다른 건 언어와 문화뿐만이 아니에요. 각 나라에서 사용하는 화폐도 제각각입니다. 우리 돈의 화폐 단위는 '원'이지만 미국의 화폐 단위는 '달러', 중국은 '위안', 일본은 '엔', 유럽 연합 국가들은 '유로'를 쓰지요. 그 밖에도 나라마다 수많은 종류의 화폐가 있고 한 나라의 경제 상황에 따라 화폐의 가치도 다릅니다.

화폐의 종류가 다양한 만큼 서로 화폐를 교환하는 기준이 필요한데, 이를 '환율'이라고 해요. 만약 우리 돈 1000원을 다른 나라의 돈으로 바꾸면 얼마가 될까요? 그 금액은 환율에 따라 달라지는데 환율은 시시각각 변해요. 만약 오늘 이 시각의 '원—유로 환율'이 1251.34원이라고 한다면 유럽 돈 1유로를 사는 데 우리 돈 1251.34원이 필요하다는 뜻입니다. 만약 유럽으로 여행을 가기 전에 50유로를 준비하려고 한다면 우리 돈으로 $50 \times 1251.34 = 62567$(원), 약 62570원이 필요하다는 걸 알 수 있어요. 이 시각의 환율만 알고 있다면 소수의 곱셈으로 쉽게 환전 금액을 구할 수 있겠죠?

환율이 경제에 미치는 영향

환율은 여행 경비뿐만 아니라 나라 전체의 경제에도 영향을 미칩니다. 환율에 따라 수출 산업과 수입 산업의 조건이 바뀌기 때문이에요. 미국 돈 1달러와 우리 돈 1000원의 가치가 같았었는데, 어느 날 환율이 올라 미국 돈 1달러가 우리 돈 2000원과 같은 가치가 되었다면 어떤 일이 생길까요?

여기에 연필 한 자루를 1달러에 수출하는 업체가 있어요. 이 업체는 1달러가 우리 돈 1000원의 가치와 같았을 때 연필 한 자루를 수출해서 1000원을 벌었어요. 그런데 1달러의 가치가 우리 돈 2000원으로 오르니 연필 한 자루를 수출해서 2000원을 벌게 되었어요. 바뀐 건 환율뿐인데 이득이 생긴 것이죠. 이처럼 환율이 오르면 수출을 하는 업체가 유리해진답니다.

반대로 환율이 떨어져 1달러가 500원의 가치와 같아진다면, 이 업체는 손해를 보게 됩니다. 예전에는 연필 한 자루를 팔면 1000원을 벌었는데, 이제는 연필 한 자루를 팔면 500원밖에 받지 못하니까요.

그렇다고 높은 환율이 높은 채로, 낮은 환율이 낮은 채로 유지 되지는 않아요. 화폐를 사고팔려는 사람들에 의해 환율이 다시 적당한 수준으로 돌아오거든요. 이렇게 매일 변화하는 환율을 분석하여 돈을 버는 직업도 있습니다. 이들을 '외환 딜러'라고 하는데, 외환 딜러들은 세계 곳곳의 경제 상황을 지켜보며 환율을 예측하고, 적절한 시기에 화폐를 사고 팔아 이익을 남기는 일을 합니다.

1 (소수)×(자연수)

❶ (1보다 작은 소수)×(자연수)

- 0.9×4

  [0.9×4의 곱 어림하기] 0.9를 1로 생각하면 $1 \times 4 = 4$이므로 0.9×4는 4보다 조금 작습니다.

  방법1 분수의 곱셈으로 계산하기

  $$0.9 \times 4 = \frac{9}{10} \times 4 = \frac{9 \times 4}{10} = \frac{36}{10} = 3.6$$

  방법3 0.9를 4번 더하여 계산하기
  $0.9 \times 4 = 0.9 + 0.9 + 0.9 + 0.9 = 3.6$

  방법4 0.1의 개수로 계산하기
  $0.9 \times 4 = 0.1 \times 9 \times 4 = 0.1 \times 36 = 3.6$

  방법2 자연수의 곱셈으로 계산하기

  $$\boxed{9} \times 4 = \boxed{36}$$

  $\downarrow \frac{1}{10}$배　　$\downarrow \frac{1}{10}$배　곱해지는 수가 $\frac{1}{10}$배가 되면 계산 결과가 $\frac{1}{10}$배가 됩니다.

  $$\boxed{0.9} \times 4 = \boxed{3.6}$$

❷ (1보다 큰 소수)×(자연수)

- 1.53×3

  [1.53×3의 곱 어림하기] 1.53을 1.5로 생각하면 $1.5 + 1.5 + 1.5 = 4.5$이므로 1.53×3은 4.5보다 조금 큽니다.

  방법1 분수의 곱셈으로 계산하기

  $$1.53 \times 3 = \frac{153}{100} \times 3 = \frac{153 \times 3}{100} = \frac{459}{100} = 4.59$$

  방법3 1.53을 3번 더하여 계산하기
  $1.53 \times 3 = 1.53 + 1.53 + 1.53 = 4.59$

  방법4 0.01의 개수로 계산하기
  $1.53 \times 3 = 0.01 \times 153 \times 3 = 0.01 \times 459 = 4.59$

  방법2 자연수의 곱셈으로 계산하기

  $$\boxed{153} \times 3 = \boxed{459}$$

  $\downarrow \frac{1}{100}$배　　$\downarrow \frac{1}{100}$배　곱해지는 수가 $\frac{1}{100}$배가 되면 계산 결과가 $\frac{1}{100}$배가 됩니다.

  $$\boxed{1.53} \times 3 = \boxed{4.59}$$

실전개념

❶ (소수)×(자연수)의 곱 어림하기

- 0.27×8의 곱 어림하기

  방법1 0.25를 8번 더하여 생각하기

  0.25를 8번 더하면 2가 되므로 0.27를 8번 더한 0.27×8은 2보다 조금 큽니다.
  0.25를 4번 더하면 1이 됩니다.

  방법2 8의 0.25배를 생각하기　곱하는 순서를 바꾸어도 곱은 그대로입니다. $0.27 \times 8 = 8 \times 0.27$

  0.25를 분수로 나타내면 $\frac{1}{4}$이고, 8의 $\frac{1}{4}$배는 2이므로 8×0.27은 2보다 조금 큽니다.
  $0.27 \times 8 = 2.16$입니다.

❷ 환율에 따라 우리나라 돈과 외국 돈 바꾸기

- 우리나라 돈 1000원을 태국 돈 28.11바트로 바꿀 수 있을 때,
  우리나라 돈 5000원을 태국 돈 얼마로 바꿀 수 있는지 구하기

  ➡ 1000원=28.11바트이므로 5000원은 $28.11 \times 5 = 140.55$(바트)로 바꿀 수 있습니다.
  　　1000원의 5배　　28.11바트의 5배

1 두 사람이 2.8×4의 값을 어림하였습니다. 알맞은 말에 ○표 하시오.

> • 은하: $2.5 + 2.5 + 2.5 + 2.5 = 10$이므로 2.8×4의 곱은 10보다 조금 (큽니다 , 작습니다).
> • 승우: $3 \times 4 = 12$이므로 2.8×4의 곱은 12보다 조금 (큽니다 , 작습니다).

2 3.8×3을 두 가지 방법으로 계산한 것입니다. □ 안에 알맞은 수를 써넣으시오.

방법1 $3.8 \times 3 = \boxed{} + \boxed{} + \boxed{}$

$= \boxed{}$

방법2 $3.8 \times 3 = \dfrac{\boxed{}}{10} \times 3 = \dfrac{\boxed{}}{10}$

$= \boxed{}$

3 0.13×6을 자연수의 곱셈을 이용하여 계산하려고 합니다. ■, ▲, ●의 값을 각각 구하시오.

> ■ $\times 6 = $ ▲
> $\frac{1}{100}$배 $\frac{1}{100}$배
> $0.13 \times 6 = $ ●

■ (   )

▲ (   )

● (   )

4 다음 정오각형의 둘레는 몇 m입니까?

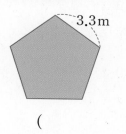
3.3 m

(   )

5 보리를 10 g에 30.8원씩 받고 팔고 있습니다. 보리를 500 g만큼 사려면 얼마를 내야 합니까?

(   )

6 민찬이는 하루에 생수를 0.55 L씩 마신다고 합니다. 민찬이가 2주 동안 마시는 생수는 모두 몇 L입니까?

(   )

2 (자연수) × (소수)

❶ (자연수) × (1보다 작은 소수)

• 6×0.47

6×0.47의 곱 어림하기 0.47을 $0.5\left(=\dfrac{1}{2}\right)$로 생각하면 $6 \times \dfrac{1}{2}=3$이므로 6×0.47은 3보다 조금 작습니다.

방법1 분수의 곱셈으로 계산하기

$$6 \times 0.47 = 6 \times \frac{47}{100} = \frac{6 \times 47}{100} = \frac{282}{100} = 2.82$$

방법3 0.01의 개수로 계산하기
$6 \times 0.47 = 6 \times 0.01 \times 47 = 0.01 \times 282 = 2.82$

방법2 자연수의 곱셈으로 계산하기

$6 \times \boxed{47} = \boxed{282}$

$\downarrow \frac{1}{100}$배 $\qquad \downarrow \frac{1}{100}$배

$6 \times \boxed{0.47} = \boxed{2.82}$

곱하는 수가 $\dfrac{1}{100}$배가 되면 계산 결과가 $\dfrac{1}{100}$배가 됩니다.

❷ (자연수) × (1보다 큰 소수)

• 8×3.2

8×3.2의 곱 어림하기 3.2를 3으로 생각하면 $8 \times 3=24$이므로 8×3.2는 24보다 조금 큽니다.

방법1 분수의 곱셈으로 계산하기

$$8 \times 3.2 = 8 \times \frac{32}{10} = \frac{8 \times 32}{10} = \frac{256}{10} = 25.6$$

방법3 0.1의 개수로 계산하기
$8 \times 3.2 = 8 \times 0.1 \times 32 = 0.1 \times 256 = 25.6$

방법2 자연수의 곱셈으로 계산하기

$8 \times \boxed{32} = \boxed{256}$

$\downarrow \frac{1}{10}$배 $\qquad \downarrow \frac{1}{10}$배

$8 \times \boxed{3.2} = \boxed{25.6}$

곱하는 수가 $\dfrac{1}{10}$배가 되면 계산 결과가 $\dfrac{1}{10}$배가 됩니다.

배경지식

❶ (자연수) × (1보다 작은 소수)

1보다 작은 소수를 곱하면 처음 수보다 작아집니다. 곱셈의 결과가 늘 커지는 것은 아닙니다.

• $2 \times 0.7 = 2 \times \dfrac{7}{10} = \dfrac{14}{10} = 1.4$

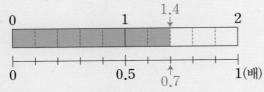

➡ 2의 0.7배는 2를 10으로 나눈 것 중에서 7이므로 $\underline{2 \times 0.7}$은 2보다 작습니다.
$\qquad\qquad = 1.4$

❷ 소수의 곱셈을 나눗셈으로 이해하기

$\bigstar \times 0.1 = \bigstar \times \dfrac{1}{10} = \bigstar \div 10$

$\bigstar \times 0.01 = \bigstar \times \dfrac{1}{100} = \bigstar \div 100$

$\bigstar \times 0.001 = \bigstar \times \dfrac{1}{1000} = \bigstar \div 1000$

실전개념

❶ 시간을 소수로 나타내어 소수의 곱셈하기

• 1분에 물이 200 mL씩 새는 수도꼭지에서 2분 30초 동안 새는 물의 양 구하기

➡ 1분＝60초이므로 $2분\ 30초 = 2\dfrac{30}{60}분 = 2\dfrac{1}{2}분 = 2\dfrac{5}{10}분 = 2.5분$입니다.

따라서 2분 30초 동안 새는 물의 양은 $200 \times 2.5 = 500\ (\mathrm{mL})$입니다.

(2분 30초 동안 새는 물의 양)＝(1분 동안 새는 물의 양)×(2분 30초)

정답과 풀이 51쪽

1 곱을 어림하여, 계산 결과가 곱해지는 자연수보다 작은 곱셈식을 모두 찾아 기호를 쓰시오.

> ㉠ 5×0.68　　㉡ 6×4.7
> ㉢ 9×0.9　　㉣ 10×1.76

(　　　　　　　)

2 8×0.05를 두 가지 방법으로 계산한 것입니다. 둘 중 잘못 계산한 것을 찾아 기호를 쓰시오.

> ㉠ $8 \times 0.05 = 8 \times \dfrac{5}{100} = 0.4$
> ㉡ $8 \times 0.05 = 8 \times 0.1 \times 5 = 4$

(　　　　　　　)

3 주어진 자연수의 곱셈을 이용하여 소수의 곱셈을 하시오.

> $75 \times 6 = 450$

(1) $75 \times 0.6 = \boxed{}$

(2) $75 \times 0.06 = \boxed{}$

(3) $6 \times 7.5 = \boxed{}$

(4) $6 \times 0.75 = \boxed{}$

4 그림자 길이가 물체 길이의 0.32일 때, 같은 시각에 높이가 $5\,\mathrm{m}$인 표지판의 그림자는 몇 m이겠습니까?

(　　　　　　　)

5 가로가 $6\,\mathrm{m}$이고 세로가 $230\,\mathrm{cm}$인 직사각형 모양의 현수막이 있습니다. 이 현수막의 넓이는 몇 $\mathrm{m^2}$입니까?

(　　　　　　　)

6 $2\,\mathrm{L}$ 들이 섬유유연제를 한 통 사면 한 통의 0.4배만큼을 더 주는 행사를 하고 있습니다. 이 섬유유연제를 5통 사면 모두 몇 L만큼 사는 셈입니까?

(　　　　　　　)

7 한 시간에 $35\,\mathrm{km}$씩 가는 오토바이가 있습니다. 이 오토바이로 3시간 12분 동안 간 거리는 몇 km입니까?

(　　　　　　　)

3 (소수)×(소수), 곱의 소수점 위치

❶ (소수)×(소수)

• 2.06×0.4

$$206 \times 4 = 824$$

$\downarrow \frac{1}{100}$배　$\downarrow \frac{1}{10}$배　$\downarrow \frac{1}{1000}$배

$$2.06 \times 0.4 = 0.824$$

곱해지는 수가 $\frac{1}{100}$배가 되고─
곱하는 수가 $\frac{1}{10}$배가 되면 → 곱이 $\frac{1}{100} \times \frac{1}{10} = \frac{1}{1000}$배가 됩니다.

❷ 곱의 소수점 위치의 규칙

곱하는 수의 0이 하나씩 늘어날 때마다
곱의 소수점이 오른쪽으로 한 칸씩 옮겨집니다.

$4.36 \times 10 = 43.6$ ← 오른쪽으로 한 칸 이동
　　　　1개
$4.36 \times 100 = 436$ ← 오른쪽으로 두 칸 이동
　　　　2개
$4.36 \times 1000 = 4360$ ← 오른쪽으로 세 칸 이동
　　　　3개

곱하는 소수의 소수점 아래 자리 수가 하나씩 늘어날 때마다
곱의 소수점이 왼쪽으로 한 칸씩 옮겨집니다.

$27 \times 0.1 = 2.7$ ← 왼쪽으로 한 칸 이동
　　　한 자리
$27 \times 0.01 = 0.27$ ← 왼쪽으로 두 칸 이동
　　　두 자리
$27 \times 0.001 = 0.027$ ← 왼쪽으로 세 칸 이동
　　　세 자리

---

❶ 길이, 무게, 들이의 단위 바꾸어 나타내기

| $100\,cm = 1\,m$ | $1000\,m = 1\,km$ | $1000\,g = 1\,kg$ | $1000\,mL = 1\,L$ |

$\downarrow$　　　　$\downarrow$　　　　$\downarrow$　　　　$\downarrow$

$1\,cm = 0.01\,m$　$1\,m = 0.001\,km$　$1\,g = 0.001\,kg$　$1\,mL = 0.001\,L$

❷ 곱의 소수점 아래 자리 수 알아보기

• 곱의 소수점 아래 자리 수는 곱하는 두 소수의 소수점 아래 자리 수의 합과 같습니다.

(소수 한 자리 수)×(소수 두 자리 수)＝(소수 세 자리 수)　　⑩ $3.7 \times 0.41 = 1.517$

❸ 소수점의 위치 이용하여 곱의 크기 비교하기

⑩ 0.47×3564와 47×3.564의 곱의 크기 비교하기

$0.47 \times 3564 = 47 \times 0.01 \times 3564$ ← 소수 두 자리 수
$47 \times 3.564 = 47 \times 3564 \times 0.001$ ← 소수 세 자리 수

➡ 0.47×3564는 47×3.564의 10배입니다.
　　소수 두 자리 수　　소수 세 자리 수

곱하는 수의 숫자 배열이 같은 경우,
곱의 소수점의 위치만 비교하여 곱의
크기를 비교할 수 있습니다.

---

❶ 소수의 곱셈에서 끝자리 숫자가 0이 되는 경우

(끝자리 숫자가 5인 소수)×(끝자리 숫자가 짝수인 소수)의 곱의 소수점 아래 끝자리 숫자는 0이
됩니다.

⑩ $3.5 \times 0.04 = 0.140$
소수 한 자리 수　소수 두 자리 수　소수 두 자리 수

➡ 이때는 곱의 소수점 아래 자리 수가 곱하는 두 소수의 소수점 아래 자리 수의 합보다 작습니다.

BASIC TEST

1 곱을 어림하여 ○ 안에 >, <, =를 알맞게 써넣으시오.

(1) 0.9×0.54 ◯ 0.9

(2) 0.9×0.54 ◯ 0.54

(3) 0.071×1.1 ◯ 0.071

(4) 0.071×1.1 ◯ 1.1

2 0.09×0.5를 자연수의 곱셈을 이용하여 계산하려고 합니다. ☐ 안에 알맞은 수를 써넣으시오.

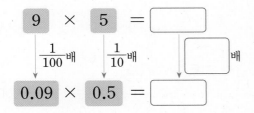

3 주어진 자연수의 곱셈을 이용하여 소수의 곱셈을 하시오.

$$42 \times 90 = 3780$$

(1) $4.2 \times 9 =$ ☐

(2) $4.2 \times 0.9 =$ ☐

(3) $0.42 \times 0.9 =$ ☐

4 다음 중 계산 결과가 <u>다른</u> 하나를 찾아 기호를 쓰시오.

ㄱ 0.8×2.54 ㄴ 0.08×25.4
ㄷ 80×0.254 ㄹ 0.008×254

( )

5 굵기가 일정한 철근 10 cm의 무게를 재어 보니 1.35 kg였습니다. 이 철근 10 m의 무게는 몇 kg입니까?

( )

6 지호의 동생은 태어날 때 몸무게가 3.5 kg이었습니다. 오늘 동생의 몸무게를 재어 보니 태어날 때의 1.8배가 되었습니다. 오늘 잰 동생의 몸무게는 몇 kg입니까?

( )

7 계산하지 않고 식을 비교하여 ☐ 안에 알맞은 수를 써넣으시오.

(1) $0.74 \times 53 = 74 \times$ ☐

(2) $8.7 \times 61 = 87 \times$ ☐

소수의 곱셈에서 곱 어림하기

어림하여 계산 결과가 11보다 작은 것을 골라 기호를 쓰고, 그 식의 곱을 구하시오.

$$㉠\ 1.92 \times 11 \quad ㉡\ 11 \times 1.02 \times 1.8 \quad ㉢\ 20 \times 0.45 \quad ㉣\ 11 \times 2 \times 0.5$$

● 생각하기 · ■ ×(1보다 작은 소수)<■   · ■ ×(1보다 큰 소수)>■

· ■의 0.5배는 ■의 절반입니다.

● 해결하기 1단계 어림하여 계산 결과가 11보다 작은 곱셈식 고르기

㉠ $1.92 \times 11 > 11$ ㉡ $11 \times 1.02 \times 1.8 > 11$

㉢ 20×0.45 ➡ 20의 0.5배는 10이므로 20×0.45는 10보다 조금 작습니다.
즉 11보다 작습니다.

㉣ $11 \times 2 \times 0.5$ ➡ 11의 2배는 22이고, 22의 0.5배는 11입니다.

계산 결과가 11보다 작은 것은 ㉢입니다.

2단계 자연수의 곱셈을 이용하여 소수의 곱셈하기

$$20 \times \boxed{45} = \boxed{900}$$

$\downarrow \frac{1}{100}$배 $\downarrow \frac{1}{100}$배 ➡ 곱하는 수가 $\frac{1}{100}$배 되었으므로 곱은 900의 $\frac{1}{100}$배인 9입니다.

$$20 \times \boxed{0.45} = \boxed{9}$$

답 ㉢, 9

1-1
어림하여 계산 결과가 5보다 큰 것을 모두 골라 기호를 쓰시오.

$$㉠\ 5 \times 0.67 \quad ㉡\ 0.45 \times 5 \quad ㉢\ 1.05 \times 5 \quad ㉣\ 10 \times 0.67 \quad ㉤\ 0.45 \times 5 \times 0.9$$

(   )

1-2
어림하여 계산 결과가 3.8보다 큰 것을 골라 기호를 쓰고, 그 식의 곱을 구하시오.

$$㉠\ 3.8 \times 0.38 \quad ㉡\ 8 \times 0.6 \quad ㉢\ 6 \times 0.49 \quad ㉣\ 3.8 \times 0.9 \times 0.9$$

(   )

1-3
어림하여 계산 결과가 8보다 작은 것을 골라 기호를 쓰고, 그 식의 곱을 구하시오.

$$㉠\ 8 \times 1.14 \quad ㉡\ 10 \times 0.88 \quad ㉢\ 1.91 \times 4 \quad ㉣\ 17 \times 0.53$$

(   )

MATH TOPIC 2 소수의 곱셈 이용하여 문제 해결하기

심화유형

수조에 들어 있는 물 20 L를 들이가 2.5 L인 물병 5개에 가득 차도록 나누어 담았습니다. 수조에 남은 물은 몇 L입니까?

● **생각하기**   ■씩 ●개 ➡ ■의 ●배 ➡ ■×●

● **해결하기**   **1단계** 물병 5개에 담은 물의 양 구하기

물병 5개에 담은 물은 2.5 L의 5배이므로 2.5×5=12.5 (L)입니다.

2단계 수조에 남은 물의 양 구하기

수조에 남은 물은 20-12.5=7.5 (L)입니다.

답 7.5 L

2-1 인혜가 감기약을 하루에 3번씩 4일 동안 먹었습니다. 한 번 먹을 때 4.5 mL씩 먹었다면 4일 동안 먹은 감기약은 모두 몇 mL입니까?

( )

2-2 길이가 2.5 m인 털실을 0.28 m씩 잘라서 6명에게 나누어 주었습니다. 남은 털실의 길이는 몇 m입니까?

( )

2-3 예서의 머리카락은 한 달에 0.9 cm씩 자랍니다. 지금 예서의 머리카락 길이가 27 cm이고 앞으로 1년 동안 머리카락을 자르지 않기로 했습니다. 1년 후 예서의 머리카락 길이는 몇 cm가 되겠습니까?

( )

곱의 소수점의 위치 알아보기

다음 식에서 ㉠은 ㉡의 몇 배입니까?

$$52.63 \times ㉠ = 526.3$$
$$526.3 \times ㉡ = 0.5263$$

● 생각하기 ・곱하는 수의 0이 하나씩 늘어날 때마다 곱의 소수점이 오른쪽으로 한 칸씩 옮겨집니다.
・곱하는 소수의 소수점 아래 자리 수가 하나씩 늘어날 때마다 곱의 소수점이 왼쪽으로 한 칸씩 옮겨집니다.

● 해결하기 **1단계** ㉠과 ㉡의 값 각각 구하기

$52.63 \times ㉠ = 526.3$ ➡ $㉠ = 10$ 52.63의 10배는 526.3입니다.

$526.3 \times ㉡ = 0.5263$ ➡ $㉡ = 0.001$ 526.3의 0.001배는 0.5263입니다.

2단계 ㉠이 ㉡의 몇 배인지 구하기

$0.001 \times 10000 = 10$이므로 10은 0.001의 10000배입니다.

답 10000배

3-1 다음 식에서 ㉠은 ㉡의 몇 배입니까?

$$8.9 \times ㉠ = 890$$
$$㉡ \times 90.4 = 9.04$$

(   )

3-2 다음 식에서 ㉠과 ㉡의 곱을 구하시오.

$$㉠ \times 37.2 = 3.72$$
$$100 \times ㉡ = 5260$$

(   )

3-3 다음 식에서 ㉠과 ㉡의 값을 각각 구하시오.

$$5.7 \times 2.15 = 0.57 \times ㉠$$
$$㉡ \times 1050 = 71 \times 10.5$$

㉠ (   )
㉡ (   )

심화유형 4 소수의 곱셈 이용하여 단위 바꾸기

1 kg당 7500원인 미숫가루를 한 봉지에 400 g씩 담아서 팔고 있습니다. 미숫가루 8봉지의 가격은 얼마입니까?

● 생각하기   **1000 g=1 kg ➡ 1 g=0.001 kg**

● 해결하기   **1단계** 미숫가루 1 g당 가격 알아보기

(미숫가루 1 g의 가격)=7500×0.001=7.5(원)

2단계 미숫가루 8봉지의 가격 구하기

(미숫가루 한 봉지의 가격)=(미숫가루 400 g의 가격)=7.5×400=3000(원)
따라서 8봉지의 가격은 3000×8=24000(원)입니다.

답 24000원

4-1 어떤 식당에서 하루에 설탕을 250 g씩 사용합니다. 설탕이 1 kg당 2400원일 때, 이 식당에서 일주일 동안 사용하는 설탕의 가격은 얼마인 셈입니까?

(   )

4-2 몸무게 1 kg당 하루에 15 mg만큼 먹어야 하는 어린이 영양제가 있습니다. 몸무게가 35.6 kg인 어린이는 이 영양제를 하루에 몇 g만큼 먹어야 합니까? (단, 1000 mg=1 g입니다.)

(   )

4-3 1분에 물이 920 mL씩 나오는 수도꼭지를 틀어 15 L 들이의 빈 욕조에 물을 받았습니다. 수도꼭지를 20분 동안 틀어 놓았다면 욕조 밖으로 흘러넘친 물은 몇 L입니까?

(   )

시간을 소수로 나타내어 소수의 곱셈하기

한 시간에 97.6 km를 가는 기차가 있습니다. 이 기차를 타고 같은 빠르기로 2시간 30분 동안 간 거리는 몇 km입니까?

● 생각하기 ・(간 거리)＝(한 시간 동안 가는 거리)×(걸린 시간)

・1시간＝60분 ➡ ■시간 ▲분＝$■\frac{▲}{60}$시간

● 해결하기 **1단계** 2시간 30분을 소수로 나타내기

2시간 30분＝$2\frac{30}{60}$시간＝$2\frac{5}{10}$시간＝2.5시간

분모가 10인 분수로 바꾸어 소수로 나타냅니다.

2단계 기차를 타고 2시간 30분 동안 간 거리 구하기

(2시간 30분 동안 간 거리)＝97.6×2.5＝244 (km)

답 244 km

5-1 성준이가 1분 동안 심장이 뛰는 횟수를 세어 보았더니 82번이었습니다. 성준이의 심장이 5분 30초 동안 뛰는 횟수는 몇 번입니까? (단, 심장은 일정한 빠르기로 뜁니다.)

( )

5-2 1분에 1.5 cm씩 일정한 빠르기로 타는 양초가 있습니다. 이 양초에 불을 붙인 후 1분 24초 후에 껐더니 길이가 12.3 cm가 되었습니다. 불을 붙이기 전 양초의 길이는 몇 cm 입니까?

( )

5-3 한 시간에 90 km를 가는 관광버스를 타고 오전 8시 15분에 출발하여 같은 빠르기로 쉬지 않고 달렸습니다. 같은 날 오전 10시에 목적지에 도착하였다면 관광버스로 간 거리는 몇 km입니까?

( )

심화유형 6 늘어나거나 줄어든 후의 양 구하기

오른쪽 정사각형의 가로를 0.2배만큼 늘이고 세로를 0.2배만큼 줄여서 직사각형을 그렸습니다. 새로 그린 직사각형의 넓이는 몇 cm²입니까?

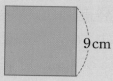

9 cm

● 생각하기
· ■보다 0.2배 늘어난 후의 양 ➡ ■의 (1+0.2)배
· ■보다 0.2배 줄어든 후의 양 ➡ ■의 (1-0.2)배

● 해결하기
1단계 새로 그린 직사각형의 가로와 세로 구하기
(새로 그린 직사각형의 가로)=9×1.2=10.8 (cm)
(새로 그린 직사각형의 세로)=9×0.8=7.2 (cm)

2단계 새로 그린 직사각형의 넓이 구하기
(새로 그린 직사각형의 넓이)=10.8×7.2=77.76 (cm²)

답 77.76 cm²

6-1 길이가 50 cm인 고무줄을 양쪽에서 잡아당겼더니 원래 길이의 0.45만큼이 늘어났습니다. 늘어난 후 고무줄의 길이는 몇 cm입니까?

( )

6-2 오른쪽 정사각형의 가로를 0.3배만큼 줄이고 세로를 0.24배만큼 늘여서 직사각형을 그렸습니다. 새로 그린 직사각형의 넓이는 몇 cm²입니까?

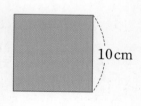

10 cm

( )

6-3 한 변의 길이가 9 m인 정사각형 모양 공원이 있습니다. 이 공원의 가로와 세로를 각각 1.5배로 늘이려고 합니다. 공원의 넓이는 처음보다 몇 m² 늘어납니까?

( )

MATH TOPIC 7

심화유형

공이 튀어 오른 높이 구하기

떨어진 높이의 0.8만큼 튀어 오르는 공이 있습니다. 이 공을 높이가 15 m인 건물에서 떨어뜨렸을 때 첫 번째로 튀어 오른 높이와 세 번째로 튀어 오른 높이의 차는 몇 m입니까? (단, 공은 수직으로만 움직입니다.)

● 생각하기   튀어 오른 공의 높이는 공을 떨어뜨린 높이의 0.8배입니다.

● 해결하기   **1단계** 튀어 오른 높이 구하기

(첫 번째로 튀어 오른 높이)=15×0.8=12 (m)

(두 번째로 튀어 오른 높이)=12×0.8=9.6 (m)

(세 번째로 튀어 오른 높이)=9.6×0.8=7.68 (m)

➡ (세 번째로 튀어 오른 높이)=15×<u>0.8×0.8×0.8</u>=7.68 (m)
　　　　　　　　　　　　　　　　　세 번

2단계 높이의 차 구하기

첫 번째로 튀어 오른 높이와 세 번째로 튀어 오른 높이의 차는

12-7.68=4.32 (m)입니다.

15 m

첫 번째　두 번째　세 번째

답 4.32 m

7-1 떨어진 높이의 0.6만큼 튀어 오르는 공이 있습니다. 이 공을 5 m 높이에서 떨어뜨렸을 때 세 번째로 튀어 오른 높이는 몇 m입니까?

(   )

7-2 떨어진 높이의 0.4만큼 튀어 오르는 공을 2 m 높이에서 떨어뜨렸습니다. 튀어 오른 높이가 10 cm보다 낮아지는 것은 공이 몇 번째로 튀어 오를 때입니까?

(   )

7-3 떨어진 높이의 0.7만큼 튀어 오르는 공을 2 m 높이에서 떨어뜨렸습니다. 이 공이 세 번째로 땅에 닿을 때까지 움직인 거리는 모두 몇 m입니까?

(   )

MATH TOPIC 8 반복되는 소수의 곱셈에서 곱의 규칙 찾기

심화유형

다음을 보고 0.3을 50번 곱했을 때 곱의 소수 50째 자리 숫자를 구하시오.

$$0.3=0.\underline{3}$$
$$0.3\times0.3=0.0\underline{9}$$
$$0.3\times0.3\times0.3=0.02\underline{7}$$
$$0.3\times0.3\times0.3\times0.3=0.008\underline{1}$$
$$0.3\times0.3\times0.3\times0.3\times0.3=0.0024\underline{3}$$
$$0.3\times0.3\times0.3\times0.3\times0.3\times0.3=0.00072\underline{9}$$
$$\vdots$$

● 생각하기 $\underbrace{(\text{소수 한 자리 수})\times(\text{소수 한 자리 수})\times\cdots\times(\text{소수 한 자리 수})}_{\blacksquare번}=(\text{소수 }\blacksquare\text{자리 수})$

● 해결하기 **1단계** 0.3을 50번 곱했을 때 곱의 자리 수 알아보기

소수 한 자리 수를 50번 곱하면 소수 50자리 수가 됩니다.

➡ 소수 50째 자리 숫자는 곱의 소수점 아래 끝자리의 숫자입니다.

2단계 0.3을 50번 곱할 때 소수 50째 자리 숫자 구하기

0.3을 여러 번 곱하면 소수점 아래 끝자리의 숫자는 3, 9, 7, 1로 반복됩니다.
_(4개)

$50\div4=12\cdots2$이므로 곱의 소수 50째 자리 숫자는 3, 9, 7, 1에서 두 번째 숫자와 같은 9입니다.

답 9

8-1 다음을 보고 0.7을 100번 곱했을 때 곱의 소수 100째 자리 숫자를 구하시오.

$$0.7=0.\underline{7}$$
$$0.7\times0.7=0.4\underline{9}$$
$$0.7\times0.7\times0.7=0.34\underline{3}$$
$$0.7\times0.7\times0.7\times0.7=0.240\underline{1}$$
$$0.7\times0.7\times0.7\times0.7\times0.7=0.1680\underline{7}$$
$$0.7\times0.7\times0.7\times0.7\times0.7\times0.7=0.11764\underline{9}$$
$$\vdots$$

(   )

8-2 0.4를 100번 곱했을 때 곱의 소수 100째 자리 숫자를 구하시오.

(   )

MATH TOPIC 9

심화유형

소수의 곱셈을 활용한 교과통합유형

수학+과학

태양계에는 태양을 중심으로 8개의 행성이 돌고 있으며, 태양에서 지구까지의 거리는 약 1억 5000만 km입니다. 다음은 태양계의 행성이 모두 일직선상에 있다고 생각했을 때, 행성들의 상대적 거리를 나타낸 것입니다. 지구와 목성 사이의 거리는 약 몇 km입니까?

태양계 행성의 상대적 거리

수성 금성 지구 화성   목성   토성

태양 0 1 2 3 4 5 6 7 8 9 10 11

행성	수성	금성	지구	화성	목성	토성	천왕성	해왕성
태양과 행성 사이의 상대적인 거리	0.4	0.7	1	1.5	5.2	9.5	19.2	30

● **생각하기**   태양과 지구 사이의 거리를 1로 생각합니다.

● **해결하기**   **1단계** 지구와 목성 사이의 거리가 태양과 지구 사이의 거리의 몇 배인지 알아보기

태양과 지구 사이의 거리가 1일 때, 태양과 목성 사이의 거리가 [   ]이므로

지구와 목성 사이의 거리는 태양과 지구 사이의 거리의 [   ]배입니다.

2단계 지구와 목성 사이의 거리 구하기

지구와 목성 사이의 거리는 약 <u>1억 5000만</u> × [   ] = [   ] (km)입니다.
태양과 지구 사이의 거리

답 약 [   ]

9-1

별(항성)의 밝기는 가장 밝은 것부터 순서대로 1등급, 2등급, 3등급, 4등급, 5등급, 6등급으로 구분합니다. 한 등급 높아질 때마다 별의 밝기는 2.5배가 되므로 1등급 별은 6등급 별보다 어림잡아 <u>100배</u> 밝습니다. 3등급 별은 5등급 별보다 몇 배 밝습니까?

$2.5 \times 2.5 \times 2.5 \times 2.5 \times 2.5 = 97.65625$

별의 밝기 등급

100배

1등급 2등급 3등급 4등급 5등급 6등급

(   )

문제풀이 동영상

1 ■에 들어갈 수 있는 가장 큰 소수 한 자리 수와 ▲에 들어갈 수 있는 가장 작은 소수 두 자리 수의 곱을 구하시오.

$$7 \times \blacksquare < 7 \qquad \blacktriangle \times 0.8 > 0.8$$

( )

2 어림하여 계산 결과가 가장 큰 것부터 차례로 기호를 쓰시오.

$$\text{ㄱ}\ 4.2 \times 0.9 \qquad \text{ㄴ}\ 0.38 \times 4.2 \qquad \text{ㄷ}\ 1.3 \times 4.2 \qquad \text{ㄹ}\ 4.2 \times 1.01 \times 1.3$$

( )

수학+사회

STEAM형
■●▲ **3** 한 나라의 돈을 다른 나라의 돈으로 바꾸는 것을 환전이라고 합니다. 화폐의 가치는 그 나라의 경제 상황에 따라 시시각각 변하기 때문에 환율도 시간에 따라 변합니다. 은행에서는 매일 그날의 환율을 적용하여 환전해 줍니다. 오늘 러시아 돈 10루블이 우리나라 돈 172.4원일 때, 러시아 돈 3000루블만큼 환전하려면 우리나라 돈 얼마가 필요합니까?

( )

4 블루베리 한 상자를 열어 보니 전체의 0.35가 물러 있었습니다. 무른 것은 모두 버리고 무르지 않은 블루베리의 0.6만큼을 먹고 나머지를 냉장고에 넣었습니다. 한 상자에 블루베리가 6 kg 들어 있었다면 냉장고에 넣은 블루베리는 몇 g입니까?

( )

5 지혜는 공기청정기를 매일 3시간 18분씩 켜 놓았습니다. 지혜가 4주 동안 공기청정기를 켜 놓은 시간은 모두 몇 시간 몇 분입니까?

( )

수학+사회

STEAM형 6 햄버거용 소고기에 사용되는 소를 키우기 위해 매년 우리나라 크기 정도의 *열대림이 *사막화되고 있습니다. 숲이 줄어들면 지구에서 배출되는 이산화탄소가 덜 흡수될 수밖에 없고, 대기 중의 이산화탄소는 지구 온난화의 직접적인 원인이 됩니다. 햄버거 1개에는 소고기 100 g 정도가 쓰이는데, 100 g의 소고기를 얻을 때 열대림 1.5평 정도가 사라지는 셈이라고 합니다. 햄버거 50개에 들어가는 소고기를 얻는 과정에서 사라지는 열대림은 약 몇 m²입니까? (단, 1평은 약 3.3 m²입니다.)

*열대림: 열대 지방의 숲으로, 식물의 종류가 풍부합니다.
*사막화: 나무가 거의 자랄 수 없는 토지가 되는 현상

약 ( )

7 $0.4 \times 5.17 \times 7.3$은 $40 \times 51.7 \times 0.73$의 몇 배입니까?

( )

8 4장의 수 카드 $\boxed{7}$, $\boxed{1}$, $\boxed{5}$, $\boxed{8}$을 한 번씩 사용하여 다음 소수의 곱셈식을 만들려고 합니다. 만들 수 있는 곱셈식의 곱 중에서 가장 작은 값을 구하시오.

$$0.\square\square \times 0.\square\square$$

( )

서술형 **9** $5.81 \times 3 = 17.43$를 이용하여 5.81×330의 곱을 구하려고 합니다. 풀이 과정을 쓰고 답을 구하시오.

풀이 ....

....

....

....

답

10 장난감 회사에서 올해의 목표 판매량을 작년보다 0.3배만큼 늘이기로 했습니다. 작년 판매량이 7500개이고 올해 첫날부터 오늘까지 작년 판매량의 0.7배만큼 팔았다면, 올해 장난감을 몇 개 더 팔아야 올해의 목표 판매량을 채울 수 있습니까?

(   )

11 한 장의 두께가 0.16 cm인 하드보드지를 반으로 잘라 겹쳐 놓고, 다시 그것을 반으로 잘라 겹쳐 놓는 것을 반복했습니다. 하드보드지 한 장을 5번 잘라 겹쳐 놓으면 전체 두께는 몇 mm가 됩니까?

(   )

서술형 12 1 km를 가는 데 휘발유가 0.06 L 필요한 자동차가 있습니다. 이 자동차로 한 시간에 92 km씩 같은 빠르기로 1시간 15분 동안 달렸습니다. 사용한 휘발유의 양은 몇 L인지 풀이 과정을 쓰고 답을 구하시오.

풀이 ....

....

....

....

답 ....

13 이번 달 놀이공원의 입장료가 지난달보다 0.35배 올랐습니다. 이번 달부터 매주 월요일에는 입장료의 0.2만큼을 할인해 준다면, 이번 주 월요일의 입장료는 지난달 입장료의 몇 배입니까?

(   )

14 식용유 2.3 L가 들어 있는 병의 무게를 재어 보니 4.66 kg이었습니다. 병에 든 식용유를 500 mL 사용한 다음 다시 무게를 재어 보았더니 3.81 kg이 되었습니다. 빈 병의 무게는 몇 kg입니까?

(   )

15 A1 용지의 긴 변을 반으로 접어 자르면 A2 용지가 되고, A2 용지의 긴 변을 반으로 접어 자르면 A3 용지가 되고, A3 용지의 긴 변을 반으로 접어 자르면 A4 용지가 됩니다. A4 용지의 긴 변의 길이는 29.7 cm이고, 짧은 변의 길이는 21 cm입니다. A2 용지의 넓이는 몇 cm²입니까?

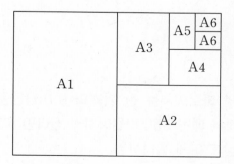

(   )

1 ㉮★㉯를 [보기] 와 같이 약속할 때 □ 안에 알맞은 수를 구하시오.

> **보기**
>
> ㉮★㉯＝㉮×㉮＋㉯

$$0.5★(0.3★\square)=3.84$$

(   )

2 □ 안에 알맞은 수를 구하시오.

$$1.63×34×9.8=16.3×0.034×\square$$

(   )

3 규리네 집 앞 마트에서는 산 가격의 0.004만큼이 적립금으로 모입니다. 규리의 어머니가 이 마트에서 매번 35000원어치씩 산다면, 이 마트에서 최소한 몇 번을 사야 적립금이 5000원 이상 모이게 됩니까?

(   )

4 ▶경시 기출 ▶문제

한 칸의 크기가 같은 모눈종이에 오른쪽과 같은 모양을 그렸습니다. 빨간색 선분의 길이가 6.7 cm일 때, 색칠한 부분의 넓이는 몇 cm² 입니까?

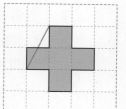

(   )

5 STEAM형 ■●▲

수학+과학

산꼭대기는 지표면보다 기온이 낮습니다. 지표면에서 약 10 km 높이까지는 대류권에 속하는데, 대류권 안에서는 높이가 1 km 높아질 때마다 기온이 약 6 ℃씩 떨어지기 때문입니다. 지표면에서의 기온이 19.5 ℃일 때, 높이가 1350 m 인 산꼭대기에서 기온을 재면 약 몇 ℃입니까?

약 (   )

6

어떤 운전면허 학원의 작년 합격생 수는 재작년 합격생 수의 1.3배이고, 올해 합격생 수는 작년 합격생 수의 0.8배입니다. 올해 합격생 수가 3120명일 때, 재작년 합격생 수는 몇 명입니까?

(   )

7 하진이는 1분 동안 $0.33\,\text{km}$를 걷고, 성규는 1분 동안 $0.37\,\text{km}$를 걷습니다. 두 사람이 같은 지점에서 동시에 출발하여 연못의 둘레를 따라 반대 방향으로 걷기로 했습니다. 연못의 둘레가 $14\,\text{km}$라면, 두 사람은 출발한 지 몇 분 후에 처음으로 만나게 됩니까? (단, 하진이와 성규가 걷는 빠르기는 각각 일정합니다.)

(   )

> 경시
> 기출
> 문제 **8** 다음 곱셈식의 계산 결과는 소수 몇 자리 수가 됩니까?

$$0.01 \times 0.02 \times 0.03 \times 0.04 \times 0.05 \times \cdots \times 0.21 \times 0.22 \times 0.23 \times 0.24 \times 0.25$$

(   )

직육면체

대표심화유형

쓸모 있는 입체도형, 직육면체

공간을 차지하는 도형, 입체도형

하나의 직선은 수많은 점으로 이루어져 있고, 하나의 면은 수많은 선들로 이루어져 있습니다. 그렇다면 수많은 면이 모이면 어떻게 될까요? A4 용지 한 장을 하나의 면이라고 생각하고 A4 용지 여러 장을 바닥부터 차곡차곡 쌓으면, 쌓은 종이가 공간을 차지하는 입체도형이 됩니다. 즉 점이 모이면 선이 되고, 선이 모이면 면이 되고, 면이 모여서 입체도형을 이룹니다. 우리가 생활 속에서 실제로 만지고 접하는 모든 도형은 입체도형입니다.

벽돌, 택배 상자, 주사위의 공통점은 무엇일까요? 크기와 모양은 다르지만 이들은 모두 6개의 면을 가진 입체도형입니다. 이때 6개의 면의 모양은 모두 직사각형이에요. 이렇게 6개의 직사각형으로 둘러싸인 입체도형을 직육면체라고 합니다. 이때 6개의 면이 모두 정사각형이면 정육면체라고 불러요.

직육면체의 면, 모서리, 꼭짓점

평행하지 않는 두 개의 면은 하나의 선분에서 만나요. 직육면체에는 6개의 면이 만나면서 면과 면이 만나는 선분이 12개 생기는데, 이 부분을 직육면체의 모서리라고 합니다.

평행하지 않는 두 개의 선은 하나의 점에서 만나요. 직육면체를 살펴보면 모서리와 모서리가 만나는 점이 8개 있는데, 이 점을 직육면체의 꼭짓점이라고 해요. 따라서 직육면체에는 6개의 면, 12개의 모서리, 8개의 꼭짓점이 있습니다.

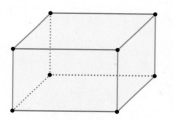

직육면체여야만 하는 이유

둥근 지구에서 가장 쓸모 있는 입체도형은 직육면체라고 해도 과언이 아니죠. 직육면체 모양이 공간을 활용하기 좋고 쌓기에도 편리하기 때문입니다. 차지하는 공간이 비슷하다면 움푹한 그릇보다 직육면체 모양의 밀폐 용기에 더 많은 양의 음식을 담을 수 있어요. 음식을 넣고 나서는 용기를 위로 쌓을 수도 있고요. 만약 벽돌이나 상자가 공 모양이라면 차곡차곡 쌓을 수 있을까요? 어떤 용도의 물체라도 직육면체 모양이 아니라면 쌓아올리기 어려울 거예요.

직육면체 모양을 안전하게 쌓을 수 있는 이유는 직육면체에서 마주 보는 두 면이 서로 평행하기 때문이에요. 직육면체의 여섯 면 중 서로 마주 보는 면은 3쌍입니다. 그리고 마주 보는 두 면은 서로 합동이면서 평행해요. 이때 마주 보는 두 면을 밑면이라고 하고 나머지 네 면을 옆면이라고 하는데, 밑면과 옆면은 수직입니다. 즉 직육면체에서 한 면에 수직인 면은 4개씩 있어요. 밑면에 따라 옆면이 달라지기 때문에 어떤 방향으로 놓더라도 넘어지지 않게 쌓을 수 있지요.

질문 한 가지 더! 주사위는 왜 정육면체 모양일까요? 모든 면이 합동인 정사각형 모양이기 때문이에요. 주사위를 굴렸을 때 여섯 면 중 한 면이 나올 가능성이 각각 같거든요.

1 직육면체, 정육면체

① 직육면체, 정육면체 알아보기

- 직육면체: 직사각형 6개로 둘러싸인 도형
- 정육면체: 정사각형 6개로 둘러싸인 도형 ← 정육면체는 모서리의 길이가 모두 같습니다.

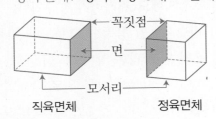

직육면체   정육면체

- 면: 선분으로 둘러싸인 부분 ➡ 6개
- 모서리: 면과 면이 만나는 선분 ➡ 12개
- 꼭짓점: 모서리와 모서리가 만나는 점 ➡ 8개

② 직육면체의 성질

┌─ 계속 늘여도 만나지 않는 두 면을 서로 평행하다고 합니다.

- 서로 평행한 두 면을 직육면체의 밑면이라고 합니다. ➡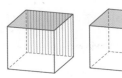
  - 직육면체에는 평행한 면이 3쌍 있습니다.
  - 직육면체에서 서로 마주 보는 면은 평행합니다.

- 한 면과 수직인 면이 4개씩 있습니다. ➡
  밑면과 수직인 면을 옆면이라고 합니다.

- 꼭짓점 ㄱ과 만나는 면들에 삼각자를 대어 보면, ➡
  꼭짓점 ㄱ을 중심으로 모두 직각입니다.

⚡실전개념 ① 직육면체의 모서리 길이의 합 구하기

8 cm
7 cm
5 cm

| 5 cm인 모서리 ➡ 4개 | 7 cm인 모서리 ➡ 4개 | 8 cm인 모서리 ➡ 4개 |

방법1 세 모서리의 길이를 각각 4배 하여 더하기   방법2 세 모서리의 길이의 합을 4배 하기

➡ $5 \times 4 + 7 \times 4 + 8 \times 4 = 80$ (cm)   ➡ $(5 + 7 + 8) \times 4 = 80$ (cm)

🧠사고력개념 ① 정육면체를 직육면체라고 할 수 있을까?

직사각형은 정사각형이라고 할 수 없지만 정사각형은 직사각형이라고 할 수 있습니다.

같은 이유로, 정육면체는 직육면체라고 할 수 있습니다. 직육면체는 정육면체라고 할 수 없습니다.

② 정육면체에서 서로 수직인 면은 모두 몇 쌍일까?

방법1 정육면체의 면은 6개이고 한 면에 수직인 면이 4개씩 있습니다.

➡ $6 \times 4 \div 2 = 12$(쌍)

방법2 한 모서리에서 만나는 두 면은 서로 수직이므로 서로 수직인 면은 모서리의 수만큼 있습니다.

➡ 정육면체의 모서리의 수는 12개이므로 서로 수직인 면은 모두 12쌍입니다.

1 직육면체에 대한 설명입니다. 다음 중 <u>틀린</u> 것을 모두 찾아 기호를 쓰시오.

> ㉠ 모든 면이 합동입니다.
> ㉡ 모서리와 모서리가 만나는 점은 8개 입니다.
> ㉢ 서로 마주 보는 면은 수직입니다.
> ㉣ 한 꼭짓점에서 3개의 면이 만납니다.

(   )

2 직육면체를 보고 물음에 답하시오.

(1) 서로 평행한 면은 모두 몇 쌍입니까?

(   )

(2) 색칠한 면과 수직인 면은 모두 몇 개입니까?

(   )

(3) 빨간색 모서리와 길이가 같은 모서리는 빨간색 모서리를 포함하여 모두 몇 개입 니까?

(   )

3 직육면체에서 빨간색 면과 파란색 면에 동시에 수직인 면을 모두 찾아 빗금 쳐 보시오.

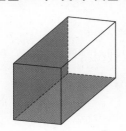

4 직육면체에서 색칠한 면과 평행한 면의 모 서리 길이의 합은 몇 cm입니까?

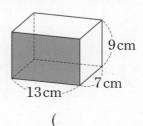

(   )

5 직육면체의 모든 모서리 길이의 합은 몇 cm입니까?

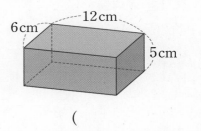

(   )

6 오른쪽 정육면체의 모든 모 서리 길이의 합은 84 cm입 니다. 이 정육면체의 한 모서 리의 길이는 몇 cm입니까?

(   )

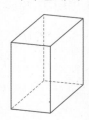

BASIC CONCEPT

2 직육면체의 겨냥도

❶ 겨냥도

• 직육면체의 겨냥도: 다음과 같이 직육면체 모양을 잘 알 수 있도록 나타낸 그림

	면의 수 (개)	모서리의 수 (개)	꼭짓점의 수 (개)
보이는 부분	3	9	7
보이지 않는 부분	3	3	1
전체	6	12	8

실전 개념

❶ 직육면체의 겨냥도 그리는 방법

1단계 보이는 모서리를 실선으로 그립니다.
9개

겨냥도에서는 각 면이 평행사변형으로 그려집니다.

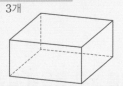

2단계 보이지 않는 모서리를 점선으로 그립니다.
3개

평행한 모서리끼리 같은 길이로 그립니다.

연결 개념

6-1, 중등 연계

❶ 각기둥과 각뿔

• 각기둥

삼각기둥   사각기둥   오각기둥   육각기둥

등과 같은 입체도형을 각기둥이라고 합니다.
위와 아래에 있는 면이 서로 평행하고
합동인 다각형으로 이루어진 도형

• 각뿔

삼각뿔   사각뿔   오각뿔   육각뿔

등과 같은 입체도형을 각뿔이라고 합니다.
밑면이 다각형이고 옆면이
모두 삼각형인 입체도형

❷ 공간에서 위치 관계

• 공간에서 두 직선의 위치 관계

 ① ② ③ ④

① 일치합니다.
② 한 점에서 만납니다.
③ 평행합니다.
④ 꼬인 위치에 있습니다.
　공간에서 두 직선이 서로 만나지도 않고 평행하지도
　않을 때, 두 직선은 꼬인 위치에 있다고 합니다.

• 공간에서 직선과 평면의 위치 관계

 ① ② ③

① 포함됩니다.
② 한 점에서 만납니다.
③ 평행합니다.

BASIC TEST

1 직육면체의 겨냥도에 대한 설명입니다. ☐ 안에 알맞은 수를 써넣으시오.

(1) 겨냥도에서 보이는 면은 ☐개, 보이지 않는 면은 ☐개입니다.

(2) 겨냥도를 그릴 때 보이는 모서리 ☐개는 실선으로, 보이지 않는 모서리 ☐개는 점선으로 그립니다.

2 직육면체의 겨냥도에 대한 설명입니다. 다음 중 틀린 것을 찾아 기호를 쓰시오.

> ㉠ 보이는 면의 수는 3개입니다.
> ㉡ 전체 모서리의 수는 12개입니다.
> ㉢ 보이지 않는 꼭짓점의 수는 3개입니다.
> ㉣ 각 면이 평행사변형으로 그려집니다.

(   )

3 그림에서 빠진 부분을 그려 넣어 직육면체의 겨냥도를 완성하시오.

4 다음 정육면체의 겨냥도에서 보이는 모서리 길이의 합은 108 cm입니다. 이 정육면체의 한 모서리의 길이는 몇 cm입니까?

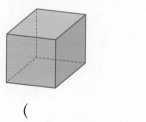

(   )

5 다음 직육면체의 겨냥도에서 보이지 않는 모서리 길이의 합은 몇 cm입니까?

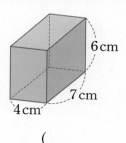

(   )

6 다음 직육면체를 보고 서로 다른 두 방향에서 본 겨냥도를 그리려고 합니다. ☐ 안에 알맞은 수를 써넣으시오.

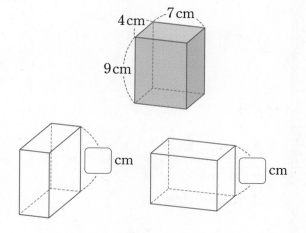

3 직육면체의 전개도

❶ 전개도 전개도는 어느 모서리를 자르는가에 따라 여러 가지 모양이 나올 수 있습니다.

- **직육면체의 전개도**: 직육면체의 모서리를 잘라서 펼친 그림

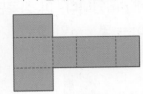

➡ 직사각형 6개로 이루어져 있습니다. 정육면체의 전개도는 정사각형 6개로 이루어져 있습니다.

➡ 접었을 때 서로 겹치는 부분이 없습니다.

➡ 접었을 때 만나는 모서리의 길이가 같습니다.

❶ 직육면체의 전개도를 보고 서로 평행한 면, 수직인 면 찾기

마주 보는 면   만나는 면

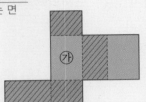

전개도를 접었을 때 서로 평행한 면이 3쌍 있습니다.

전개도를 접었을 때 한 면과 수직인 면이 4개씩 있습니다.

❷ 직육면체의 전개도를 보고 만나는 꼭짓점, 만나는 모서리 찾기

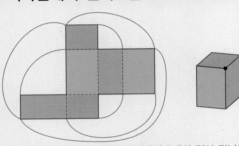

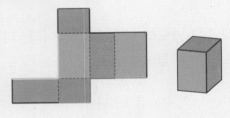

전개도를 접었을 때 한 꼭짓점에서 3개의 면이 만납니다.

전개도를 접었을 때 한 모서리에서 2개의 면이 만납니다.

❶ 직육면체의 전개도 그리는 방법

- 잘린 모서리는 실선으로, 잘리지 않는 모서리는 점선으로 그립니다.

맞닿는 선분의 길이가 같고 마주 보는 면의 크기와 모양이 같도록 그립니다.

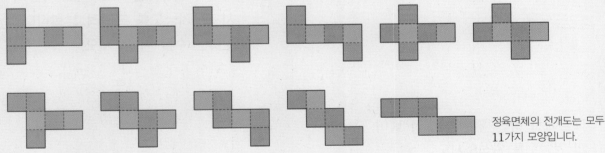

정육면체의 전개도는 모두 11가지 모양입니다.

❷ 주사위의 전개도

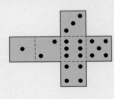

- 주사위의 마주 보는 면의 눈의 수의 합은 7입니다.

➡ 눈의 수가 1인 면과 마주 보는 면의 눈의 수는 6,

눈의 수가 2인 면과 마주 보는 면의 눈의 수는 5,

눈의 수가 3인 면과 마주 보는 면의 눈의 수는 4입니다.

1 다음 중 정육면체의 전개도를 모두 찾아 기호를 쓰시오.

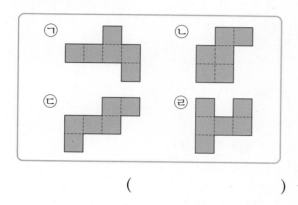

( )

2 다음 직육면체의 전개도를 보고 물음에 답하시오.

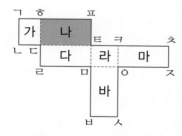

(1) 전개도를 접었을 때, 색칠한 면과 평행한 면을 찾아 쓰시오.

( )

(2) 전개도를 접었을 때, 색칠한 면과 수직인 면을 모두 찾아 쓰시오.

( )

(3) 전개도를 접었을 때, 선분 ㄹㅁ과 겹치는 선분을 찾아 쓰시오.

( )

(4) 전개도를 접었을 때, 점 ㄴ과 만나는 점을 모두 찾아 쓰시오.

( )

3 다음 직육면체의 전개도와 겨냥도를 보고 □ 안에 알맞은 수를 써넣으시오.

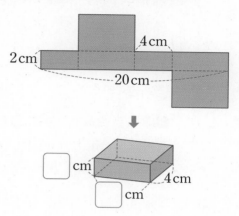

4 직육면체의 겨냥도를 보고 전개도를 그려 보시오.

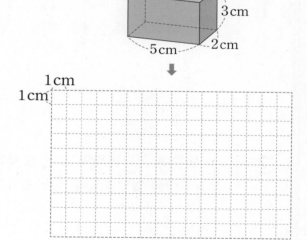

5 오른쪽과 같이 무늬 3개가 그려져 있는 정육면체를 만들 수 있도록 아래의 전개도에 무늬 2개를 그려 넣으시오.

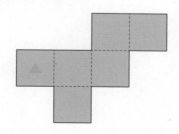

MATH TOPIC 1

심화유형

직육면체의 모서리 길이의 합 구하기

오른쪽 직육면체의 모든 모서리 길이의 합은 96 cm입니다.
☐ 안에 알맞은 수를 구하시오.

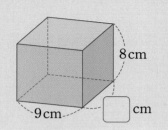

● 생각하기　(직육면체의 모든 모서리 길이의 합)＝(한 꼭짓점에서 만나는 세 모서리 길이의 합)×4

● 해결하기　**1단계** 모든 모서리 길이의 합을 식으로 나타내기

길이가 9 cm, ☐ cm, 8 cm인 모서리가 각각 4개씩 있습니다.

➡ (모든 모서리 길이의 합)＝(9＋☐＋8)×4

2단계 모르는 모서리의 길이 구하기

(9＋☐＋8)×4＝96이므로 9＋☐＋8＝24, ☐＝24－9－8＝7 (cm)입니다.

답 7

1-1 오른쪽 직육면체의 겨냥도에서 보이지 않는 모서리 길이의 합이 39 cm 일 때, 이 직육면체의 모든 모서리 길이의 합은 몇 cm입니까?

(　　　　　)

1-2 오른쪽 직육면체의 모든 모서리 길이의 합은 100 cm입니다.
☐ 안에 알맞은 수를 써넣으시오.

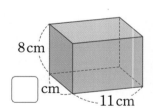

1-3 왼쪽 직육면체의 모든 모서리 길이의 합과 오른쪽 정육면체의 모든 모서리 길이의 합은 같습니다. 오른쪽 정육면체의 한 모서리의 길이는 몇 cm입니까?

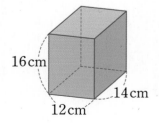
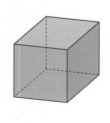

(　　　　　)

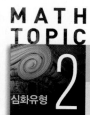

MATH TOPIC 2
심화유형

직육면체를 여러 방향에서 본 모양 알아보기

오른쪽 그림은 어떤 직육면체를 앞과 옆에서 본 모양을 그린 것입니다. 이 직육면체를 위에서 본 모양의 둘레는 몇 cm입니까?

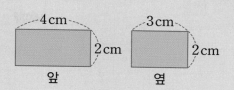

● 생각하기　직육면체의 겨냥도를 그려서 각 모서리의 길이를 알아봅니다.

● 해결하기　**1단계** 직육면체의 겨냥도 그리기

앞에서 본 모양과 옆에서 본 모양을 이용하여 직육면체의 겨냥도를 그립니다.

2단계 위에서 본 모양의 둘레 구하기

위에서 본 모양은 가로가 4 cm, 세로가 3 cm인 직사각형이므로 둘레는
$4+3+4+3=14$ (cm)입니다.

답 14 cm

2-1 오른쪽 직육면체를 ㉮, ㉯, ㉰ 세 방향에서 보았을 때, 보이는 면의 넓이가 가장 넓은 방향의 기호를 쓰시오.

(　　　　　　)

2-2 직사각형 모양 종이 ㉠, ㉡, ㉢, ㉣이 각각 두 장씩 있습니다. 그중 세 가지 모양을 골라 직육면체를 만들 때, 필요 없는 모양을 찾아 기호를 쓰시오.

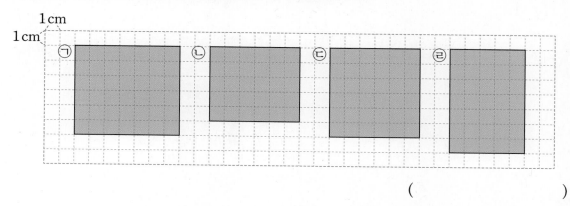

(　　　　　　)

전개도를 접었을 때, 겹치는 선분 찾기

다음 직육면체의 전개도를 접었을 때, 선분 ㄷㄹ과 겹치는 선분을 찾아 쓰시오.

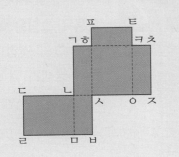

● 생각하기 　직육면체의 한 모서리에서 만나는 두 면은 서로 수직입니다.

● 해결하기 　**1단계** 면 가와 만나는 면 알아보기

면 가와 마주 보는 면인 면 라를 뺀 나머지 네 면은
면 가와 수직으로 만납니다.

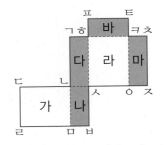

2단계 선분 ㄷㄹ과 겹치는 선분 찾기

전개도를 접었을 때, 선분 ㄷㄴ과 만나는 면은 면 다, 선분 ㄴㅁ과 만나는 면은 면 나,
선분 ㄹㅁ과 만나는 면은 면 마, 선분 ㄷㄹ과 만나는 면은 면 바입니다.

➡ 선분 ㄷㄹ과 겹치는 선분은 선분 ㅍㅌ입니다.

답 선분 ㅍㅌ

3-1 다음 직육면체의 전개도를 접었을 때, 빨간색 면과 파란색 면에 동시에 수직인 면을 모두 찾아 쓰시오.

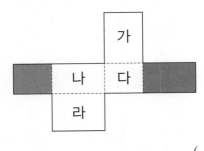

(　　　　　　　　　　)

3-2 다음 직육면체의 전개도를 접었을 때, 선분 ㄱㅎ과 겹치는 선분을 찾아 쓰시오.

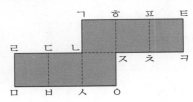

(　　　　　　　　　　)

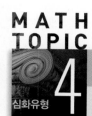

MATH TOPIC 4

심화유형

직육면체의 전개도를 보고 모서리 길이의 합 구하기

오른쪽 전개도를 접어서 만든 직육면체의 모든 모서리 길이의 합은 몇 cm입니까?

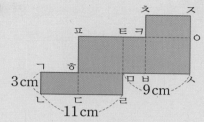

● 생각하기   • 전개도를 접었을 때 만나는 모서리의 길이는 같습니다.
          • 전개도를 접었을 때 평행한 모서리의 길이는 같습니다.

● 해결하기   **1단계** 한 꼭짓점에서 만나는 세 모서리의 길이 알아보기

(선분 ㅁㅂ)=(선분 ㅁㄹ)=(선분 ㄱㄴ)=3 cm

(선분 ㄷㄹ)=(선분 ㅂㅅ)=9−3=6 (cm)

(선분 ㄴㄷ)=11−6=5 (cm)

2단계 직육면체의 모든 모서리 길이의 합 구하기

직육면체의 한 꼭짓점에서 만나는 세 모서리의 길이가 각각 3 cm, 6 cm, 5 cm이므로 모든 모서리 길이의 합은 (3+6+5)×4=56 (cm)입니다.

답 56 cm

4-1 오른쪽 전개도를 접어서 만든 정육면체의 모든 모서리 길이의 합은 몇 cm입니까?

( )

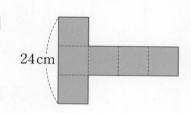

4-2 오른쪽 전개도를 접어서 만든 직육면체의 모든 모서리 길이의 합은 몇 cm입니까?

( )

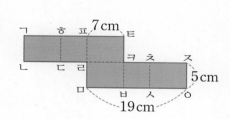

4-3 오른쪽 정육면체의 전개도의 둘레는 42 cm입니다. 전개도를 접어서 만든 정육면체의 모든 모서리 길이의 합은 몇 cm입니까?

( )

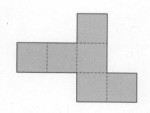

MATH TOPIC

심화유형 5

직육면체의 전개도 완성하기

오른쪽 직육면체의 전개도를 완성하려고 합니다. 나머지 한 면을 그려 넣을 수 있는 곳을 모두 찾아 기호를 쓰시오.

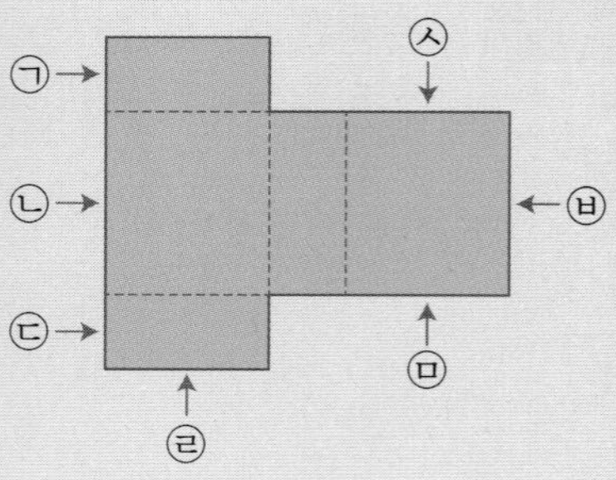

● 생각하기 직육면체를 접었을 때 서로 마주 보는 면은 3쌍입니다.

● 해결하기 1단계 마주 보는 면이 없는 면 찾기

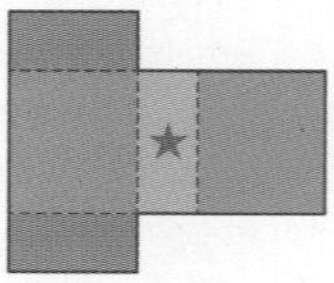

서로 마주 보는 면끼리 같은 색으로 표시해 봅니다.
★ 표시한 면은 마주 보는 면이 없습니다.

2단계 전개도 완성하기

★ 표시한 면과 마주 보도록 전개도에 나머지 한 면을 그려 넣으면 다음과 같습니다.

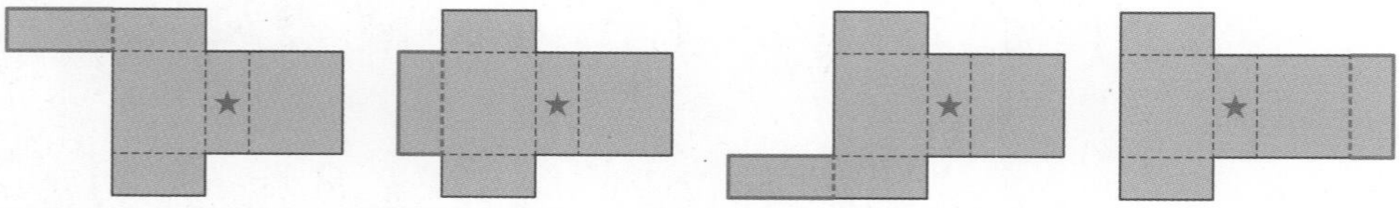

따라서 나머지 한 면을 그려 넣을 수 있는 곳은 ㉠, ㉡, ㉢, ㉥입니다.

답 ㉠, ㉡, ㉢, ㉥

5-1 오른쪽 정육면체의 전개도를 완성하려고 합니다. 나머지 한 면을 그려 넣을 수 있는 곳을 모두 찾아 번호를 쓰시오.

(　　　　　　　　　　)

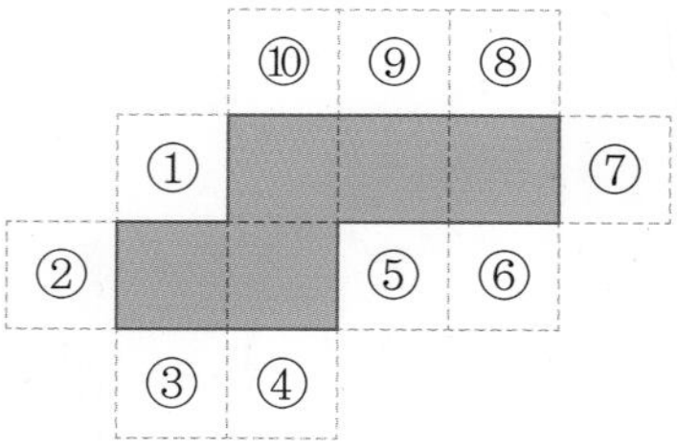

5-2 오른쪽 직육면체의 전개도를 완성하려고 합니다. 나머지 한 면을 그려 넣을 수 있는 곳을 모두 찾아 기호를 쓰시오.

(　　　　　　　　　　)

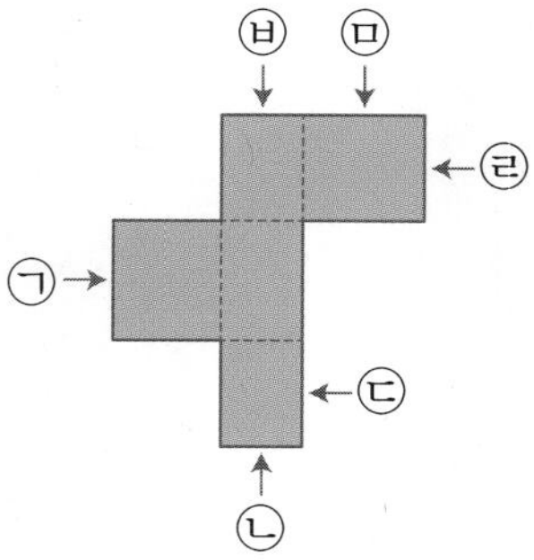

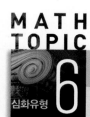
MATH TOPIC

심화유형 **6**

전개도에 그은 선분을 겨냥도에 나타내기

왼쪽과 같이 전개도에 선분을 그었습니다. 이 전개도를 접어 만든 정육면체가 오른쪽과 같을 때, 전개도에 그은 선분을 겨냥도에 실선으로 나타내시오.

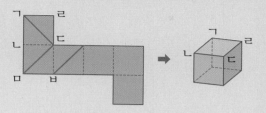

● **생각하기** 그은 선분이 지나는 꼭짓점을 겨냥도에 표시합니다.

● **해결하기** **1단계** 선분이 지나는 꼭짓점을 모두 찾아 겨냥도에 표시하기

선분이 지나는 꼭짓점인 점 ㄱ, 점 ㄷ, 점 ㄹ, 점 ㅁ, 점 ㅂ을 겨냥도에 표시합니다.

2단계 겨냥도에 표시한 점을 선분으로 연결하기

점 ㄱ과 점 ㄷ, 점 ㄷ과 점 ㅁ, 점 ㄹ과 점 ㅂ을 각각 선분으로 연결합니다.

답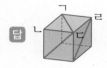

6-1 왼쪽과 같이 전개도에 선분을 그었습니다. 이 전개도를 접어 만든 정육면체가 오른쪽과 같을 때, 전개도에 그은 선분을 겨냥도에 실선으로 나타내시오.

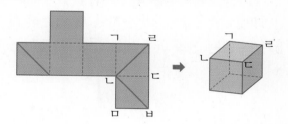

6-2 왼쪽 전개도를 접어 만든 정육면체가 오른쪽과 같을 때, 정육면체에 그은 선분을 전개도에 실선으로 나타내시오.

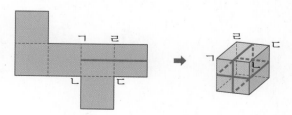

정육면체에서 마주 보는 면에 있는 모양 알아보기

다음은 각 면에 무늬가 그려져 있는 정육면체를 서로 다른 세 방향에서 본 그림입니다.
♥ 모양이 있는 면과 마주 보는 면에 있는 모양은 무엇입니까?

● 생각하기　♥ 모양이 있는 면과 수직인 네 면을 먼저 찾아봅니다.

● 해결하기　**1단계** ♥ 모양이 있는 면과 수직인 면 찾아보기

♥ 면과 만나는 네 면을 찾아봅니다.

다른 풀이 ┃ 정육면체의 전개도를 그려 봅니다.
♥ 모양이 있는 면과 마주 보는 면에 있는 모양은
● 모양입니다.

2단계 ♥ 모양이 있는 면과 마주 보는 면 찾기

면 와 마주 보는 면은 면 ♥ 와 만나지 않는 면인 면 ● 입니다.

따라서 ♥ 모양이 있는 면과 마주 보는 면에 있는 모양은 ● 모양입니다.

답 ●

7-1 다음은 각 면에 1부터 6까지의 숫자가 써 있는 정육면체를 서로 다른 세 방향에서 본 그림입니다. 5가 써 있는 면과 마주 보는 면에 써 있는 숫자는 무엇입니까?

(　　　　　　)

7-2 다음은 각 면에 다른 색이 칠해진 정육면체를 서로 다른 세 방향에서 본 그림입니다. 파란색이 칠해진 면과 마주 보는 면에는 무슨 색이 칠해져 있습니까?

(　　　　　　)

MATH TOPIC 8

심화유형

정답과 풀이 64쪽

직육면체를 둘러싼 끈의 길이 구하기

직육면체 모양의 상자를 오른쪽 그림과 같이 끈으로 묶으려고 합니다. 필요한 끈의 길이는 적어도 몇 cm입니까? (단, 매듭의 길이는 생각하지 않습니다.)

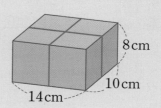

● 생각하기 ┌─── 한 꼭짓점에서 만나는 세 모서리

모서리와 길이가 같은 부분이 각각 몇 군데인지 알아봅니다.

● 해결하기 **1단계** 묶은 끈의 길이 중 14 cm, 10 cm, 8 cm인 모서리와 길이가 같은 부분 찾기

 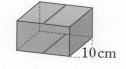 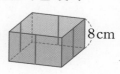

14 cm인 모서리와 길이가 같은 부분 ➡ 2군데	10 cm인 모서리와 길이가 같은 부분 ➡ 2군데	8 cm인 모서리와 길이가 같은 부분 ➡ 4군데

2단계 상자를 묶는 데 필요한 끈의 길이 구하기

$14 \times 2 + 10 \times 2 + 8 \times 4 = 28 + 20 + 32 = 80$ (cm)

답 80 cm

8-1 정육면체 모양의 상자를 오른쪽 그림과 같이 리본으로 묶으려고 합니다. 필요한 리본의 길이는 적어도 몇 cm입니까? (단, 매듭의 길이는 생각하지 않습니다.)

(   )

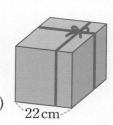

8-2 직육면체 모양의 상자를 오른쪽 그림과 같이 끈으로 묶으려고 합니다. 필요한 끈의 길이는 적어도 몇 cm입니까? (단, 매듭의 길이는 생각하지 않습니다.)

(   )

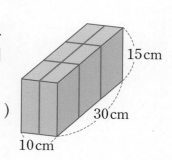

8-3 정육면체 모양의 상자를 오른쪽 그림과 같이 끈으로 묶었습니다. 끈을 모두 1 m 80 cm만큼 사용했다면, 정육면체의 한 모서리의 길이는 몇 cm입니까? (단, 매듭의 길이는 생각하지 않습니다.)

(   )

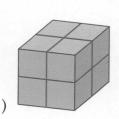

주사위의 눈의 수 알아보기

마주 보는 면의 눈의 수의 합이 7인 주사위 3개를 오른쪽 그림과 같이 맞닿는 면의 눈의 수의 합이 9가 되도록 붙였습니다. 바닥과 맞닿는 면의 눈의 수는 얼마입니까?

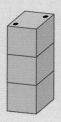

● 생각하기　주사위의 마주 보는 면의 눈의 수의 합은 7입니다.

● 해결하기　**1단계** ㉠, ㉡ 면의 눈의 수 구하기

마주 보는 면의 눈의 수의 합이 7이므로 2＋㉠＝7 ➡ ㉠＝5
맞닿는 면의 눈의 수의 합은 9이므로 5＋㉡＝9 ➡ ㉡＝4

2단계 ㉢, ㉣, ㉤ 면의 눈의 수 구하기

4＋㉢＝7 ➡ ㉢＝3
3＋㉣＝9 ➡ ㉣＝6
6＋㉤＝7 ➡ ㉤＝1

따라서 바닥과 맞닿는 면의 눈의 수는 1입니다.

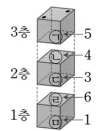

답 1

9-1 주사위의 마주 보는 면의 눈의 수의 합은 7입니다. 주사위의 모양이 바르게 된 것을 모두 찾아 기호를 쓰시오.

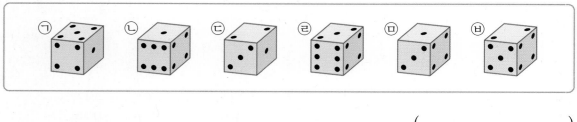

(　　　　　　　)

9-2 마주 보는 면의 눈의 수의 합이 7인 주사위 3개를 오른쪽 그림과 같이 맞닿는 면의 눈의 수의 합이 8이 되도록 붙였습니다. ㉮ 방향에서 보이는 면의 눈의 수는 얼마입니까?

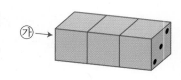

(　　　　　　　)

MATH TOPIC

심화유형 **10**

정답과 풀이 **64**쪽

S T E
A M 형
■ ● ▲

직육면체를 활용한 교과통합유형

수학+미술

직육면체의 전개도는 6개의 면으로 이루어졌지만, 우리가 사용하는 상자 중에는 뚜껑을 여닫기 편리하게 여섯 면 중 두 면을 반으로 자른 형태가 많습니다. 왼쪽 전개도를 접은 후 그림과 같이 잘린 부분에 테이프를 붙여 상자를 만들려고 합니다. 필요한 테이프의 길이는 모두 몇 cm입니까?

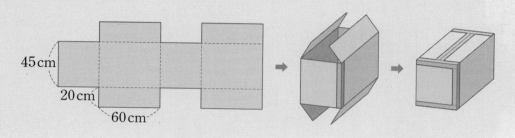

● **생각하기**   전개도와 전개도로 만든 상자를 비교하여 모서리의 길이를 알아봅니다.

● **해결하기**   **1단계** 전개도를 보고 한 꼭짓점에서 만나는 세 모서리의 길이 알아보기

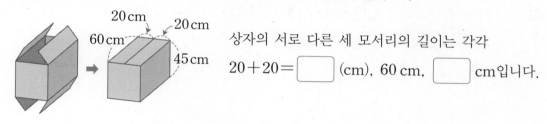

상자의 서로 다른 세 모서리의 길이는 각각

$20+20=$ ☐ (cm), 60 cm, ☐ cm입니다.

2단계 상자를 만드는 데 필요한 테이프의 길이 구하기

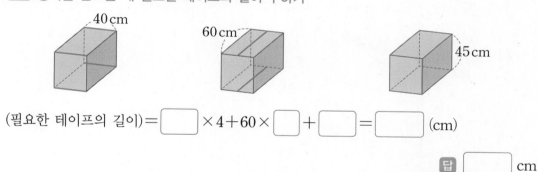

(필요한 테이프의 길이)$=$ ☐ $\times 4+60\times$ ☐ $+$ ☐ $=$ ☐ (cm)

답 ☐ cm

10-1 그림과 같이 정육면체의 여섯 면 중 마주 보는 두 면을 각각 두 개의 직각삼각형 모양으로 잘라서 전개도를 그리려고 합니다. 전개도를 두 가지 방법으로 완성해 보시오.

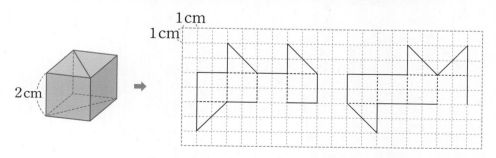

1 다음 중 직육면체의 전개도가 될 수 <u>없는</u> 것을 모두 찾아 기호를 쓰시오.

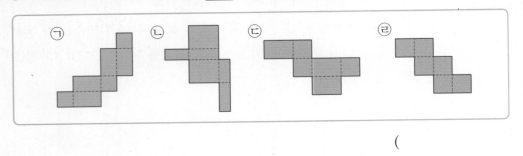

(   )

2 다음 직육면체의 모든 면에 색을 칠하려고 합니다. 모양과 크기가 같은 면끼리 같은 색을 칠하려면 몇 가지 색이 필요합니까?

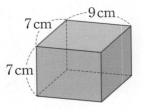

(   )

3 직육면체 모양 상자 하나를 서로 다른 방향으로 놓고 겨냥도를 그렸습니다. <u>잘못</u> 그린 겨냥도 하나를 찾아 기호를 쓰시오.

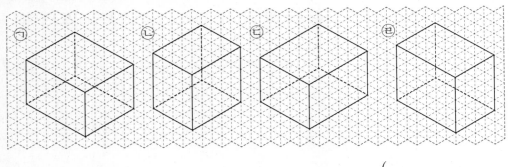

(   )

4 오른쪽 직육면체 모양의 나무토막을 잘라서 만들 수 있는 가장 큰 정
육면체의 모든 모서리 길이의 합은 몇 cm입니까?

(   )

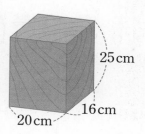

25 cm
16 cm
20 cm

5 오른쪽 직육면체의 겨냥도에서 보이는 모서리 길이의 합은 57 cm입니
다. 이 직육면체의 모든 모서리 길이의 합은 몇 cm입니까?

(   )

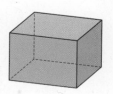

6 그림과 같이 가로가 70 cm, 세로가 30 cm인 직사각형 모양의 도화지에 직육면체의 전개
도를 그려서 오렸습니다. 전개도를 접어 만든 직육면체의 서로 다른 세 모서리의 길이는
각각 몇 cm입니까?

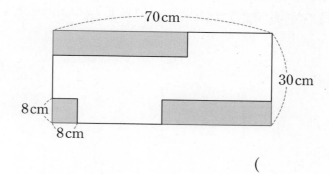

70 cm
30 cm
8 cm
8 cm

(   )

7 왼쪽 주사위의 전개도를 세 가지 방법으로 그린 것입니다. 주사위의 마주 보는 면의 눈의 수의 합이 7일 때, 각 전개도에서 눈의 수가 1인 면을 찾아 색칠하시오.

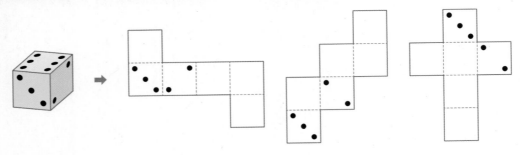

8 오른쪽 전개도를 접어서 정육면체를 만들었을 때, 선분 ㄱㄴ과 겹치는 선분을 찾아 쓰시오.

(   )

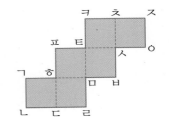

9 왼쪽과 같이 직육면체에 선분을 그었습니다. 이 직육면체의 전개도가 오른쪽과 같을 때, 직육면체에 그은 선을 전개도에 실선으로 나타내시오.

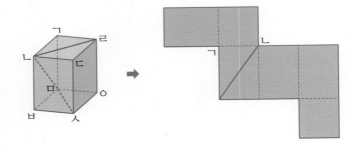

10 오른쪽 직육면체의 전개도를 접었을 때, 만든 직육면체에 서 점 ㄱ과 점 ㄴ 사이의 거리를 구하시오.

( )

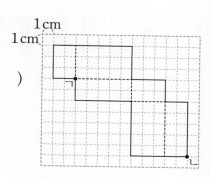

11 다음 직육면체의 전개도를 접었을 때, 점 ㄱ에서 만나는 면을 모두 찾아 빗금 쳐 보시오.

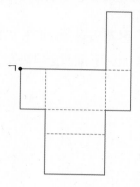

12 오른쪽 그림에서 색칠한 면을 옮겨 정육면체의 전개도가 되도록 그리려고 합니다. 정육면체의 전개도를 완성할 수 있는 방법은 모두 몇 가지입니까? (단, 돌리거나 뒤집어서 같은 모양은 같은 것으로 봅니다.)

( )

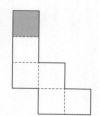

13 다음 중 오른쪽 전개도를 접어서 만들 수 <u>없는</u> 정육면체를 모두 찾아 기호를 쓰시오.

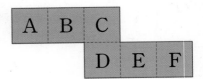

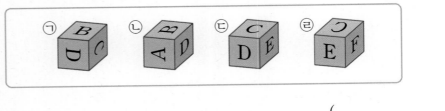

(   )

14 오른쪽 직육면체의 전개도를 둘레가 가장 짧게 되도록 그릴 때, 전개도의 둘레는 몇 cm가 되겠습니까?

(   )

10 cm

22 cm

35 cm

15 오른쪽 그림과 같이 직육면체에 3개의 리본을 둘렀습니다. 빨간색 리본의 전체 길이가 58 cm, 파란색 리본의 전체 길이가 40 cm일 때, 노란색 리본의 전체 길이는 몇 cm입니까? (단, 매듭의 길이는 생각하지 않습니다.)

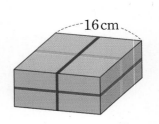

16 cm

(   )

1 경시 기출 문제

오른쪽 직육면체에서 면 ㉠과 수직인 모서리의 길이의 합은 몇 cm 입니까?

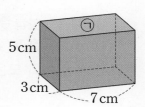

( )

2 길이가 같은 철사 조각 여러 개와 스티로폼 공 여러 개를 이용하여 정육면체 모양을 만들고 그림과 같이 정육면체 모양을 연결하였습니다. 정육면체 모양 10개를 연결하려면 철사 조각과 스티로폼 공이 각각 몇 개 필요합니까?

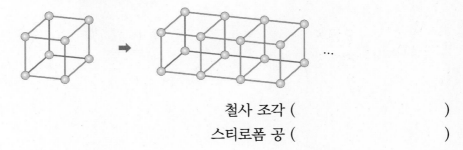

철사 조각 ( )

스티로폼 공 ( )

3 다음 중 왼쪽 정육면체의 빨간색 모서리를 잘라서 만든 전개도를 찾아 기호를 쓰시오.

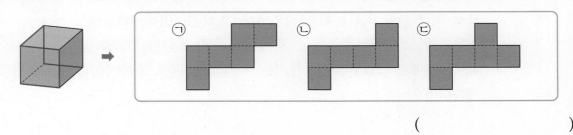

( )

4 오른쪽 직육면체를 그림과 같이 빨간색 선을 따라 수직으로 잘라 4개의 작은 직육면체로 나누었습니다. 4개의 직육면체의 모든 모서리 길이의 합은 몇 cm입니까?

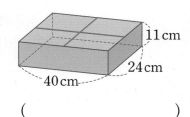

11 cm
24 cm
40 cm

(   )

▶경시
▶기출
▶문제 **5** 정육면체 ㉮, ㉯의 겨냥도에서 각각 세 점을 선분으로 이어 다음과 같이 두 개의 삼각형을 그렸습니다. 정육면체 ㉮에서 각 ㄱㄴㄷ의 크기와 정육면체 ㉯에서 각 ㄱㄴㄹ의 크기는 각각 몇 도입니까?

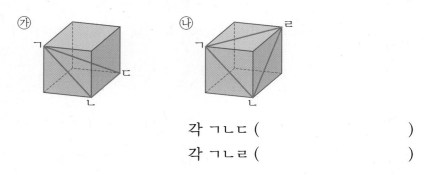

각 ㄱㄴㄷ (   )

각 ㄱㄴㄹ (   )

수학＋사회

STE
AM형
■●▲ **6** 각설탕은 고운 가루 설탕을 압축하여 정육면체 형태로 굳힌 것으로, 커피나 홍차의 감미료로 많이 쓰입니다. 가루 설탕과 달리 일정량씩 낱개로 나누어져 있어 휴대하기 편리하며, 일반적으로 여러 개를 직육면체 모양의 상자에 포장하여 판매합니다. 직육면체 모양으로 쌓여 있는 각설탕의 수가 위에서 보았을 때

48개, 앞에서 보았을 때 24개, 옆에서 보았을 때 18개일 때, 전체 각설탕의 수는 모두 몇 개입니까?

(   )

7 오른쪽 그림과 같이 정육면체의 겉면을 모두 색칠한 다음 각 모서리를 5등분 하여 크기가 같은 정육면체가 되도록 모두 잘랐습니다. 잘라 만든 정육면체 중 한 면도 색칠되지 않은 정육면체는 모두 몇 개입니까?

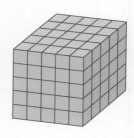

(   )

8 오른쪽 그림과 같이 정육면체의 면 위에 두 개의 선분 ㉮, ㉯를 그었습니다. ㉮와 ㉯ 중 길이가 더 긴 선분의 기호를 쓰시오.
(단, 점 ㅂ은 선분 ㄱㄴ을 이등분하는 점입니다.)

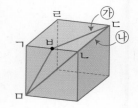

(   )

9 왼쪽 전개도를 접으면 오른쪽과 같이 뚜껑이 없는 정육면체 모양 상자가 됩니다. 오른쪽 상자를 만들 수 있는 전개도는 왼쪽 전개도를 포함하여 모두 몇 가지로 그릴 수 있습니까? (단, 돌리거나 뒤집어서 같은 모양은 같은 것으로 봅니다.)

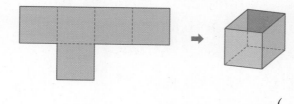

(   )

연필 없이 생각 톡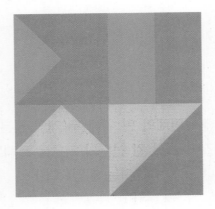

정사각형 모양 종이를 빨간색, 파란색, 노란색으로 칠했습니다.
가장 넓은 부분을 칠한 색은 무슨 색일까요?

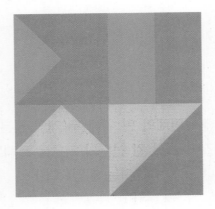

* **최상위 사고력 1A** 117쪽을 활용하였습니다.

평균과 가능성

평평하고 고르게, 평균

자료를 대표하는 값

나무 블럭을 쌓아서 그림과 같이 막대 모양 5개를 만들었습니다. 각각 블럭을 3개, 4개, 5개, 6개, 7개 쌓은 것입니다. 이제 6개로 쌓은 모양에서 블럭 하나를 들어내서 4개로 쌓은 모양으로 옮기고, 7개로 쌓은 모양에서 두 개를 들어내서 3개로 쌓은 모양으로 옮겨 볼게요. 전체 블럭의 개수는 그대로이지만, 막대 모양의 높이는 모두 블럭 5개로 고르게 되었습니다. 이처럼 수를 옮겨서 자료 값을 균일하게 만드는 것이 평균을 구하는 기본 원리입니다. 평균은 한자로 평평할 평, 고를 균 자를 조합한 말로, 자료 전체의 특징을 대표하는 값 중 하나입니다. 자료 값을 모두 더한 수를 자료의 수로 나누어서 다음과 같이 구해요.

$$\frac{3+4+5+6+7}{5} = \frac{25}{5} = 5(\text{개})$$

이런 방법으로 구하는 평균을 산술평균이라고 해요. 대푯값에는 산술평균 외에도 최빈값과 중앙값이 있습니다. 최빈값이란 자료 중에서 가장 자주 나타나는 값을 말하고, 중앙값은 자료를 크기 순서로 늘어놓을 때 가장 중앙에 놓이는 값을 말해요. 만약 자료 값이 각각 7, 8, 5, 5, 9, 5, 3이라면 가장 자주 나타나는 5가 최빈값이 돼요. 자료 값을 크기 순서로 늘어놓으면 3, 5, 5, 5, 7, 8, 9이므로 중앙값은 5가 됩니다.

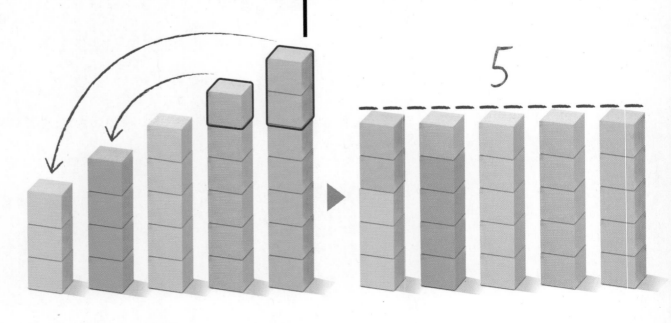

우리나라의 월별 강수량					(mm)
1월	2월	3월	4월	5월	6월
21.6	23.6	45.8	77	102.2	133.3
7월	8월	9월	10월	11월	12월
327.9	348	137.6	49.3	53	24.8

(우리나라 강수량의 평균) = **112.01**

영국의 월별 강수량					(mm)
1월	2월	3월	4월	5월	6월
75.6	71.8	81.8	58.3	43.8	50
7월	8월	9월	10월	11월	12월
51.8	61.8	66.5	85.6	72.5	78.7

(영국 강수량의 평균) = **66.52**

평균의 함정

영국은 일 년 내내 날씨가 흐리고 비가 많이 오는 나라로 알려져 있어요. 하지만 우리나라의 강수량의 평균과 영국의 강수량의 평균을 비교해 보면 고개가 갸우뚱해집니다. 기상청이 조사한 바에 따르면 우리나라 강수량의 평균은 약 112.01 mm이고, 영국 강수량의 평균은 약 66.52 mm예요. 강수량의 평균만 보면 우리나라는 영국보다 무려 1.5배 이상 비나 눈이 많이 왔다고 볼 수 있어요. 그런데 우리나라는 정말 영국보다 일 년 내내 비가 많이 내릴까요?

영국의 강수량을 월별로 비교해 보면 영국은 월별 강수량 사이에 큰 차이가 없는 것을 알 수 있어요. 비가 일년 내내 꾸준히 오는 것이죠. 반면 우리나라는 비가 가장 적게 내린 1월의 강수량보다 비가 가장 많이 내린 8월의 강수량이 무려 16배에 달합니다. 연간 강수량의 절반 이상이 장마철에 집중되었기 때문이에요. 영국은 일 년 내내 고른 강수량을 유지하는 반면, 우리나라는 맑은 날과 비오는 날의 강수량의 차가 큰 것입니다. 강수량의 총합이 영국보다 많아서 강수량의 평균이 영국보다 크지만, 실제로 일년 내내 영국보다 비가 많이 오지는 않아요. 평균이 자료 값을 모두 더한 수를 고르게 한 값이라는 사실을 잊으면, 위의 경우처럼 자료를 해석하는 과정에서 평균의 함정에 빠질 수도 있답니다.

1 평균

❶ 평균 구하기

- 평균: 각 자료 값을 모두 더해 자료의 수로 나눈 값

$$(평균) = \frac{(자료\ 값을\ 모두\ 더한\ 수)}{(자료의\ 수)}$$

투호 경기 점수

회	1회	2회	3회	4회
점수 (점)	6	3	2	5

← (자료의 수)=(투호 경기를 한 횟수)=4
← 자료 값: 6, 3, 2, 5

방법1 ○표를 옮겨 자료의 값을 고르게 하기

평균을 4로 예상하고 ○표를 옮겨 점수를 고르게 합니다.

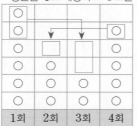

방법2 자료 값의 합을 자료의 수로 나누기

$$\frac{6+3+2+5}{4} = \frac{16}{4} = 4(점)$$

➡ 점수의 평균은 4점입니다.

점수를 대표하는 값

⚡실전개념

❶ 자료 값의 합을 이용하여 모르는 자료 값 구하기

(자료 값의 합)=(평균)×(자료의 수)
(모르는 자료 값)=(자료 값의 합)−(알고 있는 자료 값의 합)

예 1회부터 5회까지의 제기차기 횟수의 평균이 30번일 때, 5회의 제기차기 횟수 구하기

제기차기 횟수

회	1회	2회	3회	4회	5회
횟수 (번)	10	35	50	30	

➡ (전체 횟수의 합)=30×5=150(번)
➡ (5회의 제기차기 횟수)=150−(10+35+50+30)=25(번)

1회부터 4회까지의 횟수의 합

❷ 평균이 ■만큼 높아졌을 때 새로운 자료 값 구하기

평균이 높아지려면 4회의 자료 값은 3회까지의 평균보다 커야 합니다.

예 4회까지의 평균이 3회까지의 평균보다 1번 높아졌을 때, 4회의 제기차기 횟수 구하기

제기차기 횟수

회	1회	2회	3회	4회
횟수 (번)	7 +1	7 +1	7 +1	7 +1

자료 값을 고르게 하면 4회의
자료 값을 알 수 있습니다.

➡ 7+4=11(번)

➡ (4회의 제기차기 횟수)=(3회까지의 평균)+4=7+4=11(번)

7번

BASIC TEST

1 은주의 줄넘기 횟수의 평균을 구하려고 합니다. □ 안에 알맞은 수를 써넣으시오.

줄넘기 횟수

요일	월	화	수	목	금
횟수 (번)	27	32	28	30	33

➡ 평균을 30번으로 예상하고 (28, □), (□ , 33)으로 수를 짝 지어 자료의 값을 고르게 하면 줄넘기 횟수의 평균은 30번입니다.

2 효진이네 모둠의 고리 던지기 횟수를 기록한 표입니다. 고리 던지기 횟수의 평균을 두 가지 방법으로 구하시오.

고리 던지기 횟수

이름	효진	태준	나영	지후	채원
횟수 (번)	10	5	11	17	12

방법 1

방법 2

---

3 지현이네 학교 5학년 학생들이 반별로 수집한 헌 종이의 무게를 나타낸 표입니다. 헌 종이를 평균보다 많이 모은 반을 모두 쓰시오.

헌 종이의 무게

반	1	2	3	4	5
무게 (kg)	71	61	66	51	76

( )

4 어느 장난감 공장의 하루 생산량의 평균이 580개일 때, 이 공장에서 5일 동안 생산하는 장난감은 모두 몇 개입니까?

( )

5 승호의 월별 도서 대출 권수를 나타낸 표입니다. 1월부터 6월까지 도서 대출 권수의 평균이 11권일 때, 3월에 대출한 책은 몇 권입니까?

도서 대출 권수

월	1	2	3	4	5	6
권수 (권)	15	10		12	9	11

( )

6 기태의 제자리멀리뛰기 기록을 나타낸 표입니다. 네 경기 동안의 제자리멀리뛰기 기록의 평균이 세 경기 동안의 평균보다 낮아졌다면, 네 번째 경기에서는 몇 cm를 뛰어야 하는지 예상해 보시오.

제자리멀리뛰기 기록

경기	첫 번째	두 번째	세 번째	네 번째
거리 (cm)	95	111	91	

예상

2 일이 일어날 가능성

❶ 일이 일어날 가능성을 말로 표현하고 비교하기

- 가능성: 어떠한 상황에서 특정한 일이 일어나길 기대할 수 있는 정도

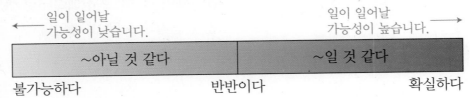

일이 일어날
가능성이 낮습니다. ←　　　　　　　　　　　　　　　　　　일이 일어날
가능성이 높습니다. →

~아닐 것 같다	~일 것 같다

불가능하다　　　　　　반반이다　　　　　　확실하다

❷ 일이 일어날 가능성을 수로 표현하기 일이 일어날 가능성은 0부터 1까지의 수로 표현합니다.

불가능하다　　　　　　　　반반이다　　　　　　　　확실하다

0 　　　　　　　　　　$\dfrac{1}{2}$ 　　　　　　　　　　1

상황	일	가능성
주사위를 굴리면 주사위의 눈은 1, 2, 3, 4, 5, 6입니다.	눈의 수가 1 이상 6 이하로 나올 것이다.	확실하다 ➡ 1
	눈의 수가 7 이상으로 나올 것이다.	불가능하다 ➡ 0
동전을 던지면 한 면은 숫자 면, 다른 면은 그림 면입니다.	숫자 면이 나올 것이다.	반반이다 ➡ $\dfrac{1}{2}$
	그림 면이 나올 것이다.	반반이다 ➡ $\dfrac{1}{2}$
빨간 구슬 1개, 파란 구슬 3개가 든 주머니에서 구슬 1개를 꺼내면	구슬이 파란색일 것이다.	~일 것 같다
	구슬이 빨간색일 것이다.	~아닐 것 같다

사고력 개념

❶ 회전판을 돌렸을 때 화살이 빨간색에 멈출 가능성을 수로 표현하기

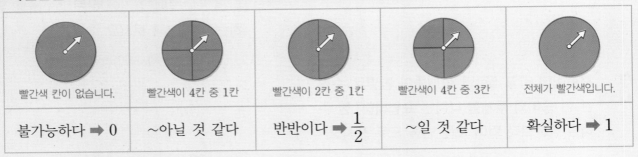

빨간색 칸이 없습니다.	빨간색이 4칸 중 1칸	빨간색이 2칸 중 1칸	빨간색이 4칸 중 3칸	전체가 빨간색입니다.
불가능하다 ➡ 0	~아닐 것 같다	반반이다 ➡ $\dfrac{1}{2}$	~일 것 같다	확실하다 ➡ 1

연결 개념

중등 연계

❶ 확률

- $(확률) = \dfrac{(어떤\ 사건이\ 일어나는\ 경우의\ 수)}{(일어나는\ 모든\ 경우의\ 수)}$

예 주사위를 굴려서 2의 눈이 나올 확률은 $\dfrac{1}{6}$입니다.

— BASIC TEST

1 일이 일어날 가능성을 말로 표현하려고 합니다. 알맞은 것을 골라 기호를 쓰시오.

> ㉠ 불가능하다   ㉡ ~아닐 것 같다
> ㉢ 반반이다   ㉣ ~일 것 같다
> ㉤ 확실하다

(1) 내일 하루가 24시간일 가능성
( )

(2) 11월이 31일까지 있을 가능성
( )

(3) 은행에서 뽑은 대기 번호표의 번호가 홀수일 가능성 ( )

(4) 우리나라에서 11월보다 7월에 비가 많이 올 가능성 ( )

2 일이 일어날 가능성의 정도를 비교하여 나타낸 것입니다. ☐ 안에 알맞은 기호를 써넣으시오.

| ☐ | ~일 것 같다 |

> ㉠ 반반이다   ㉡ 불가능하다
> ㉢ ~아닐 것 같다 ㉣ 확실하다

3 1부터 6까지의 눈이 있는 주사위를 굴렸을 때, 다음 일이 일어날 가능성을 0부터 1까지의 수로 표현해 보시오.

(1) 주사위의 눈의 수가 짝수일 가능성
( )

(2) 주사위의 눈의 수가 6 이하일 가능성
( )

(3) 주사위의 눈의 수가 4 이상일 가능성
( )

4 회전판을 돌렸을 때 화살이 초록색에 멈출 가능성을 ↓로 나타내어 보시오.

0	$\frac{1}{2}$	1

5 다음 일이 일어날 가능성을 수로 표현하면 1입니다. 그 이유를 써 보시오.

> 367명의 학생이 있다면 이 중 서로 생일이 같은 학생이 있을 것입니다.

이유

....

....

....

6 수 카드 1 , 2 , 3 , 4 중에서 한 장을 뽑을 때, 일이 일어날 가능성이 큰 것부터 순서대로 기호를 쓰시오.

> ㉠ 2가 나올 가능성
> ㉡ 짝수가 나올 가능성
> ㉢ 5가 나올 가능성
> ㉣ 5보다 작은 자연수가 나올 가능성

( )

자료 값의 합이 같을 때 평균 비교하기

㉮ 지역에서 25일 동안 측정한 강수량의 합과, ㉯ 지역에서 20일 동안 측정한 강수량의 합이 100 mm로 같았습니다. 강수량의 평균은 어느 지역이 몇 mm 더 많습니까?

● 생각하기   자료 값의 합이 같을 때, 자료의 수가 작을수록 평균이 커집니다. $(평균)=\dfrac{(자료\ 값의\ 합)}{(자료의\ 수)}$ 이기 때문입니다.

● 해결하기   **1단계** 강수량의 평균이 더 많은 지역 알아보기

두 지역에서 측정한 강수량의 합이 100 mm로 같고 측정한 날수가 25 > 20이므로
측정한 날수가 적은 ㉯ 지역의 강수량의 평균이 더 많습니다.

2단계 강수량의 평균의 차 구하기

$(㉮\ 지역\ 강수량의\ 평균)=\dfrac{100}{25}=4\ (mm)$

$(㉯\ 지역\ 강수량의\ 평균)=\dfrac{100}{20}=5\ (mm)$

따라서 강수량의 평균은 ㉯ 지역이 5 − 4 = 1 (mm) 더 많습니다.

답 ㉯ 지역, 1 mm

1-1 ㉮ 학교와 ㉯ 학교의 학생 수는 각각 750명, 600명입니다. ㉮ 학교와 ㉯ 학교의 운동장의 넓이가 9000 m²로 같을 때, 어느 학교 학생들이 운동장을 더 넓게 사용할 수 있습니까?

(   )

1-2 680개의 제품을 만드는 데 ㉮ 기계만 작동시키면 4시간이 걸리고 ㉯ 기계만 작동시키면 5시간이 걸립니다. 한 시간당 생산량의 평균은 어떤 기계가 몇 개 더 많습니까?

(   )

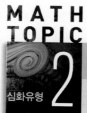

MATH TOPIC 2

심화유형

자료 값의 합을 이용하여 모르는 자료 값 구하기 (1)

㉮, ㉯, ㉰, ㉱ 네 곳의 주차장에 주차할 수 있는 자동차 수를 나타낸 표입니다. 한 주차장에 주차할 수 있는 자동차 수의 평균이 45대일 때, ㉯ 주차장에 주차할 수 있는 자동차는 몇 대입니까?

주차할 수 있는 자동차 수

주차장	㉮	㉯	㉰	㉱
대수 (대)	56		40	53

● **생각하기** (자료 값의 합)＝(평균)×(자료의 수)

● **해결하기** **1단계** 네 곳의 주차장에 주차할 수 있는 자동차 수의 합 알아보기

(네 곳의 주차장에 주차할 수 있는 자동차 수의 합)＝45×4＝180(대)

2단계 ㉯ 주차장에 주차할 수 있는 자동차 수 구하기

180－(56＋40＋53)＝31(대)

답 31대

2-1 ㉮, ㉯, ㉰ 세 마을의 하루 쓰레기 배출량을 나타낸 표입니다. 쓰레기 배출량의 평균이 290 kg일 때, ㉰ 마을에서 배출한 쓰레기는 몇 kg입니까?

하루 쓰레기 배출량

마을	㉮	㉯	㉰
배출량 (kg)	420	190	

(   )

2-2 송희의 줄넘기 횟수를 나타낸 표입니다. 월요일부터 일요일까지의 줄넘기 횟수의 평균이 85번 이상이 되려면 일요일에 뛴 줄넘기 횟수가 적어도 몇 번이어야 합니까?

줄넘기 횟수

요일	월	화	수	목	금	토
횟수 (번)	72	79	88	78	98	92

(   )

3 자료 값의 합을 이용하여 모르는 자료 값 구하기 (2)

심화유형

윤하가 다트판에 화살을 7개 던져서 오른쪽과 같이 맞추었습니다.
화살을 한 개 더 던져서 윤하의 점수의 평균이 6.5점이 되었다면,
마지막 화살로 맞춘 점수는 몇 점입니까?

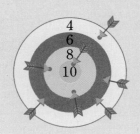

● 생각하기   (자료 값의 합)＝(평균)×(자료의 수)

● 해결하기   **1단계** 맞춘 점수의 합 알아보기

화살을 8번 던졌을 때 맞춘 점수의 평균은 6.5점이므로
(화살을 8번 던져 맞춘 점수의 합)＝6.5×8＝52(점)이 되어야 합니다.

2단계 마지막 화살로 맞춘 점수 구하기

화살을 7번 던져 맞춘 점수의 합은
$10+8\times2+6\times3+4=10+16+18+4=48$(점)입니다.
따라서 마지막 화살로 맞춘 점수는 $52-48=4$(점)입니다.

답 4점

3-1 태민이가 다트판에 화살을 9개 던져서 오른쪽과 같이 맞추었습니다. 화살을 한 개 더 던져서 태민이의 점수의 평균이 2.8점이 되었다면, 마지막 화살로 맞춘 점수는 몇 점입니까?

(   )

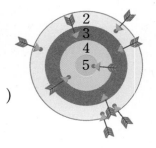

3-2 수지네 반 25명의 음악 수행평가 점수를 조사하여 나타낸 표입니다. 전체 학생의 점수의 평균이 7.6점일 때, 9점과 10점을 받은 학생들의 점수의 평균은 몇 점입니까?

음악 수행평가 점수

점수 (점)	6	7	8	9	10
학생 수 (명)	8	6	1		

(   )

자료 값을 고르게 하여 평균 구하기

지난달에 주호네 모둠 학생 6명의 몸무게의 평균은 38.6 kg이었습니다. 이번 달에 주호네 모둠 학생들의 몸무게를 다시 재어 보니 다른 학생들의 몸무게는 한 달 전과 같고, 주호의 몸무게만 3 kg이 늘었습니다. 이번 달 주호네 모둠 학생들의 몸무게의 평균은 몇 kg입니까?

● 생각하기 늘어난 몸무게 3 kg만큼을 6명에게 고르게 옮겨서 평균을 구할 수 있습니다.

● 해결하기 **1단계** 늘어난 몸무게를 고르게 하기

학생 수는 6명이고, 주호의 몸무게만 3 kg 늘었으므로

늘어난 몸무게를 고르게 하면 $\dfrac{3}{6}=\dfrac{1}{2}=0.5$ (kg)씩입니다.

2단계 이번 달 주호네 모둠 학생들의 몸무게의 평균 구하기

지난달 학생들의 몸무게의 평균이 38.6 kg이었으므로

이번 달 학생들의 몸무게의 평균은 38.6+0.5=39.1 (kg)입니다.

답 39.1 kg

4-1 은지와 성규가 체육 실기 시험을 각각 5번씩 봤습니다. 두 사람의 실기 시험 점수의 합을 비교해 보면 성규가 은지보다 15점 더 높습니다. 성규는 은지보다 점수의 평균이 몇 점 더 높습니까?

(   )

4-2 혜은이의 중간고사 네 과목 점수의 평균은 79점이었습니다. 혜은이가 기말고사에서 한 과목만 중간고사보다 16점 높은 점수를 받았습니다. 나머지 과목의 점수는 중간고사와 같다면 기말고사 네 과목 점수의 평균은 몇 점입니까?

(   )

4-3 은아의 중간고사 점수를 나타낸 표입니다. 은아가 다음 시험에서 사회 점수만 올려 점수의 평균을 3점 이상 올리려면 사회 점수를 적어도 몇 점 받아야 합니까?

중간고사 점수

과목	국어	수학	사회	과학
점수 (점)	86	92	64	78

(   )

자료 값을 고르게 하여 모르는 자료 값 구하기

합창단 회원의 나이를 나타낸 표입니다. 회원 한 명이 더 들어온 후 나이의 평균이 한 살 줄어들었다면 새로운 회원의 나이는 몇 살입니까?

합창단 회원의 나이

이름	아라	진우	솔지	호연
나이 (살)	13	12	11	12

● 생각하기   평균이 줄어들려면 새로운 회원의 나이가 기존 회원의 나이의 평균보다 적어야 합니다.

● 해결하기   **1단계** 기존 회원 4명의 나이의 평균 알아보기

$$(4명의 나이의 평균)=\frac{13+12+11+12}{4}=\frac{48}{4}=12(살)$$

2단계 새로운 회원의 나이 구하기

5명의 나이의 평균이 한 살 줄어들기 위해서는 새로운 회원의 나이가 4명의 나이의 평균보다 5살 적어야 합니다. 따라서 새로운 회원의 나이는 12−5=7(살)입니다.

$$\begin{array}{ccccc} -1 & -1 & -1 & -1 & -1 \\ 12 & 12 & 12 & 12 & \boxed{12} \end{array}$$
→12−5=7(살)

다른 풀이 | 4명의 나이의 평균이 12살이므로 5명의 나이의 평균이 12−1=11(살)이 되어야 합니다. 5명의 나이의 합이 11×5=55(살)이 되어야 하므로 새로운 회원의 나이는 55−(13+12+11+12)=7(살)입니다.

답 7살

5-1 만들기 동아리 회원의 나이를 나타낸 표입니다. 회원 한 명이 더 들어온 후 나이의 평균이 한 살 늘어났다면 새로운 회원의 나이는 몇 살입니까?

만들기 동아리 회원의 나이

이름	규연	재원	사라	시우
나이 (살)	8	10	9	13

(   )

5-2 줄넘기 모둠 학생들의 키를 나타낸 표입니다. 모둠에 한 명이 더 들어온 후 키의 평균이 1 cm 줄어들었다면 새로운 학생의 키는 몇 cm입니까?

줄넘기 모둠 학생들의 키

이름	선아	라온	효석
키 (cm)	155	154	159

(   )

부분의 평균을 이용하여 전체의 평균 구하기

심화유형

지욱이네 반 남학생은 10명이고, 여학생은 15명입니다. 남학생의 몸무게의 평균은 45 kg이고, 여학생의 몸무게의 평균은 40 kg입니다. 지욱이네 반 전체 학생의 몸무게의 평균은 몇 kg입니까?

● 생각하기   (전체 학생의 몸무게의 합)＝(남학생의 몸무게의 합)＋(여학생의 몸무게의 합)

● 해결하기   **1단계** 남학생의 몸무게의 합과 여학생의 몸무게의 합 각각 알아보기

(남학생의 몸무게의 합)＝45×10＝450 (kg)

(여학생의 몸무게의 합)＝40×15＝600 (kg)

2단계 전체 학생의 몸무게의 평균 구하기

(전체 학생 수)＝10＋15＝25(명)

(전체 학생의 몸무게의 합)＝450＋600＝1050 (kg)

따라서 지욱이네 반 전체 학생의 몸무게의 평균은 $\frac{1050}{25}=42$ (kg)입니다.

답 42 kg

6-1 수혁이네 모둠 남학생은 4명이고, 여학생은 6명입니다. 남학생이 가지고 있는 돈의 평균은 3550원이고 여학생이 가지고 있는 돈의 평균은 3700원입니다. 수혁이네 모둠 전체 학생이 가지고 있는 돈의 평균은 얼마입니까?

(   )

6-2 다인이는 30점 만점인 쪽지시험을 1학기에 14번, 2학기에 14번 봤습니다. 1학기 쪽지시험 점수의 평균이 26점이고 2학기 쪽지시험 점수의 평균이 18점일 때, 다인이의 1학기와 2학기의 쪽지시험 점수의 평균은 몇 점입니까?

(   )

6-3 보라와 영주의 키의 평균은 147.5 cm, 영주와 재희의 키의 평균은 150.5 cm, 재희와 보라의 키의 평균은 149 cm입니다. 세 명의 키의 평균은 몇 cm입니까?

(   )

MATH TOPIC 7

심화유형

일이 일어날 가능성을 수로 표현하기

다음 일이 일어날 가능성을 수로 표현하고, ↓로 나타내어 보시오.

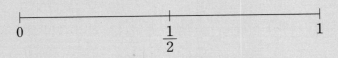

우리 반 전체 학생 수가 홀수일 때, 우리 반 남학생 수와 여학생 수가 같을 가능성

$$0 \qquad \frac{1}{2} \qquad 1$$

● 생각하기 확실하다 ➡ 1, 반반이다 ➡ $\frac{1}{2}$, 불가능하다 ➡ 0

● 해결하기 **1단계** 일이 일어날 가능성을 생각해 보기

전체 학생 수가 홀수이므로 똑같이 반으로 나눌 수 없습니다.
즉 남학생 수와 여학생 수는 같을 수 없습니다.

2단계 일이 일어날 가능성을 수로 표현하고 ↓로 나타내기

남학생 수와 여학생 수가 같을 가능성은 '불가능하다'이므로 수로 표현하면 0입니다.

답 0, ↓

$$0 \qquad \frac{1}{2} \qquad 1$$

7-1 오른쪽 회전판을 돌렸을 때 화살이 파란색에 멈출 가능성을 0부터 1까지의 수로 표현해 보시오.

(   )

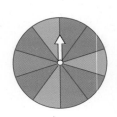

7-2 다음 중 일이 일어날 가능성을 수로 표현하면 1인 것을 모두 찾아 기호를 쓰시오.

> ㉠ 금요일 다음 날이 토요일일 가능성
> ㉡ 서울의 8월 최고 기온이 영하일 가능성
> ㉢ 내년이 13개월일 가능성
> ㉣ 내일 비가 올 가능성
> ㉤ 오늘 해가 서쪽으로 질 가능성

(   )

MATH TOPIC 8 심화유형

일이 일어날 가능성을 비교하기

다음 회전판을 돌렸을 때 화살이 노란색에 멈출 가능성이 큰 것부터 순서대로 기호를 쓰시오.

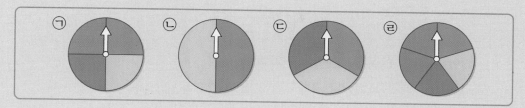

● **생각하기**   각 회전판에서 노란색으로 칠해진 부분의 넓이를 비교해 봅니다.

> 회전판을 여러 칸으로 나눌수록 화살이 그중 한 칸에 멈출 가능성이 줄어듭니다.

● **해결하기**   **1단계** 각 회전판에서 노란색이 전체의 얼마만큼인지 알아보기

㉠ 4칸 중 한 칸이 노란색입니다. ➡ $\dfrac{1}{4}$ ㉡ 2칸 중 한 칸이 노란색입니다. ➡ $\dfrac{1}{2}$

㉢ 3칸 중 한 칸이 노란색입니다. ➡ $\dfrac{1}{3}$ ㉣ 5칸 중 한 칸이 노란색입니다. ➡ $\dfrac{1}{5}$

2단계 화살이 노란색에 멈출 가능성을 비교하기

노란색으로 칠해진 부분의 넓이가 넓을수록 화살이 노란색에 멈출 가능성이 큽니다.

노란색 칸의 넓이를 비교해 보면 ㉡>㉢>㉠>㉣이므로

$$\dfrac{1}{2}>\dfrac{1}{3}>\dfrac{1}{4}>\dfrac{1}{5}$$

화살이 노란색에 멈출 가능성이 큰 것부터 순서대로 기호를 쓰면 ㉡, ㉢, ㉠, ㉣입니다.

답 ㉡, ㉢, ㉠, ㉣

8-1

다음 중 일이 일어날 가능성이 작은 것부터 순서대로 기호를 쓰시오.

> ㉠ 동전을 던졌을 때, 그림 면이 나올 가능성
>
> ㉡ 주사위를 굴렸을 때, 눈의 수가 6일 가능성
>
> ㉢ 7개의 흰색 구슬이 들어 있는 주머니에서 구슬 하나를 꺼냈을 때, 검은색일 가능성
>
> ㉣ 복권 100장 중 당첨 복권이 10장 있을 때, 복권 한 장을 뽑아 당첨될 가능성

(   )

MATH TOPIC 9

심화유형

STEAM형
■●▲

평균과 가능성을 활용한 교과통합유형

수학+사회

조선은 1392년 태조 이성계가 세운 이후 518년 동안 27명의 왕이 통치했습니다. 그 중 영조는 *재위 기간이 51년 7개월로 가장 길었고 인종은 재위 기간이 8개월로 가장 짧았습니다. 다음은 조선시대 왕들의 재위 기간을 나타낸 표입니다. 재위 기간이 26년 이상 50년 이하인 왕들의 재위 기간의 평균은 몇 년 몇 개월입니까?

*재위 기간: 임금의 자리에 있는 기간

조선시대 왕의 재위 기간

왕	재위 기간	왕	재위 기간	왕	재위 기간
태조	6년 2개월	연산군	11년 9개월	숙종	45년 10개월
정종	2년 2개월	중종	38년 2개월	경종	4년 2개월
태종	17년 9개월	인종	8개월	영조	51년 7개월
세종	31년 6개월	명종	21년 11개월	정조	24년 3개월
문종	2년 3개월	선조	40년 7개월	순조	34년 4개월
단종	3년 1개월	광해군	15년 1개월	헌종	14년 7개월
세조	13년 3개월	인조	26년 2개월	철종	14년 6개월
예종	1년 2개월	효종	10년	고종	43년 7개월
성종	25년 1개월	현종	15년 3개월	순종	3년 1개월

● 생각하기 (재위 기간의 평균)=$\dfrac{\text{(재위 기간의 합)}}{\text{(왕의 수)}}$

● 해결하기 **1단계** 재위 기간이 26년 이상 50년 이하인 왕이 몇 명인지 알아보기

세종, 중종, 선조, 인조, 숙종, ☐, ☐으로 ☐명입니다.

2단계 재위 기간의 합이 몇 개월인지 알아보기

31년 6개월＋38년 2개월＋40년 7개월＋26년 2개월＋45년 10개월

＋☐년 ☐개월＋☐년 ☐개월＝3122개월

3단계 재위 기간의 평균 구하기

$\dfrac{\text{(재위 기간의 합)}}{\text{(왕의 수)}}=\dfrac{3122}{☐}=$ ☐(개월)＝☐년 ☐개월

답 ☐년 ☐개월

1 네 명의 학생이 키 순서대로 서 있습니다. 두 번째 학생은 첫 번째 학생보다 $2\,cm$ 크고, 세 번째 학생은 두 번째 학생보다 $2\,cm$ 크고, 네 번째 학생은 세 번째 학생보다 $2\,cm$ 큽니다. 네 명의 키의 평균은 첫 번째 학생의 키보다 몇 cm 큽니까?

(   )

2 우리나라 초등학생의 수면 시간의 평균이 8시간 45분일 때, 지효네 모둠 학생 중 우리나라 초등학생의 수면 시간의 평균보다 덜 자는 학생들의 수면 시간의 평균은 몇 시간 몇 분입니까?

학생들의 어제 수면 시간

이름	지효	하은	승찬	윤호	규선	현애
수면 시간 (분)	498	550	533	505	561	515

(   )

3 두 모둠 학생들이 마신 우유의 양을 나타낸 표의 일부입니다. 가 모둠 학생들이 마신 우유 양의 평균과 나 모둠 학생들이 마신 우유 양의 평균이 같을 때, 가 모둠에서 우유를 가장 적게 마신 학생은 누구입니까?

가 모둠 학생들이 마신 우유의 양

이름	우유의 양 (mL)
아린	330
규환	
설아	300
해준	310
다경	290

나 모둠 학생들이 마신 우유의 양

이름	우유의 양 (mL)
윤호	300
정든	340
석희	260
지안	320

(   )

4 박물관의 계절별 관람객 수를 나타낸 표입니다. 봄부터 겨울까지의 관람객 수의 평균이 봄부터 가을까지의 관람객 수의 평균보다 50명 줄어들었다면, 겨울의 관람객 수는 몇 명입니까?

박물관의 계절별 관람객 수

계절	봄	여름	가을	겨울
수 (명)	12500	18000	13000	

( )

5 완두콩 350개가 들어 있는 주머니에서 1개 이상의 완두콩을 꺼냈습니다. 꺼낸 완두콩의 개수가 짝수일 가능성과 오른쪽 회전판의 화살이 검은색에 멈출 가능성이 같도록 회전판을 색칠해 보시오.

6 다음은 시호와 준호가 만든 회전판 돌리기 놀이의 세 가지 규칙을 설명한 것입니다. 다음 중 공정하지 않은 규칙을 찾아 기호를 쓰시오.

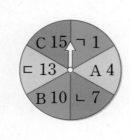

㉮ 시호는 화살이 한글 자음에 멈추면 1점을 얻고,
준호는 화살이 알파벳에 멈추면 1점을 얻습니다.

㉯ 시호는 화살이 빨간색에 멈추면 1점을 얻고,
준호는 화살이 노란색에 멈추면 1점을 얻습니다.

㉰ 시호는 화살이 10보다 작은 수에 멈추면 1점을 얻고,
준호는 화살이 10보다 큰 수에 멈추면 1점을 얻습니다.

( )

7 승현이네 반 학생은 30명이고 수학 성적의 평균은 70점입니다. 1등부터 6등까지 6명의 수학 성적의 평균이 86점일 때, 나머지 학생들의 수학 성적의 평균은 몇 점인지 풀이 과정을 쓰고 답을 구하시오.

풀이 ....

....

....

....

답 ....

8 과일 가게에서 사과를 특, 상, 중 세 등급으로 나누어서 다음과 같은 가격으로 팔았습니다. 사과를 모두 팔았을 때 한 개당 가격의 평균이 380원인 셈이라면, 특 등급인 사과 한 개의 가격은 얼마입니까?

사과의 등급별 개수와 한 개당 가격

등급	특	상	중
개수 (개)	20	50	80
한 개당 가격 (원)		400	300

(   )

9 은환이의 생일은 2월 중 하루입니다. 올해 2월의 날수가 28일일 때, 일이 일어날 가능성이 큰 것부터 순서대로 기호를 쓰시오.

> ㉠ 생일이 2월 30일일 가능성
> ㉡ 생일이 짝수 날일 가능성
> ㉢ 생일이 8일 ~ 28일 중에 있을 가능성
> ㉣ 생일이 8일 ~ 28일 중에 없을 가능성

(   )

10 ㉮, ㉯, ㉰ 세 단지로 나누어진 공장이 있습니다. ㉮와 ㉯ 단지의 평균 수돗물 사용량은 41 t, ㉯와 ㉰ 단지의 평균 수돗물 사용량은 46.5 t, ㉰와 ㉮ 단지의 평균 수돗물 사용량은 29.5 t입니다. ㉮, ㉯, ㉰ 세 단지의 수돗물 사용량이 각각 몇 t인지 구하시오.

㉮ 단지 (   )

㉯ 단지 (   )

㉰ 단지 (   )

11 빨간색 공 4개, 파란색 공 7개, 보라색 공 9개가 들어 있는 상자가 있습니다. 공을 하나씩 꺼내 보니 첫 번째로 파란색 공, 두 번째로 빨간색 공이 나왔습니다. 세 번째로 공 하나를 꺼낼 때, 꺼낸 공이 보라색이 아닐 가능성을 0부터 1까지의 수로 표현해 보시오. (단, 꺼낸 공은 다시 넣지 않습니다.)

(   )

수학+체육

STEAM형 12 농구는 골대에 공을 넣어 득점을 겨루는 경기로 팀당 5명의 선수가 뛰며, 슛의 종류와 던진 거리에 따라 1점, 2점 또는 3점이 부여됩니다. 다음은 한 농구팀 선수들이 경기 중에 넣은 골을 점수별로 나타낸 표의 일부입니다. 이 농구팀 선수의 득점의 평균이 13.8점일 때, 이 팀에서 득점이 두 번째로 많은 선수를 찾아 기호를 쓰시오.

농구팀 선수들의 점수별 골의 수

선수＼점수	1점 슛	2점 슛	3점 슛
㉮	3개	0개	3개
㉯	1개	7개	1개
㉰			
㉱			
㉲	7개	8개	1개

(   )

13 윤희가 동요 부르기 예선 대회에 나갔습니다. 심사위원 8명에게 받은 점수의 평균이 20점이고, 가장 높은 점수와 가장 낮은 점수를 뺀 점수의 평균은 19점입니다. 윤희가 받은 점수 중 가장 낮은 점수가 17점일 때, 가장 높은 점수는 몇 점입니까?

(   )

14 수정이의 진단평가 점수 중 97점인 한 과목의 점수를 79점으로 잘못 보고 계산하였더니 평균이 87.5점이 되었습니다. 실제 수정이의 진단평가 점수의 평균이 90.5점일 때, 수정이가 본 진단평가의 과목 수는 모두 몇 개입니까?

(   )

경시 기출 문제 **15** 현호가 올해 어제까지 본 쪽지시험 점수의 평균은 82점입니다. 오늘 쪽지시험을 한 번 더 봐서 96점을 받아 오늘까지 본 쪽지시험 점수의 평균이 84점이 되었습니다. 현호는 올해 쪽지시험을 모두 몇 번 보았습니까?

(   )

1 ㉮, ㉯, ㉰ 세 개의 주머니에 각각 5개, 6개, 7개의 제비가 들어 있고, 한 주머니에 들어 있는 제비 중 당첨제비는 각각 한 개씩입니다. 주머니 하나를 골라 제비뽑기를 한다면, 어떤 주머니를 고르는 것이 가장 유리합니까?

(   )

2 오른쪽 그림에서 가, 나, 다, 라는 140, 380, 430, 570 중 서로 다른 한 수를 나타냅니다. ⬤ 안에는 연결된 2개의 △ 안에 있는 수의 평균, ⬛ 안에는 연결된 3개의 ⬤ 안에 있는 수의 평균이 들어갑니다. ⬛ 안에 들어갈 수 있는 수 중 가장 큰 수를 구하시오.

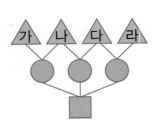

(   )

3 두 사람이 말하는 일이 일어날 가능성을 각각 수로 표현하려고 합니다. 다음 중 옳은 것을 찾아 기호를 쓰시오.

> • 은세: 동전을 세 번 던지면 세 번 모두 그림 면이 나올 거야.
>
> • 준석: 주사위를 굴리면 눈의 수가 2 이상 6 이하로 나올 거야.

> ㉠ 0   ㉡ 0보다 크고 $\frac{1}{2}$보다 작다   ㉢ $\frac{1}{2}$ ㉣ $\frac{1}{2}$보다 크고 1보다 작다   ㉤ 1

은세 (   )

준석 (   )

4 동전 한 개와 주사위 한 개를 동시에 던졌을 때, 동전은 그림 면이 나오고 주사위의 눈의 수는 6 이하로 나올 가능성을 0부터 1까지의 수로 표현해 보시오.

( )

서술형 **5** 동호회 회원 18명이 똑같은 금액을 모아 관광버스를 빌려 여행을 가기로 했습니다. 18명 중 6명이 참석을 취소하여 한 사람당 돈을 2000원씩 더 내게 됐다면, 관광버스를 빌리는 비용은 얼마인지 풀이 과정을 쓰고 답을 구하시오.

풀이 ....

....

....

답 ....

경시 기출 문제 **6** 예은이네 모둠 학생들의 미술 실기 시험 점수별 학생 수의 일부를 나타낸 표입니다. 예은이네 모둠 학생들의 미술 실기 시험 점수의 평균이 13점일 때, 예은이네 모둠 학생은 모두 몇 명입니까?

미술 실기 시험 점수별 학생 수

점수	10점	15점	20점
학생 수 (명)		4	1

( )

**경시
기출
문제 7** 신애네 반 학생 36명이 만점이 100점인 과학 시험을 보았습니다. 만약 남학생 점수의 평균만 9점 오르면 반 전체 점수의 평균은 77.5점이 되고, 여학생 점수의 평균만 9점 오르면 반 전체 점수의 평균은 75.5점이 된다고 합니다. 신애네 반 전체 학생의 점수의 평균은 몇 점입니까?

( )

**경시
기출
문제 8** 준서네 학교 5학년 학생 50명이 수학 시험을 보았는데 문제는 모두 3문항이고, 1번 문항은 10점, 2번 문항은 20점, 3번 문항은 30점입니다. 수학 시험의 점수별 학생 수가 다음과 같고 전체 학생의 점수의 평균은 34.4점입니다. 3번 문항을 맞힌 학생이 30명이면 2번 문항을 맞힌 학생은 몇 명입니까?

점수별 학생 수

점수	0점	10점	20점	30점	40점	50점	60점
학생 수 (명)		4	8	9		11	5

( )

상위권을 위한
사고력
생각하는 방법도
최상위!

수능까지 연결되는 독해 로드맵

디딤돌 독해력은 수능까지 연결되는 체계적인 라인업을 통하여
수능에서 요구하는 핵심 독해 원리에 대한 이해는 물론,
단계 별로 심화되며 연결되는 학습의 과정을 통해
깊이 있고 종합적인 독해 사고의 능력까지 기를 수 있도록 도와줍니다.

기초를 다진 후에는 본격 실전 독해 훈련으로!
디딤돌 독해력 고학년 I ~ IV

· 수능 국어 독서 영역을 기준으로 주제별, 수준별 구성
· 초등 고학년이 감당할 수 있는 중등 수준의 지문을 4단계로 세분화

독해력 공부를 처음 시작한다면, 기초를 튼튼히!
디딤돌 독해력 초등국어 1~6

· 초등 국어 교과서의 학년별 성취 기준을 바탕으로 독해 목표 설정
· 문학+비문학 제재로 구성, 차근차근 심화되는 독해 원리 학습

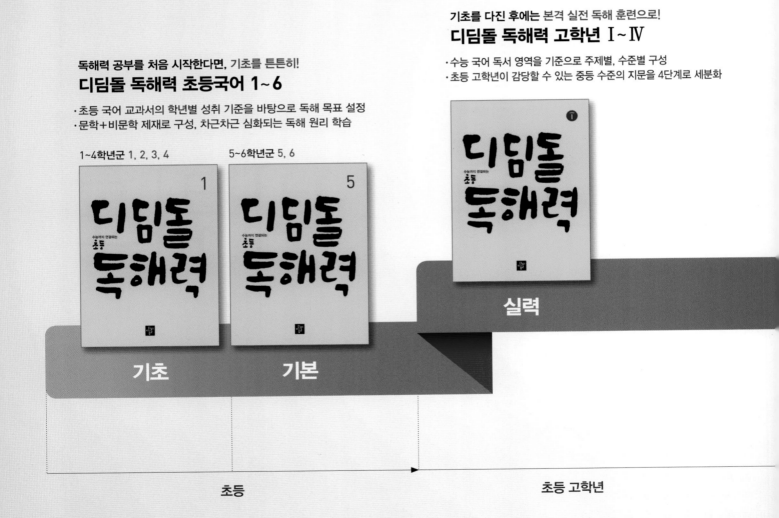

1~4학년군 1, 2, 3, 4   5~6학년군 5, 6

기초   기본   실력

초등   초등 고학년

정답과 풀이

초등 5·2

SPEED 정답 체크

1 수의 범위와 어림하기

1 수의 범위
11쪽

1 초과 /
```
 ——+———+———+———+———+———+———
   10   20   30   40   50   60
```

2
```
 ——+———+———+———+———+———+———
  100  110  120  130  140  150  160
```

3 2명

4
```
 ——+———+———+———+———+———+———
  65   66   67   68   69   70   71
```
/ 68, 69

5 ㉡, ㉣, ㉂   **6** ③

2 어림하기
13쪽

1 5100, 6000 / 26800, 27000

2 3003, 3988에 ○표   **3** (1) 180 (2) 200

4 34000원   **5** 50대

6 42504

7
```
 ——+—+—+—+—+—+—+—+—+—+—+—+—
  470      480      490
```

MATH TOPIC
14~23쪽

1-1 이상, 미만   **1-2** 만 6세 이상 만 65세 미만

2-1 37   **2-2** 49   **2-3** 23, 24, 25

3-1 65명 이상 72명 이하

3-2 1080개 초과 1100개 이하

3-3 37명 이상 41명 이하

4-1 ㉢, ㉠, ㉡, ㉣   **4-2** 10

4-3 7000, 26000

5-1 10 kg   **5-2** 50   **5-3** 규성

6-1 95개   **6-2** 765000원   **6-3** 60000원

7-1 55000   **7-2** 7196   **7-3** 5, 6, 7, 8, 9

8-1 4301, 4400   **8-2** 635 이상 645 미만

8-3
```
 ——+———+———+———+———+———
  36000  36500  37000  37500  38000
```

9-1 40 초과 50 이하

9-2 870 cm 이상 900 cm 미만   **9-3** 87점

심화10 720 / 80, 4 / 720, 4, 1040 / 1040

▶ LEVEL UP TEST
24~28쪽

1 풀이 참조   **2** ②, ④

3 2.8 kg 이상 4.8 kg 미만   **4** 10개

5 ㉢   **6** 6000원   **7** 559

8 550 초과 560 미만   **9** 3950500원

10 48000원   **11** 850 m   **12** 30개

13 50개   **14** 17판   **15** 0, 1, 2, 3, 4

16 1499개

▲ HIGH LEVEL
29~31쪽

1 104   **2** ㉯ 문구점   **3** 6개

4 3901   **5** 21명 초과 32명 미만

6 4개   **7** 805

8 45600, 45610, 45620, 45630, 45640

9 57499

2 분수의 곱셈

◎ BASIC TEST

1 (분수)×(자연수)
37쪽

1 4, $\frac{2}{3}$ / 2, $\frac{2}{3}$ **2** ㉢, $9\frac{3}{7}$ **3** 16병

4 ㉣   **5** $33\frac{1}{4}$ **6** 246

7
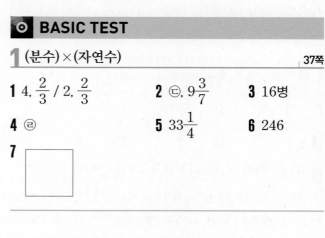

2 (자연수)×(분수)
39쪽

1 (1) 5 (2) 8 (3) 3   **2** 2, 12, 72

3 140 cm   **4** (1) < (2) > (3) >

5 $7\frac{1}{2}$ kg   **6** 75 mL

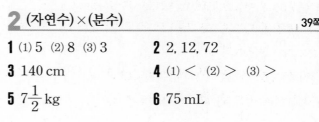

3 진분수의 곱셈, 대분수의 곱셈 ─41쪽

1 (1) 3, $\frac{9}{20}$ (2) 3, $\frac{9}{20}$

2 ㉣, ㉠, ㉢, ㉡

3 $3\frac{3}{5}$ kg

4 $\frac{1}{3}$

5 $\frac{1}{6}$

6 800 mL

MATH TOPIC 42~48쪽

1-1 9개

1-2 $\frac{10}{21}$

1-3 $\frac{6}{7}$

2-1 $6\frac{5}{16}$

2-2 $2\frac{27}{28}$

2-3 $3\frac{19}{30}$ km

3-1 $\frac{1}{5}$

3-2 9, $\frac{2}{19}$

4-1 68 km

4-2 $\frac{11}{12}$ km

5-1 $\frac{1}{8}$

5-2 $3\frac{1}{10}$

6-1 $4\frac{1}{2}$ cm²

6-2 $\frac{1}{13}$ m²

심화7 17 / 17, $\frac{2}{5}$ / $\frac{2}{5}$ / $\frac{2}{5}$, $\frac{1}{10}$ / $\frac{1}{10}$

7-1 45명

LEVEL UP TEST 49~53쪽

1 8, 4

2 $1\frac{7}{8}$

3 6 cm

4 11 파운드

5 126 cm

6 $\frac{5}{56}$

7 ♪.에 ◯표

8 $29\frac{7}{10}$ L

9 $\frac{8}{9}$

10 2, 7

11 $\frac{41}{54}$

12 1599

13 120장

14 2시간 24분

15 $1\frac{47}{81}$ m²

HIGH LEVEL 54~56쪽

1 432 m²

2 3주

3 200명

4 $\frac{37}{64}$

5 5번

6 $12\frac{1}{4}$ cm²

7 453 cm

8 $\frac{5}{9}$

3 합동과 대칭

◎ BASIC TEST

1 도형의 합동 ─61쪽

1 16 cm

2 30°

3 ㉢, ㉤

4 14 cm

5 80°

6 ③

2 선대칭도형 ─63쪽

1 가, 나

2 40 cm

3 115°

4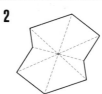

5 35°

6 35°

3 점대칭도형 ─65쪽

1 ㉡, ㉣, ㉯

2

3 (1) 4 cm (2) 110°

4 80 cm

5

6 85°

MATH TOPIC 66~74쪽

1-1 9 cm

1-2 50 cm

1-3 38 cm

2-1 80°

2-2 40°

2-3 156°

3-1 30°

3-2 95°

3-3 135°

4-1 ㉠, ㉡, ㉣, ㉯

4-2 ②, ④

4-3 ㅁ, ㅇ, ㅍ

5-1 80°

5-2 95°

5-3 65°

6-1 60 cm

6-2 12 cm

6-3 72 cm

7-1 34 cm²

7-2 100 cm²

7-3 100 cm²

8-1 36°, 54°

8-2 30°, 105°

8-3 55°

심화9 2, 8, 8 / 8 / 55, 11 / 11

9-1

LEVEL UP TEST 75~79쪽

1 (예)

2 512 cm² **3** 3개
4 142° **5** 94°
6 68° **7** 20 cm
8 30° **9** 변 ㄴㄷ **10** 15쌍
11 135 cm² **12** 53° **13** 46°
14 64 cm² **15** 90°

HIGH LEVEL 80~82쪽

1 60 cm **2** 79° **3** 92°
4 9쌍 **5** 75° **6** 60°
7 14개 **8** 150° **9** 90°
10 5가지

4 소수의 곱셈

BASIC TEST

1 (소수)×(자연수) 87쪽

1 '큽니다'에 ○표, '작습니다'에 ○표
2 3.8, 3.8, 3.8, 11.4 / 38, 114, 11.4
3 13, 78, 0.78 **4** 16.5 m
5 1540원 **6** 7.7 L

2 (자연수)×(소수) 89쪽

1 ㉠, ㉢ **2** ㉡
3 (1) 45 (2) 4.5 (3) 45 (4) 4.5
4 1.6 m **5** 13.8 m²
6 14 L **7** 112 km

3 (소수)×(소수), 곱의 소수점 위치 91쪽

1 (1) < (2) < (3) > (4) <
2 45 / $\frac{1}{1000}$ / 0.045
3 (1) 37.8 (2) 3.78 (3) 0.378
4 ㉢ **5** 135 kg
6 6.3 kg **7** (1) 0.53 (2) 6.1

MATH TOPIC 92~100쪽

1-1 ㉢, ㉣ **1-2** ㉡, 4.8 **1-3** ㉢, 7.64
2-1 54 mL **2-2** 0.82 m **2-3** 37.8 cm
3-1 1000배 **3-2** 5.26 **3-3** 21.5, 0.71
4-1 4200원 **4-2** 0.534 g **4-3** 3.4 L
5-1 451번 **5-2** 14.4 cm **5-3** 157.5 km
6-1 72.5 cm **6-2** 86.8 cm² **6-3** 101.25 m²
7-1 1.08 m **7-2** 네 번째 **7-3** 6.76 m
8-1 1 **8-2** 6
심화9 5.2 / 4.2 / 4.2, 6억 3000만 / 6억 3000만 km
9-1 6.25배

LEVEL UP TEST 101~105쪽

1 0.909 **2** ㉣, ㉢, ㉠, ㉡ **3** 51720원
4 1560 g **5** 92시간 24분 **6** 247.5 m²
7 0.01배$\left(=\frac{1}{100}배\right)$ **8** 0.0986
9 1917.3 **10** 4500개 **11** 51.2 mm
12 6.9 L **13** 1.08배 **14** 0.75 kg
15 2494.8 cm²

HIGH LEVEL 106~107쪽

1 3.5 **2** 980 **3** 36번
4 44.89 cm² **5** 11.4 ℃ **6** 3000명
7 20분 후 **8** 소수 44자리 수

5 직육면체

● BASIC TEST

1 직육면체, 정육면체
113쪽

1 ㉠, ㉢

2 (1) 3쌍 (2) 4개 (3) 4개

3

4 44 cm 5 92 cm

6 7 cm

2 직육면체의 겨냥도
115쪽

1 (1) 3, 3 (2) 9, 3 2 ㉢

3

4 12 cm 5 17 cm 6 9, 7

3 직육면체의 전개도
117쪽

1 ㉠, ㉢

2 (1) 면 바 (2) 면 가, 면 다, 면 라, 면 마
  (3) 선분 ㅂㅁ (4) 점 ㄹ, 점 ㅂ

3 2, 6

4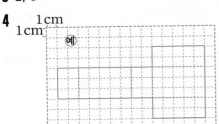

5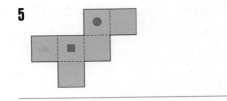

MATH TOPIC
108~113쪽

1-1 156 cm 1-2 6 1-3 14 cm

2-1 ㉮ 2-2 ㉢

3-1 면 가, 면 라 3-2 선분 ㄷㄹ

4-1 96 cm 4-2 68 cm 4-3 36 cm

5-1 ②, ⑧, ⑨, ⑩ 5-2 ㉠, ㉡, ㉣, ㉺

6-1 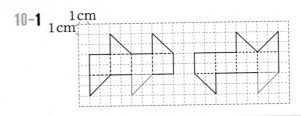 6-2

7-1 1 7-2 검은색

8-1 176 cm 8-2 190 cm 8-3 15 cm

9-1 ㉠, ㉢ 9-2 2

심화10 40, 45 /40, 2, 45, 325 / 325

10-1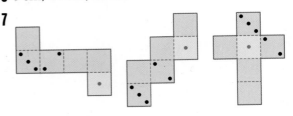

LEVEL UP TEST
128~132쪽

1 ㉠, ㉢ 2 2가지 3 ㉡

4 192 cm 5 76 cm

6 8 cm, 14 cm, 27 cm

7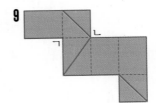

8 선분 ㅋㅊ 10 3 cm

9

11

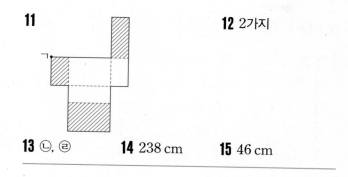

12 2가지

13 ㉡, ㉣　　　**14** 238 cm　　　**15** 46 cm

◢◤ HIGH LEVEL　　　　　133~135쪽

1 20 cm　　　**2** 84개, 44개　　　**3** ㉡

4 688 cm　　　**5** 90°, 60°　　　**6** 144개

7 27개　　　**8** ㉬　　　**9** 8가지

6 평균과 가능성

◉ BASIC TEST

1 평균　　　　141쪽

1 32, 27　　　**2** 풀이 참조　　　**3** 1반, 3반, 5반

4 2900개　　　**5** 9권　　　**6** 풀이 참조

2 일이 일어날 가능성　　　143쪽

1 ㉠ (1) ㉢ (2) ㉠ (3) ㉣ (4) ㉢

2 ㉢ / ㉡, ㉠, ㉣

3 (1) $\frac{1}{2}$ (2) 1 (3) $\frac{1}{2}$

4
↓
0 ———————— $\frac{1}{2}$ ———————— 1

5 풀이 참조　　　**6** ㉣, ㉡, ㉠, ㉢

▨ MATH TOPIC　　　　144~152쪽

1-1 ㉬ 학교　　　**1-2** ㉮ 기계, 34개

2-1 260 kg　　　**2-2** 88번

3-1 2점　　　**3-2** 9.2점

4-1 3점　　　**4-2** 83점　　　**4-3** 76점

5-1 15살　　　**5-2** 152 cm

6-1 3640원　　　**6-2** 22점　　　**6-3** 149 cm

7-1 $\frac{1}{2}$　　　**7-2** ㉠, ㉤

8-1 ㉢, ㉣, ㉡, ㉠

심화9 순조, 고종, 7 / 34, 4, 43, 7 / 7, 446, 37, 2 / 37, 2

◢◤ LEVEL UP TEST　　　153~157쪽

1 3 cm　　　**2** 8시간 26분　　　**3** 다경

4 14300명　　　**5** ㉩

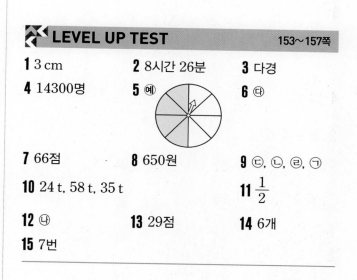

　　　6 ㉬

7 66점　　　**8** 650원　　　**9** ㉢, ㉡, ㉣, ㉠

10 24 t, 58 t, 35 t　　　**11** $\frac{1}{2}$

12 ㉬　　　**13** 29점　　　**14** 6개

15 7번

◢◤ HIGH LEVEL　　　　158~160쪽

1 ㉮　　　**2** 420　　　**3** ㉡, ㉣

4 $\frac{1}{2}$　　　**5** 72000원　　　**6** 10명

7 72점　　　**8** 29명

교내 경시 문제

1. 수의 범위와 어림하기
1~2쪽

01 ⑤ **02** ㉣ **03** 85800원

04 58척 **05** 1575 이상 1585 미만

06 36

07

125 ↑ 135 ↑ 145 ↑ 155 ↑ 165 ↑ 175 ↑ 185 ↑ 195 ↑
　 130　 140　 150　 160　 170　 180　 190　 200

08 8 cm 초과 12 cm 이하 **09** 0.01

10 26상자 **11** 진수 **12** 6500

13 1391 **14** 9개 **15** 945

16 9 **17** 30묶음 **18** 36500

19 3개 **20** 8개

2. 분수의 곱셈
3~4쪽

01 ③ **02** ㉢ **03** 25장

04 $\frac{1}{8}$ **05** 12 **06** 7, 35

07 $3\frac{18}{35}$ **08** 170 km **09** $\frac{8}{9}$ cm²

10 $13\frac{1}{7}$ L **11** 2 **12** $3\frac{1}{5}$ km

13 $\frac{11}{15}$ kg **14** 54명 **15** $3\frac{1}{3}$

16 $\frac{47}{98}$ **17** 네 번 **18** $11\frac{1}{5}$ km

19 $\frac{4}{5}$ **20** $\frac{5}{6}$

3. 합동과 대칭
5~6쪽

01 80° **02** 3 cm **03** ㉢, ㉣, ㉠, ㉡

04 130° **05** 52 cm **06** 5 cm

07 140° **08** 80° **09** ④, ⑤

10 130° **11** 5쌍 **12** 36°

13 56 cm² **14** 86 cm **15** 3개

16 8 cm **17** 44° **18** 60°

19 64 cm² **20** 40°

4. 소수의 곱셈
7~8쪽

01 28.5 **02** 25.6 **03** ㉣

04 14.4 L **05** 734 g **06** ㉠, ㉣, ㉢

07 0.56 m **08** 9140 **09** 6.7473 km

10 19.72 L **11** 281.6 cm² **12** 843.75 cm

13 8 **14** 1.089 **15** 0.3888

16 430.4 cm² **17** 1500명 **18** 9

19 153.9 km **20** 2940개

5. 직육면체

01 84 cm	**02** 20 cm	**03** 16 cm
04 면 나, 면 다, 면 라, 면 마	**05** 1, 6	
06 8 cm	**07** 18 cm	**08** 면 가, 면 다
09 ㉢, ㉣	**10** 84 cm	**11** 선분 ㅇㅅ
12 4	**13**	
14 128 cm		
15 빨간색		
16 56 cm		
17 ㉯	**18** 48개	**19** 6 cm
20 84 cm		

6. 평균과 가능성

01 25 m	**02** 161번	**03** 아영, 진서
04 ㉡		
05		
06 ㉮ 기계, 41개	**07** 1 cm	**08** 799명
09 4점	**10** 16살	**11** 152 cm
12 ㉡, ㉢	**13** ㉠, ㉡, ㉢	**14** 연지
15 $\frac{1}{2}$	**16** 6과목	**17** 0
18 100000원	**19** 13번	**20** 가, 다, 나

수능형 사고력을 기르는 2학기 TEST

1회

01 100	**02** 14 cm	**03** $13\frac{1}{3}$ m
04 40	**05** 1개	**06** ㉯, ㉮, ㉰
07 50, 51	**08** 9 cm	**09** $\frac{1}{2}$
10 166 cm²	**11** 서현	**12** 164°
13 6개	**14** 68.8 cm	**15** 14 cm
16 12 cm	**17** 6쌍	**18** $\frac{68}{81}$ cm²
19 1.768	**20** 12	

2회

01 450 이상 550 미만		**02** $1\frac{1}{8}$ kg
03 5.775 kg	**04** 13개	**05** 64 cm
06 $\frac{1}{2}$	**07** 오각형	**08** 860원
09 55 km	**10** 64°	
11 오후 5시 33분 50초		**12** 175000원
13 7개	**14** ○	**15** 1
16 16 cm	**17** ㉢	**18** 12 cm
19 네 번째	**20** 12개	

정답과 풀이

1 수의 범위와 어림하기

1 수의 범위   11쪽

1 초과 /

10	20	30	40	50	60

2

100	110	120	130	140	150	160

3 2명

4

65	66	67	68	69	70	71

/ 68, 69

5 ㉡, ㉣, ㉦

6 ③

---

1 주차 시간이 30분보다 길면 추가 요금을 내야 하므로 주차 시간이 30분 초과이면 추가 요금을 내야 합니다. 30 초과인 수는 기준이 되는 수 30을 포함하지 않으므로 수직선에 점 ○을 사용하여 나타냅니다.

2 하윤이의 줄넘기 횟수는 141번으로 130번 이상 150번 미만에 속합니다.

3 상품으로 색연필을 받는 학생은 줄넘기 횟수가 110번 이상 130번 미만에 속하는 학생입니다. 따라서 상품으로 색연필을 받는 학생은 가희(121번), 예서(110번)로 모두 2명입니다.

> **보충 개념**
> 110은 110인 이상인 수의 범위에 포함돼요.

4 67.5 이상인 수는 기준이 되는 수 67.5를 포함하므로 점 ●을, 70 미만인 수는 70을 포함하지 않으므로 점 ○을 사용하여 나타냅니다.
67.5 이상 70 미만인 자연수는 68, 69입니다.

> **보충 개념**
> 이상인 수는 기준이 되는 수를 포함하므로 점 ●을 사용하고, 미만인 수는 기준이 되는 수를 포함하지 않으므로 점 ○을 사용해요.

5 높이가 5.3 m 미만인 자동차만 육교 아래로 통과할

수 있습니다. 따라서 통과할 수 있는 자동차는 ㉡, ㉣, ㉦입니다.

> **보충 개념**
> 5.3은 5.3 미만인 수의 범위에 포함되지 않아요.

6 ③ 15.0=15는 15 초과인 수의 범위에 포함되지 않습니다.

---

2 어림하기   13쪽

1 5100, 6000 / 26800, 27000

2 3003, 3988에 ○표

3 (1) 180 (2) 200

4 34000원

5 50대

6 42504

7

470	480	490

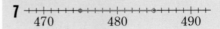

---

1 5049를 올림하여 백의 자리까지 나타내기 위해서 백의 자리 아래 수인 49를 100으로 보고 올림하면 5100이 됩니다. 5049를 올림하여 천의 자리까지 나타내기 위해서 천의 자리 아래 수인 49를 1000으로 보고 올림하면 6000이 됩니다.
26718을 올림하여 백의 자리까지 나타내기 위해서 백의 자리 아래 수인 18을 100으로 보고 올림하면 26800이 됩니다. 26718을 올림하여 천의 자리까지 나타내기 위해서 천의 자리 아래 수인 718을 1000으로 보고 올림하면 27000이 됩니다.

2 버림하여 천의 자리까지 나타내기 위해서 천의 자리 아래 수를 0으로 보고 버림합니다.
3003 ➡ 3000, 4418 ➡ 4000, 3988 ➡ 3000,
2099 ➡ 2000, 4001 ➡ 4000
따라서 버림하여 천의 자리까지 나타내면 3000이 되는 수는 3003과 3988입니다.

3 (1) 182는 180과 190 중에서 180에 더 가까우므로

반올림하여 십의 자리까지 나타내면 180이 됩니다.

⑵ 182는 100과 200 중에서 200에 더 가까우므로 반올림하여 백의 자리까지 나타내면 200이 됩니다.

4 100원짜리 동전을 347개 모았으므로 모은 돈은 모두 34700원입니다. 최대 34000원까지는 1000원짜리 지폐로 바꿀 수 있고 700원은 1000원짜리 지폐로 바꿀 수 없습니다.

다른 풀이
34700을 버림하여 천의 자리까지 나타내면 34000이므로 1000원짜리 지폐로 바꿀 수 있는 금액은 34000원입니다.

5 귤 492상자를 수레 한 대당 10상자씩 싣는다면 수레 49대에 10상자씩 싣고 남은 2상자를 실을 수레 한 대가 더 필요합니다. 따라서 귤 492상자를 수레에 모두 실으려면 수레가 최소 49+1=50(대) 필요합니다.

보충 개념 1
492를 올림하여 십의 자리까지 나타내면 500이므로 모두 실으려면 50대가 필요해요.

보충 개념 2
10상자보다 적은 양이 남았어도 남은 상자를 실을 수레가 한 대 더 필요해요.

6 ■▲504를 올림하여 천의 자리까지 나타내기 위해서 천의 자리 아래 수인 504를 1000으로 보고 올림하면 43000이므로 ■=4이고 ▲+1=3, ▲=2입니다. 따라서 어림하기 전의 수는 42504입니다.

7 어떤 수를 반올림하여 십의 자리까지 나타낸 수 480은 일의 자리에서 올림하거나 버림하여 만들 수 있습니다. 일의 자리에서 올림하여 어림한 수를 만들었다면 480보다는 작으면서 일의 자리 숫자가 5, 6, 7, 8, 9 중에서 하나여야 하므로 어떤 수는 475 이상이어야 합니다. 또 일의 자리에서 버림하려면 480보

다는 크면서 일의 자리 숫자가 0, 1, 2, 3, 4 중 하나여야 하므로 485 미만이어야 합니다. 따라서 어떤 수가 될 수 있는 수의 범위는 475 이상 485 미만이므로 475 이상인 수는 점 ●을 이용하여 나타내고 485 미만인 수는 점 ○을 이용하여 나타냅니다.

MATH TOPIC 14~23쪽

1-1 이상, 미만 **1-2** 만 6세 이상 만 65세 미만
2-1 37 **2-2** 49 **2-3** 23, 24, 25
3-1 65명 이상 72명 이하
3-2 1080개 초과 1100개 이하
3-3 37명 이상 41명 이하
4-1 ㉢, ㉠, ㉡, ㉣ **4-2** 10
4-3 7000, 26000
5-1 10 kg **5-2** 50 **5-3** 규성
6-1 95개 **6-2** 765000원 **6-3** 60000원
7-1 55000 **7-2** 7196 **7-3** 5, 6, 7, 8, 9
8-1 4301, 4400 **8-2** 635 이상 645 미만
8-3
36000 36500 37000 37500 38000
9-1 40 초과 50 이하
9-2 870 cm 이상 900 cm 미만 **9-3** 87점
심화**10** 720 / 80, 4 / 720, 4, 1040 / 1040

1-1 수직선에 나타낸 수의 범위는 140과 같거나 큰 수입니다. 즉 키가 140 cm 이상인 사람만 바이킹을 탈 수 있고, 키가 140 cm 미만인 사람은 바이킹을 탈 수 없습니다.

1-2 • 나이가 만 6세보다 적으면 요금을 내지 않아도 됩니다.
　　　만 6세 미만

➡ 만 6세와 같거나 많으면 요금을 내야 합니다.
　　　만 6세 이상

• 나이가 만 65세와 같거나 많으면 요금을 내지 않아도 됩니다.
　　　만 65세 이상

➡ 만 65세보다 적으면 요금을 내야 합니다.
　　　만 65세 미만

따라서 지하철 요금을 내야 하는 나이의 범위는 만 6세 이상 만 65세 미만입니다.

2-1 27.6 이상 □ 미만 ➡ 주어진 수의 범위는 27.6과 같거나 크고 □보다 작습니다.

27.6과 같거나 큰 자연수를 작은 수부터 차례로 9개 써 보면 28, 29, 30, 31, 32, 33, 34, 35, 36입니다.

주어진 수의 범위에 포함되는 자연수 중 가장 큰 수는 36이고, □ 미만에는 □가 포함되지 않으므로 □ 안에 알맞은 자연수는 37입니다.

> **보충 개념**
> 27.6 이상인 자연수 중 가장 작은 수는 28이에요.

2-2 주어진 수의 범위는 ㉠과 같거나 크고 55와 같거나 작습니다. ➡ ㉠ 이상 55 이하

55와 같거나 작은 자연수를 큰 수부터 차례로 7개 써 보면 55, 54, 53, 52, 51, 50, 49입니다.

주어진 수의 범위에 포함되는 자연수 중 가장 작은 수는 49이고, ㉠ 이상에는 ㉠이 포함되므로 ㉠은 49입니다.

2-3 위쪽 수직선에 나타낸 수의 범위는 19와 같거나 크고 26보다 작습니다. ➡ 19 이상 26 미만

아래쪽 수직선에 나타낸 수의 범위는 22보다 크고 28과 같거나 작습니다. ➡ 22 초과 28 이하

수직선에서 공통된 수의 범위를 알아보면 22 초과 26 미만입니다. 초과와 미만은 기준이 되는 수를 포함하지 않으므로 두 수직선에 나타낸 수의 범위에 공통으로 포함되는 자연수는 23, 24, 25입니다.

3-1 직원 수가 가장 많은 경우와 가장 적은 경우를 각각 알아봅니다. 엘리베이터에 8명씩 타고 9번 운행하는 경우, 직원 수는 $8 \times 9 = 72$(명)입니다. 엘리베이터에 8명씩 타고 8번 운행하고 1명이 남는 경우, 직원 수는 $8 \times 8 + 1 = 65$(명)입니다. 엘리베이터를 적어도 9번 운행할 때 학생 수가 가장 적은 경우는 65명이고, 가장 많은 경우는 72명입니다. 따라서 직원 수는 65명 이상 72명 이하입니다.

> **보충 개념**
> 엘리베이터를 타지 못한 학생이 1명 남아도 한 번 더 운행해야 해요.

3-2 딸기 수가 가장 많은 경우와 가장 적은 경우를 각각 알아봅니다. 딸기를 20개씩 55개의 바구니에 담았을 경우, 딸기 수는 $20 \times 55 = 1100$(개)입니다. 딸기를 20개씩 54개의 바구니에 담고 1개가 남은 경우, 딸기 수는 $20 \times 54 + 1 = 1081$(개)입니다. 최소 55개의 바구니를 사용할 때 딸기 수가 가장 적은 경우는 1081개이고, 가장 많은 경우는 1100개입니다. 따라서 딸기 수는 1080개 초과 1100개 이하입니다.

> **보충 개념**
> 바구니에 담지 못한 딸기가 1개 남아도 바구니가 하나 더 필요해요.

3-3 7명씩 한 모둠이 되도록 나눌 때, 5모둠이 생기고 한 명이 남는 경우 학생 수는 $7 \times 5 + 1 = 36$(명)이고, 5모둠이 생기고 6명이 남는 경우 학생 수는 $7 \times 5 + 6 = 41$(명)입니다. 즉 학생 수가 가장 적은 경우는 36명이고, 가장 많은 경우는 41명입니다. ➡ 36명 이상 41명 이하

9명씩 한 모둠이 되도록 나눌 때, 4모둠이 생기고 한 명이 남는 경우 학생 수는 $9 \times 4 + 1 = 37$(명)이고, 4모둠이 생기고 8명이 남는 경우 학생 수는 $9 \times 4 + 8 = 44$(명)입니다. 즉 학생 수가 가장 적은 경우는 37명이고, 가장 많은 경우는 44명입니다. ➡ 37명 이상 44명 이하

공통된 수의 범위를 알아보면 이슬이네 반 학생 수의 범위는 37명 이상 41명 이하입니다.

> **해결 전략**
> 7명씩 한 모둠이 되도록 묶을 때 1명만 부족해도 한 모둠으로 묶을 수 없어요.

4-1 ㉠ 61549를 올림하여 십의 자리까지 나타내기 위해서 십의 자리 아래 수인 9를 10으로 보고 올림하면 61550이 됩니다.

㉡ 61549를 버림하여 백의 자리까지 나타내기 위해서 백의 자리 아래 수인 49를 0으로 보고 버림하

면 61500이 됩니다.

ⓒ 61549를 반올림하여 천의 자리까지 나타내면 백의 자리 숫자가 5이므로 올림하여 62000이 됩니다.

ⓔ 61549를 반올림하여 만의 자리까지 나타내면 천의 자리 숫자가 1이므로 버림하여 60000이 됩니다.

따라서 어림하여 나타낸 수가 큰 것부터 차례로 기호를 쓰면 ⓒ, ㉠, ㉡, ⓔ입니다.

4-2 4299를 버림하여 십의 자리까지 나타내기 위해서 십의 자리 아래 수인 9를 0으로 보고 버림하면 4290이 됩니다. 4299를 반올림하여 십의 자리까지 나타내면 일의 자리 숫자가 9이므로 올림하여 4300이 됩니다. ➡ $4300-4290=10$

4-3

	올림하여 천의 자리까지	버림하여 천의 자리까지
13001	14000	13000
7000	7000	7000
2999	3000	2000
6520	7000	6000
1080	2000	1000
26000	26000	26000

따라서 두 가지 방법으로 어림한 수가 같은 것을 모두 찾으면 7000, 26000입니다.

다른 풀이
올림하여 천의 자리까지 나타낸 수와 버림하여 천의 자리까지 나타낸 수가 같아지려면 천의 자리 아래 숫자가 모두 0이어야 해요. ➡ 7000, 26000

5-1 (볼링공 3개의 무게)$=3180\times3=9540$ (g)
➡ $9.54\,\mathrm{kg}$

9.54를 반올림하여 일의 자리까지 나타내면 소수 첫째 자리 숫자가 5이므로 올림하여 10이 됩니다.
➡ $10\,\mathrm{kg}$

보충 개념
9.54는 9와 10 중에서 10에 가까워요.

5-2 오늘 박물관에 입장한 사람 수는
$168+279=447$(명)입니다. 몇백 몇십 명으로 나

타내려면 반올림하여 십의 자리까지 나타내야 합니다. 447을 반올림하여 십의 자리까지 나타내면 447 ➡ 450이 되므로 ㉠$=450$입니다.

몇백 명으로 나타내려면 반올림하여 백의 자리까지 나타내야 합니다. 447을 반올림하여 백의 자리까지 나타내면 447 ➡ 400이 되므로 ㉡$=400$입니다.
➡ ㉠$-$㉡$=450-400=50$

5-3 •하진: 1554를 반올림하여 십의 자리까지 나타내면 일의 자리 숫자가 4이므로 버림하여 1550이 됩니다.
➡ 학생 수 1554보다 어림한 뱃지의 개수 1550이 작으므로 뱃지를 받지 못하는 학생이 생깁니다.
•규성: 1554를 반올림하여 백의 자리까지 나타내면 십의 자리 숫자가 5이므로 올림하여 1600이 됩니다.
➡ 어림한 뱃지의 개수와 학생 수의 차를 구해 보면 $1600-1554=46$이므로 뱃지를 한 개씩 나누어 주면 46개가 남습니다.
•은채: 1554를 반올림하여 천의 자리까지 나타내면 백의 자리 숫자가 5이므로 올림하여 2000이 됩니다.
➡ 어림한 뱃지의 개수와 학생 수의 차를 구해 보면 $2000-1554=446$이므로 뱃지를 한 개씩 나누어 주면 446개가 남습니다.

따라서 뱃지의 개수를 학생 수와 가장 가깝게 어림한 사람은 규성입니다.

보충 개념
실제 값과 어림한 값의 차가 작을수록 가깝게 어림한 것이에요.

6-1 $1\,\mathrm{kg}=1000\,\mathrm{g}$ ➡ $9.58\,\mathrm{kg}=9580\,\mathrm{g}$
밀가루 9580 g을 100 g씩 사용한다면 식빵 95개를 만들고 밀가루 80 g이 남습니다. 따라서 밀가루 9.58 kg으로 만들 수 있는 식빵은 최대 95개입니다.

보충 개념
9580을 버림하여 백의 자리까지 나타내면 9500이므로 식빵을 최대 95개 만들 수 있어요.

주의
남은 밀가루 80 g으로는 식빵 한 개를 만들 수 없어요.

6-2 고구마 519 kg을 10 kg씩 상자에 담으면 51상자에 담기고 9 kg이 남습니다. 고구마를 51상자 팔 수 있으므로 고구마를 팔아서 받을 수 있는 돈은 최대 $51 \times 15000 = 765000$(원)입니다.

주의
남은 고구마 9 kg은 상자에 담아 팔 수 없어요.

6-3 $477 \div 25 = 19 \cdots 2$이므로 풍선 477개를 사려면 풍선 19묶음을 사고 한 묶음을 더 사야 합니다. 풍선을 $19 + 1 = 20$(묶음) 사야 하므로 풍선을 사는 데 최소 $20 \times 3000 = 60000$(원)이 필요합니다.

보충 개념
19묶음을 사면 풍선이 2개 부족해요.

7-1 5■▲01의 백의 자리 아래 수인 1을 100으로 보고 올림하였더니 54700이 되었습니다. 즉 천의 자리 숫자 ■는 4이고, 백의 자리 숫자 ▲는 7보다 1 작은 수인 6입니다. 따라서 54601을 반올림하여 천의 자리까지 나타내면 백의 자리 숫자가 6이므로 올림하여 55000이 됩니다.

7-2 7▲■6의 백의 자리 아래 수인 ■6을 0으로 보고 버림하였더니 7100이 되었습니다. 즉 백의 자리 숫자 ▲는 1이므로 어림하기 전의 수는 71■6입니다. 71■6의 ■에는 0부터 9까지의 수가 모두 들어갈 수 있습니다. 따라서 어림하기 전의 네 자리 수 중 가장 큰 수는 7196입니다.

보충 개념
버림하여 ■의 자리까지 나타내려면 ■의 자리 아래 수를 0으로 봐요.

7-3 55□3의 백의 자리 아래 수인 □3을 100으로 보고 올림하면 5600이 됩니다. 올림하여 백의 자리까지 나타낸 수와 반올림하여 백의 자리까지 나타낸 수가 같으므로 55□3을 반올림하여 백의 자리까지 나타낸 수도 5600이 됩니다. 반올림하여 백의 자리까지 나타낼 때에는 십의 자리 숫자가 0, 1, 2, 3, 4일 때는 버림하고, 5, 6, 7, 8, 9일 때는 올림합니다. 55□3을 반올림하여 백의 자리까지 나타내면 5600이 되므로 십의 자리에서 올림한 것입니다. 따라서 □ 안에 들어갈 수 있는 수를 모두 구하면 5, 6, 7, 8, 9입니다.

8-1 올림하여 백의 자리까지 나타내면 4400이 되는 자연수는 4400 자신과 43□□입니다. □□에 00은 들어갈 수 없으므로 43□□은 4301부터 4399까지입니다. 따라서 어떤 수 중 가장 작은 자연수는 4301이고, 가장 큰 자연수는 4400입니다.

보충 개념
올림하여 백의 자리까지 나타내면 4400이 되는 수의 범위는 4300 초과 4400 이하예요.

8-2 어떤 수를 반올림하여 십의 자리까지 나타낸 수 640은 일의 자리에서 올림하거나 버림하여 만들 수 있습니다. 일의 자리에서 올림하여 어림한 수를 만들었다면 어림하기 전의 수는 640보다는 작으면서 일의 자리 숫자가 5, 6, 7, 8, 9 중 하나여야 합니다. 일의 자리에서 버림하여 어림한 수를 만들었다면 어림하기 전의 수는 640보다는 크면서 일의 자리 숫자가 0, 1, 2, 3, 4 중 하나여야 합니다. 즉 반올림하여 십의 자리까지 나타내면 640이 되는 자연수 중 가장 작은 수는 635이고, 가장 큰 수는 644입니다. 따라서 어떤 수의 범위는 635 이상 645 미만입니다.

8-3 버림하여 천의 자리까지 나타내면 37000이 되는 자연수는 37□□□입니다. □□□에 0부터 999까지 들어갈 수 있으므로 37□□□는 37000부터 37999까지입니다. 따라서 버림하여 천의 자리까지 나타내면 37000이 되는 수의 범위는 37000 이상 38000 미만이므로 37000 이상인 수는 점 ●을, 38000 미만인 수는 점 ○을 사용하여 나타냅니다.

9-1 올림하여 십의 자리까지 나타내면 100이 되는 수의 범위는 90 초과 100 이하입니다. 따라서 어떤 수의 범위는 $(90 - 50)$ 초과 $(100 - 50)$ 이하
➡ 40 초과 50 이하입니다.

9-2 버림하여 십의 자리까지 나타내면 290이 되는 수의 범위는 290 이상 300 미만입니다. 즉 정삼각형의 한 변의 길이의 범위는 290 cm 이상 300 cm 미만입니다. 정삼각형은 세 변의 길이가 같으므로 정삼각형의 모든 변의 길이의 합의 범위는 (290×3) cm 이상 (300×3) cm 미만
➡ 870 cm 이상 900 cm 미만입니다.

9-3 국어, 사회, 과학의 점수의 합이
$88 + 80 + 85 = 253$(점)이므로 총점이 340점 이상 370점 미만이 되려면 수학 점수의 범위는
$(340 - 253)$점 이상 $(370 - 253)$점 미만
➡ 87점 이상 117점 미만이어야 합니다. 이때 한 과목의 만점이 100점이므로 수학 점수를 최소 87점 이상 받으면 장려상을 받을 수 있습니다.

◆ LEVEL UP TEST

1
```
├──┼──┼──┼──┼──┼──┼──┼──┤
  20 30 40 50 60 70 80 90 100
```

2 ②, ④

3 2.8 kg 이상 4.8 kg 미만　　**4** 10개　　**5** ㉢　　**6** 6000원　　**7** 559

8 550 초과 560 미만　　**9** 3950500원　　**10** 48000원　　**11** 850 m　　**12** 30개

13 50개　　**14** 17판　　**15** 0, 1, 2, 3, 4　　**16** 1499개

---

1 14쪽 1번의 변형 심화 유형

접근 ≫ 주어진 몸무게 범위에 속하지 않는 몸무게 범위를 따져 봅니다.

• 몸무게가 <u>30 kg보다 적게 나가면</u> 번지점프를 할 수 없습니다.
　　　　　 30 kg 미만

➡ 몸무게가 <u>30 kg과 같거나 많이 나가야</u> 번지점프를 할 수 있습니다.
　　　　　 30 kg 이상

• 몸무게가 <u>90 kg보다 많이 나가면</u> 번지점프를 할 수 없습니다.
　　　　　 90 kg 초과

➡ 몸무게가 <u>90 kg과 같거나 적게 나가야</u> 번지점프를 할 수 있습니다.
　　　　　 90 kg 이하

따라서 번지점프를 할 수 있는 사람의 몸무게의 범위는 30 kg 이상 90 kg 이하입니다.
수직선에 점 ●을 이용하여 30과 90을 나타내고 30과 90 사이를 선으로 표시합니다.

> **해결 전략**
> • 번지점프를 할 수 없는 몸무게 범위
> ➡ 30 kg 미만 90 kg 초과
> ```
> ─────────────
>   30      90
> ```
> • 번지점프를 할 수 있는 몸무게 범위
> ➡ 30 kg 이상 90 kg 이하
> ```
> ─────────────
>   30      90
> ```

---

2 15쪽 2번의 변형 심화 유형

접근 ≫ 빈칸에 이상, 이하, 초과, 미만을 넣어서 범위에 속하는 자연수를 세어 봅니다.

① 78.6 이상 81 이하인 자연수는 79, 80, 81로 모두 3개입니다.
② 78.6 이상 81 미만인 자연수는 79, 80으로 모두 2개입니다.
③ 78.6 초과 81 이하인 자연수는 79, 80, 81로 모두 3개입니다.
④ 78.6 초과 81 미만인 자연수는 79, 80으로 모두 2개입니다.
따라서 ㉠과 ㉡에 들어갈 수 있는 말을 바르게 짝지은 것은 ②, ④입니다.

> **보충 개념**
> ```
> ├──┼──┼──┼──┼──┤
>  78    78.6  ⑲
> ```
> ```
> ├──┼──┼──┼──┼──┤
>  78    78.6  ⑲
> ```
> 78.6 이상(또는 초과)인 수 중 가장 작은 자연수는 79예요.

3 접근 》 현재 몸무게와 목표 몸무게의 범위를 비교해 봅니다.

몸무게가 38.8 kg이므로 몸무게 범위가 36 kg 초과 39 kg 이하인 페더급에 속합니다. 페더급보다 한 체급 아래인 밴텀급이 되려면 몸무게의 범위가 34 kg 초과 36 kg 이하가 되어야 합니다.

따라서 진웅이는 몸무게를 $38.8-36=2.8$ (kg) 이상 $38.8-34=4.8$ (kg) 미만 줄여야 합니다.

> 주의
> 만약 몸무게를 4.8 kg만큼 줄인다면 34 kg이 되어 밴텀급이 아닌 플라이급이 돼요.

4 접근 》 □.□□에서 일의 자리에 들어갈 수부터 생각해 봅니다.

6 초과 8.6 이하인 소수 □.□□의 일의 자리에 놓을 수 있는 수 카드는 6과 8입니다.

6.□□과 8.□□ 중 6 초과 8.6 이하인 수를 만들어 봅니다.

➡ 6.14, 6.18, 6.41, 6.48, 6.81, 6.84, 8.14, 8.16, 8.41, 8.46

따라서 만들 수 있는 수 중에서 6 초과 8.6 이하인 수는 모두 10개입니다.

> 보충 개념
> 6 초과 8.6 이하인 수의 범위
>
> 6 7 8 ↑ 9
>   8.6

5 접근 》 주어진 값보다 어림한 값이 큰 경우, 올림을 이용한 것입니다.

㉠ A4용지 3720장이 필요할 때 37묶음 (3700장)을 사면 20장이 부족합니다.
   따라서 A4용지를 $37+1=38$(묶음) 사야 합니다. ➡ 올림
㉡ 1300원짜리 우유와 2300원짜리 빵 값의 합은 $1300+2300=3600$(원)이므로 천 원짜리 지폐로만 낸다면 4000원을 내야 합니다. ➡ 올림
㉢ 리본을 1 m=100 cm씩 사용할 때 리본 2580 cm로 선물을 25개 포장하면 리본이 80 cm 남습니다. 따라서 리본 2580 cm로 선물을 25개 포장할 수 있습니다.
   ➡ 버림

따라서 어림하는 방법이 다른 경우는 ㉢입니다.

> 주의
> 물건 값을 어림하는 경우에 반올림을 하면, 어림한 값이 실제 물건 값보다 작아질 수 있으니 올림을 이용하도록 해요.

서술형

6 접근 》 물건 값을 지폐로만 내는 경우에는 올림을 이용합니다.

㉘ 23500을 올림하여 만의 자리까지 나타내면 30000이므로 동현이는 30000원을 내야 합니다. 23500을 올림하여 천의 자리까지 나타내면 24000이므로 재호는 24000원을 내야 합니다.

따라서 두 사람이 내야 할 금액의 차는 $30000-24000=6000$(원)입니다.

채점 기준	배점
두 사람이 각각 얼마씩 내야 하는지 구했나요?	4점
두 사람이 내야 할 금액의 차를 구했나요?	1점

> 해결 전략
> 10000원짜리 지폐로만 내려면 올림하여 만의 자리까지 나타내고, 1000원짜리 지폐로만 내려면 올림하여 천의 자리까지 나타내요.

7 접근 ≫ 버림하여 백의 자리까지 나타내면 2700이 되는 수의 범위부터 알아봅니다.

(예) 버림하여 백의 자리까지 나타내면 2700이 되는 수의 범위는 2700 이상 2800 미만입니다. 어떤 자연수 ■에 5를 곱해서 나온 수는 2700 이상 2800 미만인 수 중 5의 배수이므로 그중 가장 큰 수는 2795입니다.

■×5＝2795이므로 ■가 될 수 있는 수 중 가장 큰 수는 2795÷5＝559입니다.

채점 기준	배점
버림하여 백의 자리까지 나타내면 27000이 되는 수의 범위를 구했나요?	3점
■가 될 수 있는 수 중 가장 큰 수를 구했나요?	2점

보충 개념
버림하여 백의 자리까지 나타내면 2700이 되는 수의 범위

2600   2700   2800

해결 전략
어림하기 전 수의 범위에 속하는 자연수 중 가장 큰 5의 배수를 찾아서 ■를 구해요.

8 접근 ≫ 두 수의 범위에 공통으로 속하는 수의 범위를 알아봅니다.

올림하여 십의 자리까지 나타내면 560이 되는 수의 범위는 550 초과 560 이하입니다. 버림하여 십의 자리까지 나타내면 550이 되는 수의 범위는 550 이상 560 미만입니다. 어떤 수는 두 범위에 모두 포함되는 수이므로 어떤 수가 될 수 있는 수의 범위는 550 초과 560 미만입니다.

보충 개념
550 초과 560 미만인 수의 범위에 포함된 수는 올림하여 십의 자리까지 나타내면 560이 되고, 버림하여 십의 자리까지 나타내면 550이 돼요.

지도 가이드
- 올림하여 십의 자리까지 나타내면 560이 되는 수의 범위
  ➡ 550 초과 560 이하
  550   560
- 버림하여 십의 자리까지 나타내면 550이 되는 수의 범위
  ➡ 550 이상 560 미만
  550   560
- 공통된 범위 ➡ 550 초과 560 미만
  550   560

9 22쪽 9번의 변형 심화 유형
접근 ≫ 팬클럽 회원 수가 가장 적은 경우를 생각해 봅니다.

올림하여 백의 자리까지 나타내면 8000이 되는 수의 범위는 7900 초과 8000 이하입니다. 즉 팬클럽 회원 수는 최소 7901명입니다. 따라서 한 사람이 입회비로 500원씩 낸다면 모이는 입회비는 최소 7901×500＝3950500(원)입니다.

주의
7901의 백의 자리 숫자가 9이므로 7901을 올림하여 백의 자리까지 나타내면 8000이 돼요.

10 19쪽 6번의 변형 심화 유형
접근 ≫ 1.5 L가 되지 않는 양의 간장은 팔 수 없습니다.

1 L＝1000 mL이므로 5 L＝5000 mL이고, 1.5 L＝1500 mL입니다. 5000÷1500＝3…500이므로 간장을 1.5 L 들이의 병 3개에 가득 담으면 500 mL가 남습니다. 팔 수 있는 간장은 3병이므로 간장을 팔아서 받을 수 있는 돈은 최대 16000×3＝48000(원)입니다.

보충 개념
같은 양씩 담아 팔 수 있는 물건의 수를 구하는 경우에는 버림을 이용해요.

11
18쪽 5번의 변형 심화 유형

접근 》 어림하기 전의 수의 범위부터 알아봅니다.

반올림하여 일의 자리까지 나타내면 $9\,km$이므로 산책로 10바퀴 거리의 범위는 $8.5\,km$ 이상 $9.5\,km$ 미만 즉, $8500\,m$ 이상 $9500\,m$ 미만입니다. 산책로 한 바퀴 거리의 범위는 $(8500 \div 10)\,m$ 이상 $(9500 \div 10)\,m$ 미만이므로 산책로 한 바퀴의 거리는 최소 $8500 \div 10 = 850\,(m)$입니다.

> **해결 전략**
> 산책로 10바퀴 거리의 범위를 알아보고 두 경곗값을 각각 10으로 나누어 한 바퀴 거리의 범위를 구해요.

12
접근 》 책이 한 권이라도 남으면 새로운 층에 꽂아야 합니다.

$7321 \div 50 = 146 \cdots 21$이므로 책을 한 층에 50권씩 모두 꽂으려면 최소 $146 + 1 = 147$(층)이 필요합니다.
따라서 $147 \div 5 = 29 \cdots 2$이므로 책장은 최소 $29 + 1 = 30$(개) 필요합니다.

> **다른 풀이**
> 책장 하나에 층이 5개씩 있고 한 층에 책을 50권씩 꽂을 수 있으므로 책장 하나에 꽂을 수 있는 책은 $50 \times 5 = 250$(권)입니다. $7321 \div 250 = 29 \cdots 71$이므로 250권씩 책장 29개에 꽂으면 책이 71권 남습니다. 따라서 책장은 최소 $29 + 1 = 30$(개) 필요합니다.

> **해결 전략**
> 책을 모두 꽂는 데 필요한 층 수를 올림을 이용하여 어림하고, 같은 방법으로 책장 수를 어림해요.

13
22쪽 9번의 변형 심화 유형

접근 》 입장객 수가 최소 몇 명인지 어림해 봅니다.

반올림하여 백의 자리까지 나타내면 4300이 되는 수의 범위는 4250 이상 4350 미만이므로 입장객 수는 최소 4250명, 최대 4349명입니다.
깃발이 가장 많이 남는 경우는 입장객이 가장 적은 4250명일 때입니다.
따라서 깃발이 가장 많이 남을 때, 남는 깃발은 $4300 - 4250 = 50$(개)입니다.

> **보충 개념**
> 입장객이 주어진 범위 중 최소일 때 깃발이 가장 많이 남아요.

> **지도 가이드**
> 입장객 수가 주어진 범위 중 최소일 때 깃발이 가장 많이 남습니다. 만약 입장객 수가 주어진 범위 중 최대일 경우에는 깃발이 부족하다는 사실도 알려주세요.

14
접근 》 학생 수가 가장 많은 경우를 생각해 봅니다.

올림하여 백의 자리까지 나타내면 300이 되는 수의 범위는 200 초과 300 이하입니다. 반올림하여 백의 자리까지 나타내면 200이 되는 수의 범위는 150 이상 250 미만입니다. 즉 학생 수의 범위는 200 초과 250 미만입니다.
학생 수는 최대 249명이므로 모든 학생들에게 달걀을 두 개씩 나누어 주려면 달걀이 $249 \times 2 = 498$(개) 필요합니다.
$498 \div 30 = 16 \cdots 18$이므로 달걀 16판을 사면 18개가 부족합니다. 따라서 달걀을 최소 $16 + 1 = 17$(판) 준비해야 합니다.

> **주의**
> 학생 수는 자연수이므로 200 초과 250 미만의 범위에서 최대 249명이 될 수 있어요.

> **해결 전략**
> 학생 수가 최대 몇 명이 될 수 있는지 알아본 다음 올림을 이용하여 달걀을 몇 판 사야 하는지 어림해요.

15 20쪽 7번의 변형 심화 유형

접근 ≫ 반올림하여 천의 자리까지 나타내려면 백의 자리 숫자를 살펴봅니다.

52□79를 버림하여 천의 자리까지 나타내기 위해서 천의 자리 아래 수인 □79를 0으로 보고 버림하면 52000입니다. 버림하여 천의 자리까지 나타낸 수와 반올림하여 천의 자리까지 나타낸 수가 같으므로 52□79를 반올림하여 천의 자리까지 나타낸 수도 52000입니다.

반올림하여 천의 자리까지 나타낼 때에는 백의 자리 숫자가 0, 1, 2, 3, 4일 때는 버림하고, 5, 6, 7, 8, 9일 때는 올림합니다. 52□79를 반올림하여 천의 자리까지 나타내면 52000이므로 버림한 것입니다.

따라서 □ 안에 들어갈 수 있는 수를 모두 구하면 0, 1, 2, 3, 4입니다.

보충 개념

52□79의 백의 자리에 어떤 숫자가 들어가더라도 버림하여 천의 자리까지 나타낸 수는 52000이에요.

해결 전략

52□79의 백의 자리에 어떤 숫자가 들어가야 반올림하여 52000이 되는지 알아봐요.

16

접근 ≫ 꺾은선그래프에 나타낸 배 수확량은 어림한 값입니다.

그래프에서 2017년의 배 수확량은 26400개이고, 2018년의 배 수확량은 25000개입니다. 반올림하여 백의 자리까지 나타낸 값이 26400개이므로 2017년의 실제 배 수확량의 범위는 26350개 이상 26450개 미만입니다. 반올림하여 백의 자리까지 나타낸 값이 25000개이므로 2018년의 실제 배 수확량의 범위는 24950개 이상 25050개 미만입니다.

2017년의 배 수확량이 가장 많은 경우는 26449개이고, 2018년의 배 수확량이 가장 적은 경우는 24950개입니다. 따라서 2017년과 2018년의 실제 배 수확량의 차는 최대 26449−24950=1499(개)입니다.

보충 개념

꺾은선그래프에서 25000과 26000 사이의 눈금이 5칸이므로 눈금 한 칸은 1000÷5=200(개)를 나타내요.

주의

반올림하여 백의 자리까지 나타내면 25000이 되는 수의 범위

➡ 24950 이상 25050 미만

24900 25000 25100

◤◣ HIGH LEVEL

29~31쪽

| 1 104 | 2 ㉴ 문구점 | 3 6개 | 4 3901 | 5 21명 초과 32명 미만 |
| 6 4개 | 7 805 | 8 45600, 45610, 45620, 45630, 45640 | | 9 57499 |

1

접근 ≫ 기록이 가장 좋은 학생부터 네 번째로 좋은 학생까지 입상하였습니다.

학생들의 대회 기록을 큰 수부터 차례로 5명까지 세어 봅니다. ➡ 지율(114 cm), 서우(111 cm), 아진(107.9 cm), 상현(104.3 cm), 세빈(104 cm)

제자리 멀리뛰기 기록이 104.3 cm인 상현이까지 입상하였고 기록이 104 cm인 세빈이는 입상하지 못했습니다.

따라서 제자리 멀리뛰기 대회 기록의 입상 기준은 104 cm 초과입니다.

보충 개념

4번째 학생의 기록은 입상 기준에 포함되고 5번째 학생의 기록은 입상 기준에 포함되지 않아요.

2 접근 ≫ 두 문구점에서 풍선을 각각 몇 묶음 사야 하는지 알아봅니다.

$394 \div 10 = 39 \cdots 4$이므로 ㉮ 문구점에서는 풍선을 $39 + 1 = 40$(묶음) 사야 합니다.

㉮ 문구점에서 풍선이 한 묶음에 800원이므로 40묶음을 사려면

$800 \times 40 = 32000$(원)이 필요합니다.

$394 \div 30 = 13 \cdots 4$이므로 ㉯ 문구점에서는 풍선을 $13 + 1 = 14$(묶음) 사야 합니다.

㉯ 문구점에서 풍선이 한 묶음에 2250원이므로 14묶음을 사려면

$2250 \times 14 = 31500$(원)이 필요합니다.

따라서 $32000 > 31500$이므로 풍선을 부족하지 않게 최소 묶음으로 사려면 ㉯ 문구점에서 사는 것이 더 유리합니다.

보충 개념
394를 올림하여 십의 자리까지 나타내면 400이므로 ㉮ 문구점에서는 풍선을 400개, 즉 40묶음 사야 해요.

해결 전략
묶음으로 판매하는 물건을 부족하지 않게 사는 경우 올림을 이용해요.

서술형

3 접근 ≫ 어림하기 전의 수의 범위부터 알아봅니다.

⑩ 반올림하여 백의 자리까지 나타내면 5000이 되는 수의 범위는 4950 이상 5050 미만입니다.

주어진 수 카드 중 천의 자리에 놓을 수 있는 수는 4와 5이므로 4□□□와 5□□□ 중 4950 이상 5050 미만인 수를 만들어 봅니다.

4950, 4957, 4970, 4975 ➡ 4개   5047, 5049 ➡ 2개

따라서 수 카드로 만들 수 있는 수 중 반올림하여 백의 자리까지 나타내면 5000이 되는 수는 모두 6개입니다.

보충 개념
반올림하여 백의 자리까지 나타낸 수가 5000이므로 어림하기 전의 네 자리 수는 49□□이거나 50□□이에요.

채점 기준	배점
어림하기 전의 수의 범위를 구할 수 있나요?	2점
수 카드로 만들 수 있는 수 중 조건을 만족하는 수의 개수를 구할 수 있나요?	3점

---

4 접근 ≫ ■가 0, 1, 2, 3, 4인 경우와 ■가 5, 6, 7, 8, 9인 경우로 나누어 생각해 봅니다.

■가 0, 1, 2, 3, 4일 때, 39■1을 반올림하여 백의 자리까지 나타내면 3900입니다.

39■1을 반올림하여 십의 자리까지 나타낸 수도 3900이고 39■1의 일의 자리 수가 1이므로 버림하여 39■0이 됩니다. ➡ ■ 안에 알맞은 수는 0입니다.

■가 5, 6, 7, 8, 9일 때, 39■1을 반올림하여 백의 자리까지 나타내면 4000입니다.

39■1을 반올림하여 십의 자리까지 나타낸 수는 4000이 될 수 없으므로 ■는 5, 6, 7, 8, 9가 될 수 없습니다.

따라서 어림하기 전의 네 자리 수는 3901입니다.

보충 개념
반올림하여 ■의 자리까지 나타낸 수는 ■의 자리 바로 아래까지 숫자에 따라 올림하거나 버림해요.

지도 가이드
반올림하여 백의 자리까지 나타내려면 백의 자리 바로 아래 자리 수인 십의 자리 숫자를 살펴봐야 합니다. 문제에서는 십의 자리 숫자를 모르므로 십의 자리 숫자가 0, 1, 2, 3, 4일 때와, 5, 6, 7, 8, 9일 때로 나누어서 생각해 보도록 지도해 주세요. 반올림하여 십의 자리까지 나타낼 때는 십의 자리 바로 아래 수인 일의 자리 숫자 1을 보고 어림한 수를 알아보도록 합니다. 39■1을 반올림하여 십의 자리까지 나타낼 때 어림한 값의 십의 자리 숫자가 몇인지는 알 수 없습니다. 하지만 일의 자리 숫자가 1이므로 버림하게 되어 어림한 값이 39■0이 된다는 사실은 알 수 있습니다.

5
접근 》 학생 수가 가장 적은 경우와 가장 많은 경우를 각각 생각해 봅니다.

학생 수가 가장 적은 경우

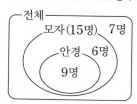

학생 수가 가장 많은 경우

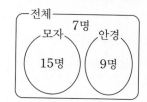

해결 전략
· 학생 수가 가장 적은 경우: 안경을 쓴 학생 모두가 모자를 쓴 경우
· 학생 수가 가장 많은 경우: 안경을 쓰고 모자도 쓴 학생이 한 명도 없는 경우

학생 수가 가장 적은 경우는 안경을 쓴 학생 모두가 모자도 쓴 경우이므로 학생 수가 가장 적은 경우의 학생 수는 15＋7＝22(명)입니다.
학생 수가 가장 많은 경우는 모자와 안경을 동시에 쓴 학생이 한 명도 없는 경우이므로 학생 수가 가장 많은 경우의 학생 수는 15＋9＋7＝31(명)입니다.
따라서 학생 수는 22명 이상 31명 이하이므로 21명 초과 32명 미만입니다.

보충 개념
학생 수는 자연수이므로 22명 이상을 21명 초과로, 31명 이하를 32명 미만으로 나타낼 수 있어요.

6
접근 》 어림하기 전의 수의 범위를 각각 구해 봅니다.

㉠ 버림하여 십의 자리까지 나타내면 570이 되는 수의 범위는 570 이상 580 미만입니다.
㉡ 올림하여 십의 자리까지 나타내면 580이 되는 수의 범위는 570 초과 580 이하입니다.
㉢ 반올림하여 십의 자리까지 나타내면 570이 되는 수의 범위는 565 이상 575 미만입니다.
세 조건을 모두 만족하는 수의 범위는 570 초과 575 미만이므로 조건을 만족하는 자연수는 571, 572, 573, 574로 모두 4개입니다.

해결 전략
어림하기 전의 수의 범위를 이용하여 각 조건을 만족하는 자연수 중 공통된 수를 찾아 봐요.

다른 풀이
㉠ 버림하여 십의 자리까지 나타내면 570이 되는 자연수는 57□이고 □ 안에 0부터 9까지의 숫자가 들어갈 수 있습니다. ➡ 570부터 579까지
㉡ 올림하여 십의 자리까지 나타내면 580이 되는 자연수는 580 자신과 57□이고 □ 안에 1부터 9까지의 숫자가 들어갈 수 있습니다. ➡ 571부터 580까지
㉢ 반올림하여 십의 자리까지 나타내면 570이 되는 자연수는 일의 자리 숫자가 5, 6, 7, 8, 9일 경우 56□이고, 일의 자리 숫자가 0, 1, 2, 3, 4일 경우 57□입니다. ➡ 565부터 574까지
따라서 조건을 모두 만족하는 자연수는 571, 572, 573, 574로 모두 4개입니다.

보충 개념

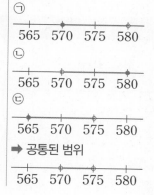

7
접근 》 수 카드를 이용하여 190 이상인 세 자리 수를 작은 수부터 8개 만들어 봅니다.

주어진 수 카드로는 백의 자리 숫자가 1일 때 190 이상인 수를 만들 수 없으므로 백의 자리 수가 5 또는 8인 세 자리 수를 작은 수부터 차례대로 8개 만들어 봅니다.
➡ 501, 508, 510, 518, 580, 581, 801, 805
만들 수 있는 세 자리 수 중에서 190 이상 ◆ 미만인 수는 7개이므로 ◆는 801보다 크고 805와 같거나 작은 자연수입니다. ➡ 802, 803, 804, 805
따라서 ◆에 들어갈 수 있는 가장 큰 자연수는 805입니다.

보충 개념
수 카드로 만들 수 있는 190 이상인 세 자리 수 중 7번째로 작은 수까지만 주어진 범위에 들어가요.

주의
805 미만인 수의 범위에 805는 포함되지 않아요.

8 접근 ≫ 올림하거나 버림하여 십의 자리까지 나타낼 때는 십의 자리 아래 수를 확인해야 합니다.

456■▲를 반올림하여 백의 자리까지 나타내면 45600이 되므로 십의 자리 숫자 ■는 0, 1, 2, 3, 4 중의 하나입니다.

456■▲에서 ▲가 1부터 9까지의 수인 경우 올림하여 십의 자리까지 나타내면 십의 자리 숫자가 (■＋1)이 되고 버림하여 십의 자리까지 나타내면 십의 자리 숫자가 ■이 됩니다. 즉 ▲는 0이어야 합니다.

따라서 어떤 수가 될 수 있는 수는 45600, 45610, 45620, 45630, 45640입니다.

> **보충 개념**
> 올림하여 십의 자리까지 나타낸 수와 버림하여 십의 자리까지 나타낸 수가 같으려면 일의 자리 수가 0이어야 해요.

9 접근 ≫ 버림하여 백의 자리까지 나타내려면 백의 자리 아래 수를 0으로 봅니다.

ⓐ ────버림하여 백의 자리까지 나타내면───→ ⓑ ────반올림하여 천의 자리까지 나타내면───→ 57000

반올림하여 천의 자리까지 나타내면 57000이 되는 수 ⓑ의 범위는 56500 이상 57500 미만입니다. 어떤 수를 버림하여 백의 자리까지 나타내면 백의 자리 아래 수가 모두 0이 되므로 어떤 수 ⓐ을 버림하여 백의 자리까지 나타낸 수 ⓑ이 될 수 있는 자연수는 56500, 56600, 56700, 56800, …, 57400입니다. 어떤 수 ⓐ을 버림하여 백의 자리까지 나타낸 수가 57400일 때 ⓐ이 가장 크고, 이때 어떤 수 ⓐ의 범위는 57400 이상 57500 미만입니다.

따라서 어떤 수 ⓐ이 될 수 있는 수 중 가장 큰 자연수는 57499입니다.

> **해결 전략**
> 어림하기 전의 수 ⓑ의 범위를 구한 다음 ⓐ이 어떤 수인지 거꾸로 따져 봐요.

연필 없이 생각 톡 ⚠	32쪽
정답: 19번	

2 분수의 곱셈

BASIC TEST

1 (분수)×(자연수)
37쪽

1 4, $\dfrac{2}{3}$ / 2, $\dfrac{2}{3}$

2 ©, $9\dfrac{3}{7}$

3 16병

4 ②

5 $33\dfrac{1}{4}$

6 246

7

---

1 **방법1** $\dfrac{1}{6} \times 4$는 $\dfrac{1}{6}$의 4배이므로 $\dfrac{1}{6}$을 4번 더한 뒤 약분합니다.

$$\Rightarrow \frac{1}{6} \times 4 = \frac{1}{6} + \frac{1}{6} + \frac{1}{6} + \frac{1}{6} = \frac{\overset{2}{\cancel{4}}}{\underset{3}{\cancel{6}}} = \frac{2}{3}$$

방법2 $\dfrac{1}{6} \times 4$에서 분모와 자연수를 먼저 약분하고 곱합니다.

$$\Rightarrow \frac{1}{\underset{3}{\cancel{6}}} \times \overset{2}{\cancel{4}} = \frac{1 \times 2}{3} = \frac{2}{3}$$

2 © (대분수)×(자연수)의 곱에서 대분수를 자연수와 진분수의 합으로 나타내어 구할 때, 곱하는 수를 자연수와 진분수에 각각 곱해야 합니다.

$$\Rightarrow 3\frac{1}{7} \times 3 = \left(3 + \frac{1}{7}\right) \times 3$$
$$= (3 \times 3) + \left(\frac{1}{7} \times 3\right) = 9 + \frac{3}{7} = 9\frac{3}{7}$$

보충 개념
© (대분수)×(자연수)의 곱에서 대분수를 가분수로 나타내어 구해도 돼요.
$$\Rightarrow 3\frac{1}{7} \times 3 = \frac{22}{7} \times 3 = \frac{66}{7} = 9\frac{3}{7}$$

3 한 명이 $\dfrac{4}{7}$병씩 28명이 마시려면 우유는 모두

$$\frac{4}{\underset{1}{\cancel{7}}} \times \overset{4}{\cancel{28}} = 16(병) \text{ 필요합니다.}$$

---

4 ⊙ $\dfrac{11}{9} \times 4 = \dfrac{11 \times 4}{9} = \dfrac{44}{9}$,

ⓛ $1\dfrac{2}{9} \times 4 = \dfrac{11}{9} \times 4 = \dfrac{11 \times 4}{9} = \dfrac{44}{9}$,

ⓒ $\dfrac{4}{9} \times 11 = \dfrac{4 \times 11}{9} = \dfrac{44}{9}$,

② $1\dfrac{4}{9} \times 2 = \dfrac{13}{9} \times 2 = \dfrac{26}{9}$

따라서 계산 결과가 다른 하나는 ②입니다.

보충 개념

$\dfrac{\blacktriangle}{\blacksquare} \times \bigstar = \dfrac{\bigstar}{\blacksquare} \times \blacktriangle = \dfrac{\blacktriangle \times \bigstar}{\blacksquare}$

(분수)×(자연수)의 곱을 구할 때 분수의 분자와 자연수를 곱해서 구하기 때문에 $\dfrac{\blacktriangle}{\blacksquare} \times \bigstar$의 곱과 $\dfrac{\bigstar}{\blacksquare} \times \blacktriangle$의 곱은 $\dfrac{\blacktriangle \times \bigstar}{\blacksquare}$로 같아요.

5 $2\dfrac{3}{8}$을 14번 더한 값은 $2\dfrac{3}{8}$의 14배입니다.

$$\Rightarrow 2\frac{3}{8} \times 14 = \frac{19}{\underset{4}{\cancel{8}}} \times \overset{7}{\cancel{14}} = \frac{133}{4} = 33\frac{1}{4}$$

6 어떤 수를 □라 하면 □÷15 = $4\dfrac{1}{10}$이므로

□ = $4\dfrac{1}{10} \times 15 = \dfrac{41}{\underset{2}{\cancel{10}}} \times \overset{3}{\cancel{15}} = \dfrac{123}{2}$입니다.

따라서 어떤 수 $\dfrac{123}{2}$과 4의 곱은

$$\frac{123}{\underset{1}{\cancel{2}}} \times \overset{2}{\cancel{4}} = 246 \text{입니다.}$$

7 주어진 직사각형은 원래 직사각형의 $\dfrac{2}{3}$이므로 주어진 직사각형을 2로 나눈 것 중의 하나는 원래 직사각형의 $\dfrac{1}{3}$입니다. 따라서 주어진 직사각형을 2등분하여 크기가 $\dfrac{1}{3}$인 직사각형을 만들고, 크기가 $\dfrac{1}{3}$인 직사각형을 3배 하여 그리면 크기가 1인 원래 직사각형이 됩니다.

2 (자연수)×(분수)

39쪽

1 (1) 5 (2) 8 (3) 3   **2** 2, 12, 72

3 140 cm   **4** (1) < (2) > (3) >

5 $7\frac{1}{2}$ kg   **6** 75 mL

1 (1) (분수)×(자연수)를 (자연수)×(분수)로 바꾸어 계산해도 곱은 같습니다.

(2) 대분수 $2\frac{2}{3}$를 가분수 $\frac{8}{3}$로 나타내고,

(자연수)×(분수)를 (분수)×(자연수)로 바꾸어 계산해도 곱은 같습니다.

(3) (자연수)×(분수)의 곱셈에서 자연수와 분수의 분자를 곱해야 하므로

$3 \times \frac{10}{7} = 10 \times \frac{3}{7} = \frac{3 \times 10}{7}$ 으로 같습니다.

2 종이테이프 한 장의 길이는 30 cm이고 색칠한 부분은 종이테이프 한 장의 $2\frac{2}{5}$배이므로 사용한 테이프의 길이는 30 cm의 $2\frac{2}{5}$배입니다.

➡ $30 \times 2\frac{2}{5} = \overset{6}{30} \times \frac{12}{\underset{1}{5}} = 72$ (cm)

따라서 사용한 종이테이프의 길이는 72 cm입니다.

> **다른 풀이**
> $30 \times 2\frac{2}{5} = 30 \times \left(2 + \frac{2}{5}\right) = (30 \times 2) + \left(\overset{6}{30} \times \frac{2}{\underset{1}{5}}\right)$
> $\qquad\qquad = 60 + 12 = 72$ (cm)

3 태호의 키는 삼촌의 키의 $\frac{7}{9}$이므로

$\overset{20}{180} \times \frac{7}{\underset{1}{9}} = 140$ (cm)입니다.

4 (1) 3에 <u>1보다 작은 분수</u>를 곱한 결과는 3보다 작습니다.
　　　　　진분수

➡ $3 \times \frac{7}{8} < 3 \times 1$

(2) 3에 <u>1보다 큰 분수</u>를 곱한 결과는 3보다 크고,
　　　대분수나 가분수
3에 <u>1보다 작은 분수</u>를 곱한 결과는 3보다 작습니다.
　　　　진분수

➡ $3 \times \frac{9}{8} > 3 \times \frac{7}{8}$

(3) 3에 곱하는 분수의 크기가 클수록 계산 결과가 큽니다.

➡ $\frac{7}{8} > \frac{4}{5}$이므로 $3 \times \frac{7}{8} > 3 \times \frac{4}{5}$입니다.

5 철근 1 m의 무게가 6 kg이므로 철근 $1\frac{1}{4}$ m의 무게는 $6 \times 1\frac{1}{4} = \overset{3}{6} \times \frac{5}{\underset{2}{4}} = \frac{15}{2} = 7\frac{1}{2}$ (kg)

> **다른 풀이**
> $6 \times 1\frac{1}{4} = 6 \times \left(1 + \frac{1}{4}\right) = (6 \times 1) + \left(\overset{3}{6} \times \frac{1}{\underset{2}{4}}\right)$
> $\qquad\qquad = 6 + \frac{3}{2} = 7\frac{1}{2}$ (kg)

6 4 L = 4000 mL

(한 병에 담은 식용유의 양)

$= \overset{500}{4000} \times \frac{1}{\underset{1}{8}} = 500$ (mL)

(3일 동안 사용한 식용유의 양)

$= \overset{25}{500} \times \frac{3}{\underset{1}{20}} = 75$ (mL)

3 진분수의 곱셈, 대분수의 곱셈

41쪽

1 (1) 3, $\frac{9}{20}$ (2) 3, $\frac{9}{20}$

2 ②, ③, ⑤, ⑥   **3** $\frac{3}{5}$ kg

4 $\frac{1}{3}$ **5** $\frac{1}{6}$

6 800 mL

1 (1) $\frac{3}{5}$을 4로 나눈 것 중 3개이므로 $\frac{3}{5}$의 $\frac{3}{4}$입니다.

➡ $\frac{3}{5} \times \frac{3}{4} = \frac{3 \times 3}{5 \times 4} = \frac{9}{20}$

(2) $\frac{3}{4}$을 5로 나눈 것 중 3개이므로 $\frac{3}{4}$의 $\frac{3}{5}$입니다.

➡ $\frac{3}{4} \times \frac{3}{5} = \frac{3 \times 3}{4 \times 5} = \frac{9}{20}$

2 어떤 수와 <u>1보다 큰 분수</u>를 곱한 결과는 어떤 수보다 _{대분수나 가분수} 크고, 어떤 수와 <u>1보다 작은 분수</u>를 곱한 결과는 어 _{진분수} 떤 수보다 작습니다.

➡ ㉠ $\frac{2}{3} \times \frac{3}{4}$ < ㉢ $\frac{3}{4} \times 1$ < ㉡ $\frac{3}{4} \times 1\frac{3}{4}$

➡ ㉣ $\frac{2}{5} \times \frac{2}{3} \times \frac{3}{4}$ < ㉠ $\frac{2}{3} \times \frac{3}{4}$

따라서 값이 작은 것부터 차례로 기호를 쓰면 ㉣, ㉠, ㉢, ㉡입니다.

3 달에서 잰 무게는 지구에서 잰 무게의 $\frac{1}{6}$입니다.

따라서 이 물체를 달에서 잰 무게는

$$3\frac{3}{5} \times \frac{1}{6} = \frac{\overset{3}{\cancel{18}}}{5} \times \frac{1}{\cancel{6}} = \frac{3}{5} \text{(kg)입니다.}$$

4 가장 작은 수와 두 번째로 작은 수를 곱하면 됩니다.

분수의 크기를 비교하면 $\frac{2}{5} < \frac{5}{6} < \frac{8}{9} < \frac{11}{12}$이므로

가장 작은 수는 $\frac{2}{5}$, 두 번째로 작은 수는 $\frac{5}{6}$입니다.

➡ $\frac{\overset{1}{\cancel{2}}}{\cancel{5}} \times \frac{\overset{1}{\cancel{5}}}{\cancel{6}} = \frac{1}{3}$

5 전체를 1로 생각하면 어제 읽고 남은 양은 전체의

$1 - \frac{1}{6} = \frac{5}{6}$입니다.

오늘은 나머지의 $\frac{1}{5}$을 읽었으므로

오늘 읽은 양은 전체의 $\frac{\overset{1}{\cancel{5}}}{6} \times \frac{1}{\cancel{5}} = \frac{1}{6}$입니다.

6 15병 중 8병을 마셨으므로 마신 물의 양은 전체의 $\frac{8}{15}$이고, 남은 물의 양은 전체의 $1 - \frac{8}{15} = \frac{7}{15}$입니다.

남은 물의 양은 $1\frac{5}{7} \times \frac{7}{15} = \frac{\overset{4}{\cancel{12}}}{\cancel{7}} \times \frac{\overset{1}{\cancel{7}}}{\cancel{15}} = \frac{4}{5}$ (L)

이고, 1 L = 1000 mL이므로

$\frac{4}{5}$ L는 $\overset{200}{\cancel{1000}} \times \frac{4}{\cancel{5}} = 800$ (mL)입니다.

1 L = 1000 mL이므로

$1\frac{5}{7}$ L는 $1000 \times 1\frac{5}{7} = 1000 \times \frac{12}{7} = \frac{12000}{7}$ (mL)입니다.

15병 중 8병을 마셨으므로 마신 물의 양은 전체의 $\frac{8}{15}$이고, 남은 물의 양은 전체의 $1 - \frac{8}{15} = \frac{7}{15}$입니다. 따라서 남은 물의 양은 $\frac{\overset{800}{\cancel{12000}}}{\cancel{7}} \times \frac{\overset{1}{\cancel{7}}}{\cancel{15}} = 800$ (mL)입니다.

MATH TOPIC 42~48쪽

1-1 9개	**1-2** $\frac{10}{21}$	**1-3** $\frac{6}{7}$
2-1 $6\frac{5}{16}$	**2-2** $2\frac{27}{28}$	**2-3** $3\frac{19}{30}$ km
3-1 $\frac{1}{5}$	**3-2** 9, $\frac{2}{19}$	
4-1 68 km	**4-2** $\frac{11}{12}$ km	
5-1 $\frac{1}{8}$	**5-2** $3\frac{1}{10}$	
6-1 $4\frac{1}{2}$ cm²	**6-2** $\frac{1}{13}$ m²	

심화**7** 17 / 17, $\frac{2}{5}$ / $\frac{2}{5}$ / $\frac{2}{5}$, $\frac{1}{10}$ / $\frac{1}{10}$

7-1 45명

1-1 $\frac{1}{\square} \times 48 = \frac{48}{\square}$이고 분모 $\square$가 분자 48과 약분되어 1이 되어야 하므로 $\square$ 안에는 48의 약수가 들어가야 합니다.

48의 약수는 1, 2, 3, 4, 6, 8, 12, 16, 24, 48이고 이 중에서 1보다 큰 수가 □ 안에 들어갈 수 있습니다.

따라서 □ 안에 들어갈 수 있는 자연수는 2, 3, 4, 6, 8, 12, 16, 24, 48로 모두 9개입니다.

주의

$\dfrac{1}{□}$이 진분수이므로 □ 안에 1은 들어갈 수 없어요.

1-2 $\dfrac{7}{8} \times 2\dfrac{2}{5} \times □ = \dfrac{7}{\overset{8}{\underset{2}{}}} \times \dfrac{\overset{3}{12}}{5} \times □ = \dfrac{21}{10} \times □$이고,

가장 작은 자연수는 1이므로

$\dfrac{21}{10} \times □ = 1$이 되려면 $□ = \dfrac{10}{21}$입니다.

보충 개념

$\dfrac{\overset{1}{21}}{\underset{1}{10}} \times \dfrac{\overset{1}{10}}{\underset{1}{21}} = 1$

1-3 어떤 분수를 $\dfrac{\bullet}{\blacksquare}$라 하면 $\dfrac{\bullet}{\blacksquare} \times 4\dfrac{2}{3} = \dfrac{\bullet}{\blacksquare} \times \dfrac{14}{3}$와

$\dfrac{\bullet}{\blacksquare} \times 5\dfrac{5}{6} = \dfrac{\bullet}{\blacksquare} \times \dfrac{35}{6}$의 계산 결과가 각각 자연수입니다.

$\dfrac{\bullet}{\blacksquare}$가 가장 작은 분수가 되려면 ●는 3과 6의 최소공배수이어야 하고, ■는 14와 35의 최대공약수이어야 합니다.

3과 6의 최소공배수는 6이고, 14와 35의 최대공약수는 7이므로 어떤 분수 $\dfrac{\bullet}{\blacksquare} = \dfrac{6}{7}$입니다.

보충 개념

· 3과 6의 최소공배수

$\begin{array}{c|cc} 3 & 3 & 6 \\ \hline & 1 & 2 \end{array}$

➡ 3×2=6

· 14와 35의 최대공약수

$\begin{array}{c|cc} 7 & 14 & 35 \\ \hline & 2 & 5 \end{array}$

➡ 7

2-1 $5\dfrac{1}{8}$과 □ 사이의 거리는 $5\dfrac{1}{8}$과 $9\dfrac{7}{8}$ 사이의 거리의 $\dfrac{1}{4}$입니다.

$\left(5\dfrac{1}{8}$과 □ 사이의 거리$\right)$

$= \left(9\dfrac{7}{8} - 5\dfrac{1}{8}\right) \times \dfrac{1}{4} = 4\dfrac{3}{4} \times \dfrac{1}{4}$

$= \dfrac{19}{4} \times \dfrac{1}{4} = \dfrac{19}{16} = 1\dfrac{3}{16}$

□는 $5\dfrac{1}{8}$보다 $1\dfrac{3}{16}$ 큰 수이므로

$5\dfrac{1}{8} + 1\dfrac{3}{16} = 5\dfrac{2}{16} + 1\dfrac{3}{16} = 6\dfrac{5}{16}$입니다.

2-2 $2\dfrac{1}{7}$과 □ 사이의 거리는 $2\dfrac{1}{7}$과 $4\dfrac{1}{3}$ 사이의 거리의 $\dfrac{3}{8}$입니다.

$\left(2\dfrac{1}{7}$과 □ 사이의 거리$\right)$

$= \left(4\dfrac{1}{3} - 2\dfrac{1}{7}\right) \times \dfrac{3}{8} = 2\dfrac{4}{21} \times \dfrac{3}{8}$

$= \dfrac{\overset{23}{46}}{\underset{7}{21}} \times \dfrac{3}{\underset{4}{8}} = \dfrac{23}{28}$

□는 $2\dfrac{1}{7}$보다 $\dfrac{23}{28}$ 큰 수이므로

$2\dfrac{1}{7} + \dfrac{23}{28} = 2\dfrac{4}{28} + \dfrac{23}{28} = 2\dfrac{27}{28}$입니다.

2-3

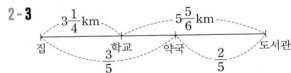

집에서부터 학교를 거쳐 도서관까지 가는 거리를 1로 생각하면 약국에서 도서관까지의 거리는 집에서부터 도서관까지의 거리의 $1 - \dfrac{3}{5} = \dfrac{2}{5}$입니다.

집에서 도서관까지의 거리는

$3\dfrac{1}{4} + 5\dfrac{5}{6} = 3\dfrac{3}{12} + 5\dfrac{10}{12} = 9\dfrac{1}{12}$ (km)이므로 약국에서 도서관까지의 거리는

$9\dfrac{1}{12} \times \dfrac{2}{5} = \dfrac{109}{\underset{6}{12}} \times \dfrac{2}{5} = \dfrac{109}{30} = 3\dfrac{19}{30}$ (km)

입니다.

3-1 분모가 클수록 분자가 작을수록 분수의 크기가 작습니다.

주어진 수의 크기를 비교해 보면

$3 < 4 < 6 < 7 < 8$입니다.

분모끼리 곱하여 가장 큰 수가 나와야 하므로 가장 큰 수부터 2장을 고릅니다. ➡ 8, 7

분자끼리 곱하여 가장 작은 수가 나와야 하므로 가장 작은 수부터 2장을 고릅니다. ➡ 3, 4

빈칸의 분모에 8, 7을 놓고 분자에 3, 4를 놓은 후 곱하면 가장 작은 곱이 됩니다.

$$\Rightarrow \frac{\overset{1}{\cancel{14}}\times\overset{1}{\cancel{3}}\times\overset{1}{\cancel{4}}}{\underset{5}{\cancel{15}}\times\underset{2}{\cancel{8}}\times\underset{1}{\cancel{7}}}=\frac{1}{5}$$

3-2 주어진 수의 크기를 비교해 보면
1<2<5<9입니다.

• 하람: 가장 큰 곱을 구하려면 가장 큰 대분수를 곱해야 합니다. 수 카드 4장 중 3장을 골라 만들 수 있는 가장 큰 대분수는 $9\frac{1}{2}$이므로 가장 큰 곱은 $\frac{18}{19}\times9\frac{1}{2}=\frac{\overset{9}{\cancel{18}}}{19}\times\frac{\overset{1}{\cancel{19}}}{\underset{1}{\cancel{2}}}=9$ 입니다.

• 지호: 가장 작은 곱을 구하려면 가장 작은 진분수를 곱해야 합니다. 수 카드 4장 중 2장을 골라 만들 수 있는 가장 작은 진분수는 $\frac{1}{9}$ 이므로 가장 작은 곱은 $\frac{18}{19}\times\frac{1}{\underset{1}{\cancel{9}}}=\frac{2}{19}$입 니다.

4-1 2시간 동안 $54\frac{2}{5}$ km를 가므로 1시간 동안 가는 거리는

$$54\frac{2}{5}\times\frac{1}{2}=\frac{\overset{136}{\cancel{272}}}{5}\times\frac{1}{\underset{1}{\cancel{2}}}=\frac{136}{5}=27\frac{1}{5}\,(km)$$

입니다.

1시간=60분이므로 2시간 30분을 분수로 나타내 면 $2\frac{30}{60}$시간=$2\frac{1}{2}$시간입니다.

따라서 2시간 30분 동안 간 거리는

$$27\frac{1}{5}\times2\frac{1}{2}=\frac{\overset{68}{\cancel{136}}}{5}\times\frac{5}{\underset{1}{\cancel{2}}}=68\,(km)$$입니다.

다른 풀이
2시간은 30분의 4배이고, 2시간 30분은 30분의 5배입 니다. 즉 2시간 30분은 2시간의 $\frac{5}{4}$배입니다.

2시간 동안 $54\frac{2}{5}$ km를 가므로 2시간 30분 동안 가는

거리는 $54\frac{2}{5}\times\frac{5}{4}=\frac{\overset{68}{\cancel{272}}}{5}\times\frac{5}{\underset{1}{\cancel{4}}}=68\,(km)$입니다.

4-2 1시간 후 두 자동차 사이의 거리는

$$31\frac{2}{5}-30\frac{3}{10}=1\frac{1}{10}\,(km)$$입니다.

1시간=60분이므로 50분을 분수로 나타내면

$\frac{50}{60}$시간=$\frac{5}{6}$시간입니다.

따라서 50분 후 두 자동차 사이의 거리는

$$1\frac{1}{10}\times\frac{5}{6}=\frac{11}{\underset{2}{\cancel{10}}}\times\frac{\overset{1}{\cancel{5}}}{6}=\frac{11}{12}\,(km)$$입니다.

다른 풀이
㉮ 자동차는 50분 동안

$$30\frac{3}{10}\times\frac{5}{6}=\frac{\overset{101}{\cancel{303}}}{\underset{2}{\cancel{10}}}\times\frac{\overset{1}{\cancel{5}}}{\underset{2}{\cancel{6}}}=\frac{101}{4}=25\frac{1}{4}\,(km)$$

를 가고, ㉯ 자동차는 50분 동안

$$31\frac{2}{5}\times\frac{5}{6}=\frac{157}{\underset{1}{\cancel{5}}}\times\frac{\overset{1}{\cancel{5}}}{6}=\frac{157}{6}=26\frac{1}{6}\,(km)$$

를 갑니다.

따라서 50분 후에 두 자동차 사이의 거리는

$$26\frac{1}{6}-25\frac{1}{4}=25\frac{14}{12}-25\frac{3}{12}=\frac{11}{12}\,(km)$$입니다.

보충 개념
• 같은 지점에서 출발하여 같은 방향으로 움직일 때
(■시간 후 두 자동차 사이의 거리)=(㉠−㉡)×■

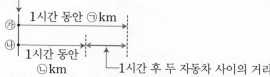

• 같은 지점에서 출발하여 반대 방향으로 움직일 때
(■시간 후 두 자동차 사이의 거리)=(㉠+㉡)×■

5-1 분모는 3부터 1씩 커지고, 분자는 2부터 1씩 커집니다.

즉 14번째 분수의 분모는 $3+13=16$이 되고, 분자는 $2+13=15$가 됩니다.

$$\frac{2}{3} \times \frac{\overset{1}{3}}{\underset{1}{4}} \times \frac{\overset{1}{4}}{\underset{1}{5}} \times \frac{\overset{1}{5}}{\underset{1}{6}} \times \frac{\overset{1}{6}}{\underset{1}{7}} \times \frac{\overset{1}{7}}{\underset{1}{8}} \times \cdots \times \frac{\overset{1}{15}}{16}$$

$$=\frac{\overset{1}{2}}{\underset{8}{16}}=\frac{1}{8}$$

해결 전략
■번째 분수의 분모와 (■+1)번째 분수의 분자가 같으므로 약분하여 곱을 구해요.

5-2 괄호 안의 덧셈을 먼저 계산하여 분수끼리의 곱셈식으로 나타내고 약분하여 곱을 구합니다.

$$\left(1+\frac{1}{10}\right) \times \left(1+\frac{1}{11}\right) \times \left(1+\frac{1}{12}\right) \times \left(1+\frac{1}{13}\right)$$

$$\times \cdots \times \left(1+\frac{1}{30}\right)$$

$$=\frac{11}{10} \times \frac{\overset{1}{12}}{\underset{1}{11}} \times \frac{\overset{1}{13}}{\underset{1}{12}} \times \frac{\overset{1}{14}}{\underset{1}{13}} \times \cdots \times \frac{31}{\underset{1}{30}}$$

$$=\frac{31}{10}=3\frac{1}{10}$$

해결 전략
■번째 분수의 분자와 (■+1)번째 분수의 분모가 같으므로 약분하여 곱을 구해요.

6-1 정삼각형에서 각 변의 한가운데 점을 이어 그린 삼각형의 넓이는 처음 정삼각형 넓이의 $\frac{1}{4}$입니다.

색칠한 삼각형은 처음 정삼각형에서 각 변의 한가운데 점을 이어 그린 세 번째 삼각형이므로 색칠한 삼각형의 넓이는

$$\overset{\overset{\overset{9}{\cancel{18}}}{\cancel{72}}}{288} \times \frac{1}{\underset{1}{4}} \times \frac{1}{\underset{1}{4}} \times \frac{1}{\underset{2}{4}} = \frac{9}{2}=4\frac{1}{2} \ (\text{cm}^2)\text{입니다.}$$

해결 전략
처음 정삼각형의 넓이에 $\frac{1}{4}$을 세 번 곱해요.

6-2 직사각형에서 각 변의 한가운데 점을 이어 그린 사각형의 넓이는 처음 직사각형 넓이의 $\frac{1}{2}$입니다.

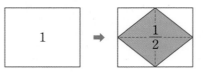

$$(\text{처음 직사각형의 넓이})=\frac{\overset{4}{12}}{13} \times \frac{2}{\underset{1}{3}}=\frac{8}{13} \ (\text{m}^2)$$

색칠한 사각형은 처음 직사각형에서 각 변의 한가운데 점을 이어 그린 세 번째 사각형이므로 색칠한 사각형의 넓이는

$$=\frac{\overset{\overset{\overset{1}{\cancel{2}}}{\cancel{4}}}{8}}{13} \times \frac{1}{\underset{1}{2}} \times \frac{1}{\underset{1}{2}} \times \frac{1}{\underset{1}{2}}=\frac{1}{13} \ (\text{m}^2)\text{입니다.}$$

해결 전략
처음 직사각형의 넓이에 $\frac{1}{2}$을 세 번 곱해요.

7-1 (첫 번째 문제에서 탈락하지 않은 사람)

$$=90 \times \left(1-\frac{1}{5}\right)=\overset{18}{90} \times \frac{4}{\underset{1}{5}}=72(\text{명})$$

(두 번째 문제에서 탈락하지 않은 사람)

$$=72 \times \left(1-\frac{3}{8}\right)=\overset{9}{72} \times \frac{5}{\underset{1}{8}}=45(\text{명})$$

따라서 세 번째 문제를 풀 수 있는 사람은 45명입니다.

다른 풀이
첫 번째 문제를 맞춘 사람 중에서 두 번째 문제를 맞춘 사람이 세 번째 문제를 풀 수 있습니다.
(세 번째 문제를 풀 수 있는 사람)

$$=90 \times \left(1-\frac{1}{5}\right) \times \left(1-\frac{3}{8}\right)=\overset{45}{90} \times \frac{\overset{1}{4}}{\underset{1}{5}} \times \frac{\overset{1}{5}}{\underset{\underset{1}{2}}{8}}=45(\text{명})$$

◆ LEVEL UP TEST

1 8, 4	**2** $1\frac{7}{8}$	**3** 6 cm	**4** 11 파운드	**5** 126 cm	**6** $\frac{5}{56}$
7 ♪.에 ○표	**8** $29\frac{7}{10}$ L	**9** $\frac{8}{9}$	**10** 2, 7	**11** $\frac{41}{54}$	**12** 1599
13 120장	**14** 2시간 24분	**15** $1\frac{47}{81}$ m²			

1
접근 ≫ 곱한 분수가 1보다 큰지 작은지 알아봅니다.

$\frac{■}{7}$에 22를 곱한 계산 결과가 22보다 커졌으므로 $\frac{■}{7}$는 <u>1보다 큰 분수</u>입니다.

가분수

따라서 ■에 들어갈 수 있는 가장 작은 자연수는 8입니다.

$1\frac{1}{12}\left(=\frac{13}{12}\right)$에 $\frac{▲}{5}$를 곱한 계산 결과가 $\frac{13}{12}$보다 작아졌으므로 $\frac{▲}{5}$는 <u>1보다 작은</u>

<u>분수</u>입니다. 따라서 ▲에 들어갈 수 있는 가장 큰 자연수는 4입니다.

진분수

> **보충 개념**
> ■ × (진분수) < ■
> ■ × (가분수) > ■

2
접근 ≫ 분수끼리의 곱셈에서 분모와 분자는 서로 약분됩니다.

어떤 기약분수를 $\frac{●}{■}$라 하면 $\frac{●}{■} \times \frac{5}{21} = \frac{●}{■} \times \frac{5}{3\times7} = \frac{1}{7}$이 되어야 합니다.

즉 ■=5, ●=3이어야 하므로 어떤 기약분수는 $\frac{3}{5}$입니다.

➡ $\frac{3}{5} \times 3\frac{1}{8} = \frac{3}{\underset{1}{5}} \times \frac{\overset{5}{25}}{8} = \frac{15}{8} = 1\frac{7}{8}$

> **해결 전략**
> 곱하는 분수의 분모 21을 3과 7의 곱으로 생각하여 약분해요.

3
접근 ≫ 처음 크레파스의 길이를 1로 생각합니다.

길이가 $\frac{1}{4}$만큼 줄어들었으므로 남은 크레파스의 길이는 처음 크레파스 길이의

$1 - \frac{1}{4} = \frac{3}{4}$입니다. 처음 길이의 $\frac{3}{4}$이 $4\frac{1}{2}$ cm이므로 처음 길이의 $\frac{1}{4}$은

$4\frac{1}{2} \times \frac{1}{3} = \frac{\overset{3}{9}}{2} \times \frac{1}{\underset{1}{3}} = \frac{3}{2}$ (cm)입니다.

처음 길이의 $\frac{1}{4}$이 $\frac{3}{2}$ cm이므로 처음 크레파스의 길이는 $\frac{3}{\underset{1}{2}} \times \overset{2}{4} = 6$ (cm)입니다.

> **보충 개념**
> 전체의 $\frac{▲}{■}$에 속하지 않는 나머지는 전체의 $\left(1 - \frac{▲}{■}\right)$예요.

해결 전략

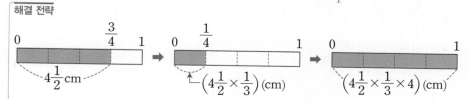

4 접근 » **먼저 몇 kg짜리 볼링공을 선택해야 하는지 알아봅니다.**

몸무게가 50 kg이므로 $\overset{5}{\underset{1}{50}} \times \dfrac{1}{10} = 5$ (kg) 정도의 볼링공을 선택해야 합니다.

$1\,\text{kg} = 2\dfrac{1}{5}$ 파운드이므로 $5\,\text{kg}$은 $2\dfrac{1}{5} \times 5 = \dfrac{11}{5} \times \overset{1}{\cancel{5}} = 11$(파운드)입니다.

따라서 11 파운드짜리 볼링공을 선택하는 것이 좋습니다.

해결 전략

선택해야 하는 볼링공의 무게(kg)를 구한 다음 무게의 단위를 파운드로 바꿔요.

서술형 **5** 47쪽 6번의 변형 심화 유형

접근 » **떨어뜨린 높이를 전체로 생각하면 튀어오르는 높이는 전체의 $\dfrac{3}{5}$입니다.**

예 (첫 번째로 튀어 오른 높이) $=$ (떨어뜨린 높이) $\times \dfrac{3}{5} = \overset{70}{\underset{1}{350}} \times \dfrac{3}{5} = 210$ (cm)

(두 번째로 튀어 오른 높이) $=$ (첫 번째로 튀어 오른 높이) $\times \dfrac{3}{5}$

$$= \overset{42}{\underset{1}{210}} \times \dfrac{3}{5} = 126 \text{ (cm)}$$

주의

두 번째로 튀어 오른 높이는 첫 번째로 튀어 오른 높이를 전체로 생각하여 구해야 해요.

채점 기준	배점
공이 첫 번째로 튀어 오른 높이를 구했나요?	2.5점
공이 두 번째로 튀어 오른 높이를 구했나요?	2.5점

---

6 48쪽 7번의 변형 심화 유형

접근 » **전체의 $\dfrac{▲}{■}$에 속하지 않는 나머지는 전체의 $\left(1 - \dfrac{▲}{■}\right)$입니다.**

피아노를 칠 수 있는 여학생은 전체 학생의 $\dfrac{5}{8} \times \dfrac{\overset{1}{\cancel{4}}}{7} = \dfrac{5}{14}$입니다. 피아노를 칠 수 있는 여학생 중 $\dfrac{3}{4}$은 단소를 불 수 있으므로 피아노를 칠 수 있는 여학생 중 $1 - \dfrac{3}{4} = \dfrac{1}{4}$은 단소를 불 수 없습니다. 따라서 피아노는 치고 단소는 못 부는 여학생은 전체 학생의 $\dfrac{5}{14} \times \dfrac{1}{4} = \dfrac{5}{56}$입니다.

해결 전략

피아노를 칠 수 있는 여학생이 전체 학생의 몇 분의 몇인지 구한 다음 그중 단소를 못 부는 학생이 얼마만큼인지 따져 봐요.

7
접근 ≫ **먼저 점4분음표, 점8분음표, 점16분음표의 길이를 각각 알아봅니다.**

점을 찍은 음표의 길이는 원래 음표 길이의 $1\frac{1}{2}$배이므로

(점4분음표의 길이)=(4분음표의 길이)$\times 1\frac{1}{2}=1\times\frac{3}{2}=\frac{3}{2}=1\frac{1}{2}$,

(점8분음표의 길이)=(8분음표의 길이)$\times 1\frac{1}{2}=\frac{1}{2}\times\frac{3}{2}=\frac{3}{4}$,

(점16분음표의 길이)=(16분음표의 길이)$\times 1\frac{1}{2}=\frac{1}{4}\times\frac{3}{2}=\frac{3}{8}$입니다.

첫 번째 마디의 음표와 쉼표의 길이를 모두 더하면 $1\frac{1}{2}+\frac{1}{2}+\frac{1}{2}+2=4\frac{1}{2}$이므로

두 번째 마디의 음표와 쉼표의 길이를 모두 더한 값도 $4\frac{1}{2}$이 되어야 합니다.

두 번째 마디에는 똑같은 음표만 6개 들어가므로 두 번째 마디에 들어가는 음표 하나

의 길이는 $4\frac{1}{2}\times\frac{1}{6}=\frac{\overset{3}{9}}{2}\times\frac{1}{\underset{2}{6}}=\frac{3}{4}$입니다.

따라서 두 번째 마디에는 길이가 $\frac{3}{4}$인 점8분음표(♪.)가 6개 들어갑니다.

> **보충 개념**
> 같은 악보에서 한 마디에 들어가는 음표나 쉼표의 길이의 합은 일정해요.

> **해결 전략**
> 두 번째 마디에 똑같은 음표만 6개 들어가므로 두 번째 마디에 들어가는 음표 하나의 길이는 $4\frac{1}{2}$의 $\frac{1}{6}$배예요.

8
45쪽 4번의 변형 심화 유형
접근 ≫ **3분 36초를 분수로 나타내어 분수의 곱셈식을 세웁니다.**

두 수도꼭지를 동시에 틀어 1분 동안 받을 수 있는 물의 양은

$4\frac{1}{2}+3\frac{3}{4}=4\frac{2}{4}+3\frac{3}{4}=7\frac{5}{4}=8\frac{1}{4}$ (L)입니다.

1분=60초이므로 3분 36초를 분수로 나타내면 $3\frac{36}{60}$분=$3\frac{3}{5}$분입니다.

따라서 3분 36초 동안 받은 물의 양은 모두

$8\frac{1}{4}\times 3\frac{3}{5}=\frac{33}{\underset{2}{4}}\times\frac{\overset{9}{18}}{5}=\frac{297}{10}=29\frac{7}{10}$ (L)입니다.

> **보충 개념**
> 60초=1분
> ➡ 36초=$\frac{36}{60}$분

> **해결 전략**
> 물을 받은 시간을 분수로 나타낸 다음, 1분 동안 나오는 물의 양과 시간의 곱을 구해요.

9
접근 ≫ **전체의 $\frac{1}{3}$만큼 늘어난 후의 양은 전체의 $\left(1+\frac{1}{3}\right)$배가 됩니다.**

정사각형의 한 변의 길이를 □cm라 하면 정사각형의 넓이는 (□×□) cm²입니다.
새로 만든 직사각형의 가로가 □$\times 1\frac{1}{3}$, 세로가 □$\times\frac{2}{3}$이므로

직사각형의 넓이는 $□\times 1\frac{1}{3}\times □\times\frac{2}{3}=\underbrace{□\times□}_{정사각형의 넓이}\times\frac{4}{3}\times\frac{2}{3}=□\times□\times\frac{8}{9}$입니다.

따라서 만든 직사각형의 넓이는 처음 정사각형 넓이의 $\frac{8}{9}$입니다.

> **보충 개념**
> • ■의 $\frac{1}{3}$배만큼 늘어난
>   후의 양 ➡ ■의 $\left(1+\frac{1}{3}\right)$배
> • ■의 $\frac{1}{3}$배만큼 줄어든
>   후의 양 ➡ ■의 $\left(1-\frac{1}{3}\right)$배

다른 풀이

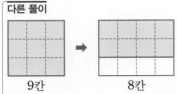

9칸   8칸

따라서 만든 직사각형의 넓이는 처음 정사각형 넓이의 $\dfrac{8}{9}$입니다.

---

10 <small>42쪽 1번의 변형 심화 유형</small>

접근 ≫ 분수끼리의 곱셈에서 분모와 분자는 서로 약분할 수 있습니다.

$\square\dfrac{2}{9}\times\dfrac{2}{5}\times4\dfrac{1}{2}=\dfrac{\square\times9+2}{\overset{}{\underset{1}{9}}}\times\dfrac{2}{5}\times\dfrac{\overset{1}{9}}{\underset{1}{2}}=\dfrac{\square\times9+2}{5}$가 자연수이므로

$\square\times9+2$는 5의 배수이어야 합니다.

$\square$ 안에 1부터 9까지의 자연수를 차례로 넣어서 $\square\times9+2$가 5의 배수가 되는 경우를 찾아보면 $2\times9+2=20$, $7\times9+2=65$입니다. 따라서 $\square$ 안에 들어갈 수 있는 자연수 중 10보다 작은 수는 2와 7입니다.

> **해결 전략**
> 분모 5와 분자 ($\square\times9+2$)를 약분하여 분모가 1이 되게 해야 해요.

> **주의**
> 대분수를 가분수로 고치지 않으면 답을 구할 수 없어요.

서술형

11 **접근 ≫ 전체의 $\dfrac{\blacktriangle}{\blacksquare}$에 속하지 않는 나머지는 전체의 $\left(1-\dfrac{\blacktriangle}{\blacksquare}\right)$입니다.**

예 전체의 $\dfrac{5}{9}$가 탄산음료이므로 과일음료는 전체의 $1-\dfrac{5}{9}=\dfrac{4}{9}$입니다.

일주일 동안 팔린 탄산음료는 전체의 $\dfrac{\overset{1}{5}}{9}\times\dfrac{7}{\underset{2}{10}}=\dfrac{7}{18}$이고,

일주일 동안 팔린 과일음료는 전체의 $\dfrac{\overset{2}{4}}{9}\times\dfrac{5}{\underset{3}{6}}=\dfrac{10}{27}$입니다.

따라서 팔린 음료는 처음에 자판기에 넣어 둔 음료 전체의

$\dfrac{7}{18}+\dfrac{10}{27}=\dfrac{21}{54}+\dfrac{20}{54}=\dfrac{41}{54}$입니다.

> **보충 개념**
> • 탄산음료 중 팔린 음료는
> 전체의 $\dfrac{5}{9}$ 탄산음료의 $\dfrac{7}{10}$
> 전체의 $\left(\dfrac{5}{9}\times\dfrac{7}{10}\right)$
> • 과일음료 중 팔린 음료는
> 전체의 $\dfrac{4}{9}$ 과일음료의 $\dfrac{5}{6}$
> 전체의 $\left(\dfrac{4}{9}\times\dfrac{5}{6}\right)$

채점 기준	배점
탄산음료와 과일음료가 각각 전체의 몇 분의 몇인지 구했나요?	1점
팔린 탄산음료와 팔린 과일음료가 각각 전체의 몇 분의 몇인지 구했나요?	2점
팔린 음료는 음료 전체의 몇 분의 몇인지 구했나요?	2점

---

12 <small>46쪽 5번의 변형 심화 유형</small>

접근 ≫ 분모와 분자가 약분되는 규칙을 알아봅니다.

괄호 안의 덧셈을 먼저 계산하여 분수끼리의 곱셈식으로 나타내고 약분하여 곱을 구합니다.

$$\left(1+\frac{4}{5}\right)\times\left(1+\frac{4}{6}\right)\times\left(1+\frac{4}{7}\right)\times\left(1+\frac{4}{8}\right)\times\cdots\times\left(1+\frac{4}{37}\right)\times\left(1+\frac{4}{38}\right)$$

$$=\frac{9}{5}\times\frac{10}{6}\times\frac{11}{7}\times\frac{12}{8}\times\frac{13}{9}\times\frac{14}{10}\times\cdots\times\frac{37}{33}\times\frac{38}{34}\times\frac{39}{35}\times\frac{40}{36}\times\frac{41}{37}\times\frac{42}{38}$$

$$=\frac{39\times40\times41\times42}{5\times6\times7\times8}=39\times41=1599$$

해결 전략
분수끼리의 곱셈식으로 나타내면 ■번째 분수의 분자와 (■＋4)번째 분수의 분모가 같으므로 약분하여 곱을 구해요.

13 48쪽 7번의 변형 심화 유형

접근 ≫ 먼저 두 종류의 학종이가 각각 전체의 몇 분의 몇인지 알아봅니다.

혜주가 가지고 있는 학종이의 $\frac{19}{30}$는 무늬가 있으므로 무늬가 없는 것은 전체의

$1-\frac{19}{30}=\frac{11}{30}$입니다. 즉 무늬가 있는 학종이가 무늬가 없는 학종이보다 전체의

$\frac{19}{30}-\frac{11}{30}=\frac{8}{30}=\frac{4}{15}$만큼 많습니다.

전체의 $\frac{4}{15}$만큼이 32장이므로 전체의 $\frac{1}{15}$은 $32\times\frac{1}{4}=8$(장)입니다. 전체의 $\frac{1}{15}$

이 8장이므로 혜주가 가지고 있는 학종이는 모두 $8\times15=120$(장)입니다.

다른 풀이

혜주가 가지고 있는 학종이의 수를 □장이라 하면 무늬가 있는 학종이는 $\left(\square\times\frac{19}{30}\right)$장이고

무늬가 없는 학종이는 $\left(\square\times\frac{11}{30}\right)$장입니다. 무늬가 있는 학종이가 무늬가 없는 학종이보다 32장

많으므로 $\left(\square\times\frac{19}{30}\right)-\left(\square\times\frac{11}{30}\right)=32$, $\square\times\frac{8}{30}=32$, $\square\times\frac{4}{15}=32$입니다.

$\frac{15}{4}\times\frac{4}{15}=1$이므로 □$\times\frac{4}{15}=32$가 되는 □$=\frac{15}{4}\times32=120$(장)입니다.

해결 전략
32장이 전체의 몇 분의 몇인지를 알아내어 전체 양을 구해요.

보충 개념 1
$\frac{1}{15}$의 4배가 $\frac{4}{15}$이므로 $\frac{4}{15}$의 $\frac{1}{4}$이 $\frac{1}{15}$이에요.

보충 개념 2
$\frac{1}{15}\times15=1$이므로 전체의 $\frac{1}{15}$을 15배하면 전체 양을 구할 수 있어요.

14

접근 ≫ 전체 일의 양을 1로 생각하고, 한 시간 동안 하는 일의 양을 분수로 나타냅니다.

가람이가 혼자서 일을 하면 6시간이 걸리므로 가람이가 1시간 동안 하는 일의 양은

전체의 $\frac{1}{6}$이고, 서희가 혼자서 일을 하면 4시간이 걸리므로 서희가 1시간 동안 하는

일의 양은 전체의 $\frac{1}{4}$입니다.

(두 사람이 함께 한 시간 동안 하는 일의 양)$=\frac{1}{6}+\frac{1}{4}=\frac{2}{12}+\frac{3}{12}=\frac{5}{12}$

$\frac{5}{12}\times\frac{12}{5}=1$이므로 두 사람이 함께 일을 끝내는 데 $\frac{12}{5}$시간$=2\frac{2}{5}$시간$=2\frac{24}{60}$시간

➡ **2시간 24분이 걸립니다.**

보충 개념
(전체 일의 양)＝1
(끝내는 데 걸리는 시간)
＝■시간
➡ (한 시간 동안 하는 일의 양)
$=\frac{1}{■}$

해결 전략
한 시간 동안 하는 일의 양과 일한 시간을 곱하여 1이 되어야 해요.

15 47쪽 6번의 변형 심화 유형

접근 ≫ 한 번 자를 때마다 자르기 전 넓이의 $\dfrac{1}{9}$씩 넓이가 줄어듭니다.

정사각형을 9등분하여 가운데의 한 칸을 잘라냈으므로 한 번 잘라낼 때마다 자르기 전의 넓이의 $1 - \dfrac{1}{9} = \dfrac{8}{9}$이 됩니다.

(첫 번째로 잘라낸 후 남은 종이의 넓이)$= 2\dfrac{1}{4} \times \dfrac{8}{9}$

(두 번째로 잘라낸 후 남은 종이의 넓이)$= 2\dfrac{1}{4} \times \dfrac{8}{9} \times \dfrac{8}{9}$

(세 번째로 잘라낸 후 남은 종이의 넓이)

$$= 2\dfrac{1}{4} \times \underbrace{\dfrac{8}{9} \times \dfrac{8}{9} \times \dfrac{8}{9}}_{\dfrac{8}{9}\text{을 세 번 곱합니다.}} = \dfrac{\overset{1}{\cancel{9}}}{4} \times \dfrac{\overset{2}{\cancel{8}}}{\underset{1}{\cancel{9}}} \times \dfrac{8}{\underset{1}{\cancel{9}}} \times \dfrac{8}{9} = \dfrac{128}{81} = 1\dfrac{47}{81}\,(\text{m}^2)$$

해결 전략

자른 횟수만큼 $\dfrac{8}{9}$을 곱하여 잘라낸 후 남은 종이의 넓이를 구해요.

HIGH LEVEL

54~56쪽

1 432 m²	**2** 3주	**3** 200명	**4** $\dfrac{37}{64}$	**5** 5번	**6** $12\dfrac{1}{4}$ cm²
7 453 cm	**8** $\dfrac{5}{9}$				

서술형

1 접근 ≫ 색칠한 부분을 모으면 직사각형 모양이 됩니다.

⑩ 색칠한 부분을 모으면 가로가 전체 가로의 $1 - \dfrac{1}{5} = \dfrac{4}{5}$이고 세로가 전체 세로의 $1 - \dfrac{1}{4} = \dfrac{3}{4}$인 직사각형이 됩니다.

따라서 색칠한 부분의 넓이는 $\overset{144}{\cancel{720}} \times \dfrac{4}{\underset{1}{\cancel{5}}} \times \dfrac{3}{\underset{1}{\cancel{4}}} = 432\,(\text{m}^2)$입니다.

보충 개념

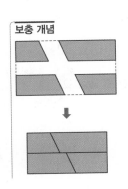

채점 기준	배점
색칠한 부분의 가로가 전체 가로의 몇 분의 몇인지 구했나요?	1점
색칠한 부분의 세로가 전체 세로의 몇 분의 몇인지 구했나요?	1점
색칠한 부분의 넓이를 구했나요?	3점

2

접근 ≫ 전체의 $\dfrac{1}{4}$만큼 늘어난 후의 양은 전체의 $\left(1+\dfrac{1}{4}\right)$배가 됩니다.

몇 주가 지난 후에 잰 토마토의 키는 $16+15\dfrac{1}{4}=31\dfrac{1}{4}$ (cm)입니다.

1주일마다 키가 $\dfrac{1}{4}$만큼씩 더 자라므로 1주가 지날 때마다 키가 $1+\dfrac{1}{4}=\dfrac{5}{4}$(배)가 됩니다.

$(\text{1주 후의 키})=\overset{4}{16}\times\dfrac{5}{\underset{1}{4}}=20\,(\text{cm})$

$(\text{2주 후의 키})=\overset{5}{20}\times\dfrac{5}{\underset{1}{4}}=25\,(\text{cm})$

$(\text{3주 후의 키})=25\times\dfrac{5}{4}=\dfrac{125}{4}=31\dfrac{1}{4}\,(\text{cm})$

따라서 화분에 심은 후 3주 동안 자란 것입니다.

해결 전략
몇 주가 지난 후의 토마토의 키를 구한 다음, 처음 키에 $\dfrac{5}{4}$를 몇 번 곱해야 하는지 알아 봐요.

보충 개념
• ■의 $\dfrac{1}{4}$배만큼 늘어난 후의 양 ➡ ■의 $\left(1+\dfrac{1}{4}\right)$배
➡ ■$\times 1\dfrac{1}{4}=$■$\times\dfrac{5}{4}$

다른 풀이

1주일마다 키가 $\dfrac{1}{4}$만큼씩 더 자라므로 1주가 지날 때마다 키가 $1+\dfrac{1}{4}=\dfrac{5}{4}$(배)가 됩니다.

$\overset{4}{\underset{1}{16}}\times\dfrac{5}{4}\times\dfrac{5}{\underset{1}{4}}\times\dfrac{5}{4}=\dfrac{125}{4}=31\dfrac{1}{4}\,(\text{cm})$이므로 화분에 심은 후 3주 동안 자란 것입니다.

3

접근 ≫ 오전과 오후에 온 사람 수를 길이가 다른 두 개의 막대 그림으로 나타내 봅니다.

오전에 온 사람 수의 $\dfrac{2}{5}$와 오후에 온 사람 수의 $\dfrac{1}{4}$이 같으므로 그림으로 나타내면 다음과 같습니다.

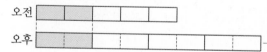

즉 오전에 온 사람 수는 하루 동안 온 사람 수의 $\dfrac{5}{5+8}=\dfrac{5}{13}$와 같습니다.

따라서 오전에 온 사람은 $\overset{40}{520}\times\dfrac{5}{\underset{1}{13}}=200$(명)입니다.

보충 개념
$\dfrac{1}{4}$의 4배가 1이므로 오후에 온 사람 수는 그림에서 $2\times 4=8$(칸)으로 나타낼 수 있어요.

해결 전략
오전에 온 사람 수가 하루에 온 사람 수의 몇 분의 몇인지를 이용하여 오전에 온 사람 수를 구해요.

4

접근 ≫ 새로 그린 삼각형의 넓이와 개수가 각각 어떻게 변하는지 알아봅니다.

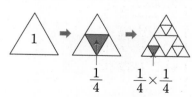

정삼각형에서 각 변의 한가운데 점을 이어서 그린 정삼각형은 처음 정삼각형 넓이의 $\dfrac{1}{4}$이므로 파란색으로 칠한 정삼각형 한 개의 넓이는 바로 앞의 그림에서 파란색으로 칠한 정삼각형 한 개의 넓이의 $\dfrac{1}{4}$입니다.

처음 정삼각형의 넓이를 1로 생각하면,

(첫 번째 그림에서 파란색으로 칠한 정삼각형 한 개의 넓이)$=\dfrac{1}{4}$

(두 번째 그림에서 파란색으로 칠한 정삼각형 한 개의 넓이)$=\dfrac{1}{4}\times\dfrac{1}{4}$

(세 번째 그림에서 파란색으로 칠한 정삼각형 한 개의 넓이)$=\dfrac{1}{4}\times\dfrac{1}{4}\times\dfrac{1}{4}$

첫 번째 그림에서 새로 그린 정삼각형은 1개, 두 번째 그림에서 새로 그린 정삼각형은 3개, 세 번째 그림에서 새로 그린 정삼각형은 9개입니다.

따라서 세 번째 그림에서 파란색으로 칠한 부분의 넓이의 합은 처음 정삼각형 넓이의

$\dfrac{1}{4}+\dfrac{1}{4}\times\dfrac{1}{4}\times 3+\dfrac{1}{4}\times\dfrac{1}{4}\times\dfrac{1}{4}\times 9=\dfrac{1}{4}+\dfrac{3}{16}+\dfrac{9}{64}=\dfrac{16+12+9}{64}=\dfrac{37}{64}$

입니다.

> **보충 개념**
> • 새로 그린 정삼각형의 개수
>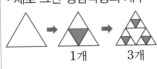
> 1개   3개
>
> 9개

5

접근 ≫ 떨어뜨린 높이를 전체로 생각하면 튀어 오르는 높이는 전체의 $\dfrac{1}{2}$입니다.

처음 떨어뜨린 높이를 □라 하면 (첫 번째로 튀어 오른 높이)$=\square\times\dfrac{1}{2}$

(두 번째로 튀어 오른 높이)$=\square\times\dfrac{1}{2}\times\dfrac{1}{2}$

(세 번째로 튀어 오른 높이)$=\square\times\dfrac{1}{2}\times\dfrac{1}{2}\times\dfrac{1}{2}$

(■번째로 튀어 오른 높이)$=\square\times\underbrace{\dfrac{1}{2}\times\dfrac{1}{2}\times\dfrac{1}{2}\times\cdots\times\dfrac{1}{2}}_{\text{■번}}=\square\times\dfrac{1}{\underbrace{2\times2\times\cdots\times2}_{\text{■번}}}$

$\square\times\dfrac{1}{\underbrace{2\times2\times\cdots\times2}_{\text{■번}}}$이 $\square\times\dfrac{1}{30}$보다 작아야 하므로

$\dfrac{1}{\underbrace{2\times2\times\cdots\times2}_{\text{■번}}}<\dfrac{1}{30}\Rightarrow\underbrace{2\times2\times\cdots\times2}_{\text{■번}}>30$이어야 합니다.

$\underbrace{2\times2\times2\times2}_{4번}=16$이고 $\underbrace{2\times2\times2\times2\times2}_{5번}=32$이므로

공이 처음 높이의 $\dfrac{1}{30}$보다 낮게 튀어 오르려면 적어도 5번 땅에 닿아야 합니다.

> **해결 전략**
> ■번째 튀어 오른 높이를 식으로 나타내고 계산 결과가 처음 떨어뜨린 높이의 $\dfrac{1}{30}$보다 작게 되는 ■를 찾아요.

> **보충 개념**
>
> $\dfrac{1}{\blacksquare}<\dfrac{1}{\blacktriangle}\Rightarrow\blacksquare>\blacktriangle$

6

접근 ≫ 각 정사각형의 한 변의 길이를 식으로 나타내 봅니다.

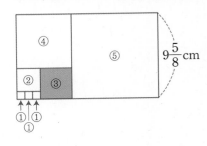

타일 ①의 한 변의 길이를 □cm라 하면,

(타일 ②의 한 변)$=\square\times 3$

(타일 ③의 한 변)

$=$(타일 ②의 한 변)$+$(타일 ①의 한 변)

$=\square\times 3+\square=\square\times 4$

> **해결 전략**
> 타일 ① ➡ 타일 ② ➡ 타일 ③ ➡ 타일 ④ ➡ 타일 ⑤ 순서로 각 타일의 한 변의 길이를 곱셈식으로 나타내요.

(타일 ④의 한 변)＝(타일 ②의 한 변)＋(타일 ③의 한 변)

$$=\square\times3+\square\times4=\square\times7,$$

(타일 ⑤의 한 변)＝(타일 ④의 한 변)＋(타일 ③의 한 변)

$$=\square\times7+\square\times4=\square\times11=9\frac{5}{8}\text{이고}$$

$\square$의 11배가 $9\frac{5}{8}$이므로 $\square=9\frac{5}{8}\times\frac{1}{11}=\frac{\overset{7}{\cancel{77}}}{8}\times\frac{1}{\underset{1}{\cancel{11}}}=\frac{7}{8}$(cm)입니다.

타일 ①의 한 변의 길이가 $\frac{7}{8}$ cm이므로 색칠한 타일 ③의 한 변의 길이는

$\frac{7}{\underset{2}{\cancel{8}}}\times\overset{1}{\cancel{4}}=\frac{7}{2}$ (cm)입니다.

따라서 색칠한 타일의 넓이는 $\frac{7}{2}\times\frac{7}{2}=\frac{49}{4}=12\frac{1}{4}$ (cm²)입니다.

보충 개념

$\square\times3+\square\times4$
$\underbrace{\square+\square+\square}\ \underbrace{\square+\square+\square+\square}$
$=\square\times7$
$\underbrace{\square+\square+\square+\square+\square+\square+\square}$

7 접근 ≫ 털실을 잘라 갖는 규칙을 식으로 나타내 봅니다.

첫 번째 학생은 전체 길이의 $\frac{1}{3}$을 갖고, 두 번째 학생은 남은 길이의 $\frac{1}{4}$을 갖고, 세

번째 학생은 남은 길이의 $\frac{1}{5}$, …을 가지므로 ■번째 학생이 나머지 털실의 $\frac{1}{■+2}$

만큼을 갖는 규칙입니다.

처음 털실 한 뭉치의 길이를 $\square$cm라 하여 각 학생이 갖고 남은 털실의 길이를 식으로 나타냅니다.

(첫 번째 학생이 갖고 남은 털실의 길이)＝$\square\times\left(1-\frac{1}{3}\right)$

(두 번째 학생이 갖고 남은 털실의 길이)＝$\square\times\left(1-\frac{1}{3}\right)\times\left(1-\frac{1}{4}\right)$

(세 번째 학생이 갖고 남은 털실의 길이)＝$\square\times\left(1-\frac{1}{3}\right)\times\left(1-\frac{1}{4}\right)\times\left(1-\frac{1}{5}\right)$

즉 300번째 학생이 갖고 남은 털실의 길이는

$\square\times\left(1-\frac{1}{3}\right)\times\left(1-\frac{1}{4}\right)\times\left(1-\frac{1}{5}\right)\times\cdots\times\left(1-\frac{1}{302}\right)=3$이므로

$\square\times\frac{2}{\underset{1}{\cancel{3}}}\times\frac{\cancel{3}}{\underset{1}{\cancel{4}}}\times\frac{\cancel{4}}{\underset{1}{\cancel{5}}}\times\cdots\times\frac{299}{\underset{1}{\cancel{300}}}\times\frac{\cancel{300}}{\cancel{301}}\times\frac{\cancel{301}}{302}=3,\ \square\times\frac{2}{\underset{151}{\cancel{302}}}=3,$

$\square\times\frac{1}{151}=3,\ \square=3\times151=453$ (cm)입니다.

따라서 처음 털실 한 뭉치의 전체 길이는 453 cm입니다.

해결 전략
곱한 분수 중 ■번째 분수의 분모와 (■＋1)번째 분수의 분자가 같으므로 약분하여 곱을 구해요.

보충 개념

$\square$의 $\frac{1}{151}$배가 3이므로

$\square$는 3의 151배예요.

지도 가이드
길고 복잡해 보이는 혼합 계산식이 만들어지지만 규칙을 찾으면 간단한 분수의 곱셈식으로 정리할 수 있습니다. 여러 개의 분수를 곱할 때도 분모와 분자를 약분할 수 있다는 사실을 되짚어 주세요. 약분되는 과정을 의아해 한다면 식에서 생략된 부분의 분수를 더 알아보도록 지도해 주세요.

8 접근 » ㉮ 비커에 든 물의 양을 1로 생각하여 ㉯ 비커에 든 물의 양을 나타내 봅니다.

	㉮ 비커	㉯ 비커
처음에 들어 있는 물의 양	■	$■ \times \dfrac{2}{5}$
㉮ 비커에 들어 있는 물의 $\dfrac{1}{4}$을 ㉯ 비커에 부으면	$■ \times \left(1 - \dfrac{1}{4}\right) = ■ \times \dfrac{3}{4}$	$■ \times \dfrac{2}{5} + ■ \times \dfrac{1}{4}$ $= ■ \times \left(\dfrac{2}{5} + \dfrac{1}{4}\right)$ $= ■ \times \left(\dfrac{8}{20} + \dfrac{5}{20}\right)$ $= ■ \times \dfrac{13}{20}$
㉯ 비커에 들어 있는 물의 $\dfrac{3}{13}$을 ㉮ 비커에 부으면	$■ \times \dfrac{3}{4} + ■ \times \dfrac{\overset{1}{13}}{20} \times \dfrac{3}{\underset{1}{13}}$ $= ■ \times \dfrac{3}{4} + ■ \times \dfrac{3}{20}$ $= ■ \times \left(\dfrac{3}{4} + \dfrac{3}{20}\right)$ $= ■ \times \left(\dfrac{15}{20} + \dfrac{3}{20}\right)$ $= ■ \times \dfrac{18}{20} = ■ \times \dfrac{9}{10}$	$■ \times \dfrac{13}{20} \times \left(1 - \dfrac{3}{13}\right)$ $= ■ \times \dfrac{\overset{1}{13}}{\underset{2}{20}} \times \dfrac{\overset{1}{10}}{\underset{1}{13}}$ $= ■ \times \dfrac{1}{2}$

즉 ㉮ 비커에 남은 물의 양은 $■ \times \dfrac{9}{10}$, ㉯ 비커에 남은 물의 양은 $■ \times \dfrac{1}{2}$입니다.

따라서 $\underset{㉮}{\underline{■ \times \dfrac{9}{10}}} \times \square = \underset{㉯}{\underline{■ \times \dfrac{1}{2}}}$이 되는 $\square$는 $\dfrac{5}{9}$이므로

㉯ 비커에 남은 물의 양은 ㉮ 비커에 남은 물의 양의 $\dfrac{5}{9}$입니다.

보충 개념

$\cancel{■} \times \dfrac{9}{10} \times \square = \cancel{■} \times \dfrac{1}{2}$

➡ $\dfrac{9}{2 \times 5} \times \square = \dfrac{1}{2}$이므로

$\square$는 분모가 9, 분자가 5인 분수예요.

3 합동과 대칭

◎ BASIC TEST

1 도형의 합동

61쪽

1 16 cm	**2** 30°	**3** ㉢, ㉤
4 14 cm	**5** 80°	**6** ③

1 합동인 삼각형에서 각각의 대응변의 길이는 서로 같으므로 (변 ㅁㄷ)=(변 ㄴㄷ)=12 cm이고,
(변 ㄷㄹ)= (변 ㄷㄱ)=12+4=16 (cm)입니다.

2 합동인 삼각형에서 각각의 대응각의 크기는 서로 같으므로 (각 ㄱㄷㄴ)=(각 ㄹㄷㅁ)입니다.
일직선이 이루는 각은 180°이므로
(각 ㄱㄷㄴ)+(각 ㄹㄷㅁ)=180°−120°=60°입니다.
➡ (각 ㄱㄷㄴ)=60°÷2=30°

3 ㉠ 서로 합동인 두 삼각형은 둘레가 같지만 둘레가 같다고 서로 합동은 아닙니다.
㉡ 서로 합동인 두 삼각형은 넓이가 같지만 넓이가 같다고 서로 합동은 아닙니다.
㉢ 정사각형은 네 변의 길이가 같으므로 두 정사각형의 둘레가 같으면 두 정사각형의 한 변의 길이도 같습니다. 즉 둘레가 같은 두 정사각형은 서로 합동입니다.
㉣ 서로 합동인 두 삼각형은 세 각의 크기가 각각 같지만 세 각의 크기가 각각 같다고 서로 합동은 아닙니다.
㉤ 원은 모두 모양이 같고, 지름이 같은 두 원은 크기도 같습니다. 즉 지름이 같은 두 원은 서로 합동입니다.

> **주의**
> • 두 삼각형의 밑변과 높이가 각각 같으면 넓이가 같아요.
> • 세 각의 크기가 각각 같아도 세 변의 길이가 다르면 합동이 아니에요.

4 합동인 사각형에서 각각의 대응변의 길이는 서로 같으므로 (변 ㄹㄷ)=(변 ㅅㅇ)=7 cm입니다.

변 ㅁㅇ의 대응변은 변 ㄴㄷ이므로
(변 ㅁㅇ)=(변 ㄴㄷ)
=(사각형 ㄱㄴㄷㄹ의 둘레)−(8+7+7)
=36−(8+7+7)=14 (cm)입니다.

5 합동인 사각형에서 각각의 대응각의 크기는 서로 같으므로 (각 ㅁㅂㅅ)=(각 ㄷㄹㄱ)=110°입니다.
사각형의 네 각의 크기의 합은 360°이므로
(각 ㅂㅅㅇ)=360°−(80°+110°+90°)=80°입니다.

6

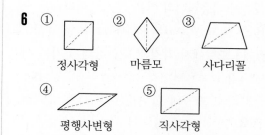

① 정사각형 ② 마름모 ③ 사다리꼴 ④ 평행사변형 ⑤ 직사각형

➡ ①, ②, ④, ⑤의 한 대각선을 따라 잘랐을 때 만들어진 두 삼각형은 세 변의 길이가 각각 같으므로 서로 합동입니다.
③의 한 대각선을 따라 잘랐을 때 만들어진 두 삼각형은 서로 합동이 아닙니다.

2 선대칭도형

63쪽

1 가, 나	**2** 40 cm	**3** 115°

4

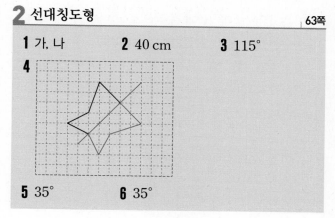

5 35°	**6** 35°

1

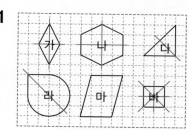

가, 나, 다, 라, 바는 한 직선을 따라 접어서 완전히 겹치므로 선대칭도형입니다. 가, 나는 대칭축이 2개, 다, 라는 대칭축이 1개, 바는 대칭축이 4개입니다.

주의
평행사변형은 선대칭도형이 아니에요.

2 선대칭도형에서 각각의 대응변의 길이는 서로 같고, 대칭축은 대응점끼리 이은 선분을 둘로 똑같이 나눕니다. 따라서 선대칭도형의 둘레는
$(9＋7＋4)×2＝40$ (cm)입니다.

3 선대칭도형에서 대응점끼리 이은 선분은 대칭축과 수직으로 만나므로 각 ㄹㅁㅂ과 각 ㅁㅂㄷ은 각각 90° 입니다. 선대칭도형에서 각각의 대응각의 크기는 서로 같으므로 (각 ㅁㄹㄷ)＝(각 ㅁㄱㄴ)＝65°입니다. 사각형의 네 각의 크기의 합은 360°이므로 사각형 ㅁㅂㄷㄹ에서
(각 ㉮)＝360°－(90°＋90°＋65°)＝115°입니다.

4 각 점에서 대칭축에 수선을 긋고, 대칭축까지의 거리가 같도록 대응점을 찾아 표시한 다음, 대응점을 차례로 이어 선대칭도형이 되도록 그립니다.

5 선대칭도형에서 각각의 대응각의 크기는 서로 같으므로 (각 ㄱㄷㄹ)＝(각 ㄱㄹㄷ)＝55°이고, 대응점끼리 이은 선분은 대칭축과 수직으로 만나므로 각 ㄱㄹㄷ은 90°입니다.
삼각형의 세 각의 크기의 합은 180°이므로 삼각형 ㄱㄹㄷ에서 (각 ㄷㄱㄹ)＝180°－(90°＋55°)＝35° 입니다.

6 주어진 선대칭도형의 대칭축은 선분 ㄱㄷ과 같습니다. 선대칭도형에서 각각의 대응각의 크기는 서로 같으므로
(각 ㄴㄱㄷ)＝(각 ㄹㄱㄷ)＝80°÷2＝40°이고,
(각 ㄱㄷㄴ)＝(각 ㄱㄷㄹ)
＝(360°－150°)÷2＝105°입니다.
삼각형의 세 각의 크기의 합은 180°이므로 삼각형 ㄱㄴㄷ에서 (각 ㉠)＝180°－(40°＋105°)＝35°입니다.

---

3 점대칭도형
65쪽

1 ㉡, ㉣, ㉺ **2**

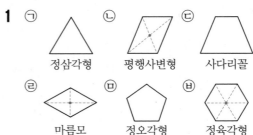

3 (1) 4 cm (2) 110°   **4** 80 cm
5   **6** 85°

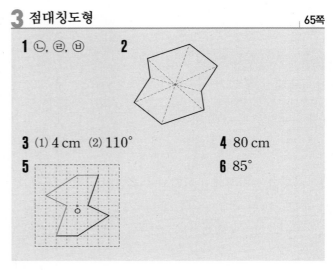

정삼각형 평행사변형 사다리꼴
마름모 정오각형 정육각형

평행사변형, 마름모, 정육각형은 어떤 점을 중심으로 180° 돌렸을 때 처음 도형과 완전히 겹치므로 점대칭도형입니다.

보충 개념
점대칭도형에서 대응점끼리 이은 모든 선분은 한 점(대칭의 중심)에서 만나요.

2 점대칭도형에서 대응점끼리 이은 선분이 만나는 점이 대칭의 중심입니다.

3 (1) 점대칭도형에서 각각의 대응변의 길이는 서로 같으므로 (변 ㄱㄴ)＝(변 ㄷㄹ)＝6 cm입니다.
따라서 (변 ㄱㄹ)＝(변 ㄷㄴ)
＝(20－6－6)÷2＝8÷2＝4 (cm)입니다.
(2) 점대칭도형에서 각각의 대응각의 크기는 서로 같으므로 (각 ㄴㄷㄹ)＝(각 ㄹㄱㄴ)＝70°입니다.
사각형의 네 각의 크기의 합은 360°이므로
(각 ㄱㄴㄷ)＝(각 ㄷㄹㄱ)＝(360°－70°－70°)÷2
＝220°÷2＝110°입니다.

4 대칭의 중심은 대응점끼리 이은 선분을 둘로 똑같이 나눕니다.

(선분 ㄱㅇ)=(선분 ㄷㅇ)=(선분 ㄱㄷ)÷2
=38÷2=19 (cm)
(선분 ㄹㅇ)=(선분 ㄴㅇ)=(선분 ㄴㄹ)÷2
=52÷2=26 (cm)
따라서 색칠한 삼각형의 둘레는
35+19+26=80 (cm)입니다.

5 각 점에서 대칭의 중심을 지나는 직선을 긋고, 대칭의 중심까지의 거리가 같도록 대응점을 찾아 표시한 다음, 대응점을 차례로 이어 점대칭도형이 되도록 그립니다.

> **보충 개념**
> 도형을 완성한 후 점대칭도형이 되는지 확인해 봐요.

6 점대칭도형에서 각각의 대응각의 크기는 서로 같으므로 (각 ㄱㅂㅁ)=(각 ㄹㄷㄴ)=130°입니다.
사각형의 네 각의 크기의 합은 360°이므로 사각형 ㄱㄹㅁㅂ에서
(각 ㄱㄹㅁ)=360°-(85°+130°+60°)=85°입니다.

MATH TOPIC   66~74쪽

1-1 9 cm	**1-2** 50 cm	**1-3** 38 cm
2-1 80°	**2-2** 40°	**2-3** 156°
3-1 30°	**3-2** 95°	**3-3** 135°
4-1 ㉠, ㉡, ㉢, ㉣		**4-2** ②, ④
4-3 ㅁ, ㅇ, ㅍ		
5-1 80°	**5-2** 95°	**5-3** 65°
6-1 60 cm	**6-2** 12 cm	**6-3** 72 cm
7-1 34 cm²	**7-2** 100 cm²	**7-3** 100 cm²
8-1 36°, 54°	**8-2** 30°, 105°	**8-3** 55°
심화9 2, 8, 8 / 8 / 55, 11 / 11		

9-1

1-1 삼각형 ㄱㄴㄷ과 삼각형 ㄷㅁㄹ은 서로 합동입니다.
(변 ㄴㄷ)=(변 ㅁㄹ)=16 cm
(변 ㅁㄷ)=(변 ㄴㄱ)=7 cm
따라서 (선분 ㄴㅁ)=16-7=9 (cm)입니다.

1-2 삼각형 ㄱㄴㄷ과 삼각형 ㄹㅁㄷ은 서로 합동입니다.
(변 ㄱㄴ)=(변 ㄹㅁ)=13 cm
(변 ㅁㄷ)=(변 ㄴㄷ)=12 cm이므로
(변 ㄱㄷ)=12-7=5 (cm)입니다.
(변 ㄷㄹ)=(변 ㄷㄱ)=5 cm이므로 전체 도형의 둘레는 13+12+5+13+7=50 (cm)입니다.

1-3

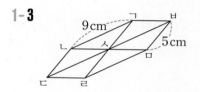

6개의 삼각형이 모두 합동인 이등변삼각형이므로
(변 ㄱㅂ)=(변 ㄴㄷ)=(변 ㄷㄹ)=(변 ㅂㅁ)
=5 cm, (변 ㄹㅁ)=(변 ㄱㄴ)=9 cm입니다.
따라서 전체 도형의 둘레는
9+5+5+9+5+5=38 (cm)입니다.

2-1 삼각형 ㄱㄴㄷ과 삼각형 ㄹㄷㄴ은 서로 합동이므로
(각 ㄱㄴㄷ)=(각 ㄹㄷㄴ)=40°입니다.
삼각형의 세 각의 크기의 합은 180°이므로 삼각형 ㅁㄴㄷ에서
(각 ㄴㅁㄷ)=180°-(40°+40°)=100°입니다.
따라서 (각 ㄹㅁㄷ)=180°-100°=80°입니다.

2-2 삼각형 ㄱㄴㄷ과 삼각형 ㄹㄷㄴ은 서로 합동이므로
(각 ㄹㄷㄴ)=(각 ㄱㄴㄷ)=85°이고,
(각 ㄹㄴㄷ)=(각 ㄱㄷㄴ)=85°-30°=55°입니다.
삼각형의 세 각의 크기의 합은 180°이므로 삼각형 ㄹㄷㄴ에서 (각 ㉠)=180°-(55°+85°)=40°입니다.

2-3

세 삼각형이 서로 합동이고, 이등변삼각형이므로
(각 ㄱㄷㄴ)=(각 ㄱㄷㄹ)
=128°÷2=64°입니다.

삼각형 ㄱㄴㄷ에서
(각 ㄱㄴㄷ)=(각 ㄱㄷㄴ)=64°이므로
(각 ㄴㄱㄷ)=180°−(64°+64°)=52°입니다.
(각 ㄴㄱㄷ)=(각 ㄷㄱㄹ)=(각 ㄹㄱㅁ)이므로
(각 ㄴㄱㅁ)=52°×3=156°입니다.

3-1 평행사변형은 마주 보는 변의 길이가 같으므로
(변 ㄱㄹ)=(변 ㄴㄷ), (변 ㄱㄴ)=(변 ㄹㄷ)입니다. 즉 삼각형 ㄱㄴㄹ과 삼각형 ㄷㄹㄴ은 서로 합동입니다. ➡ (각 ㄷㄹㄴ)=(각 ㄱㄹㄴ)=25°
삼각형의 세 각의 크기의 합은 180°이므로 삼각형 ㄴㄷㄹ에서 (각 ㉠)=180°−(25°+125°)=30°입니다.

3-2 사각형 ㄱㄴㅂㅁ과 사각형 ㄷㄹㅁㅂ은 서로 합동입니다. ➡ (각 ㄴㅂㅁ)=(각 ㄹㅁㅂ)=105°
일직선이 이루는 각은 180°이므로
(각 ㄱㅁㅂ)=180°−105°=75°입니다.
사각형의 네 각의 크기의 합은 360°이므로 사각형 ㄱㄴㅂㅁ에서
(각 ㉠)=360°−(85°+105°+75°)=95°입니다.

3-3 삼각형 ㄱㄴㄷ에서
(각 ㄴㄱㄷ)=180°−(60°+45°)=75°입니다.
4개의 삼각형이 서로 합동이므로
(각 ㄹㄱㅂ)=(각 ㅂㄱㄹ)=75°이고,
(각 ㅂㄱㄷ)=(각 ㄹㄱㅁ)=60°입니다.
따라서 (각 ㄹㄱㅁ)=75°+60°=135°입니다.

> **다른 풀이**
> 삼각형 ㄹㄴㅁ과 삼각형 ㅂㅁㄷ이 합동이므로
> (각 ㄹㅁㄴ)=(각 ㅂㄷㅁ)=45°입니다.
> ➡ (각 ㄹㅁㄷ)=180°−45°=135°

4-1 한 직선을 따라 접어서 완전히 겹치는 도형을 모두

찾으면 ㉠, ㉡, ㉢, ㉣입니다.

㉢, ㉣은 점대칭도형입니다.

4-2 어떤 점을 중심으로 180° 돌렸을 때 처음 도형과 완전히 겹치는 도형을 모두 찾으면 ②, ④입니다.

①곰➡문 ②응➡응 ③녹➡눅
④를➡를 ⑤는➡극

4-3 선대칭도형은
ㄱ, ㄴ, ㄷ, ㅁ, ㅂ, ㅅ, ◉, ㅈ, ㅊ, ㅌ, ㅍ, ㅎ이고,
점대칭도형은 ㄹ, ㅁ, ㅇ, ㅍ입니다.
따라서 ㅁ, ㅇ, ㅍ은 선대칭도형이면서 점대칭도형입니다.

5-1 주어진 선대칭도형의 대칭축은 선분 ㄴㅁ입니다.
➡ (각 ㄴㄱㅂ)=(각 ㄴㄷㄹ)=120°,
(각 ㄱㄴㅁ)=(각 ㄷㄴㅁ)=90°÷2=45°,
(각 ㄴㅁㅂ)=(각 ㄴㅁㄹ)
=(360°−130°)÷2=115°
사각형의 네 각의 크기의 합은 360°이므로 사각형 ㄱㄴㅁㅂ에서
(각 ㉠)=360°−(120°+45°+115°)=80°입니다.

5-2 (변 ㄹㅁ)=(변 ㄹㅅ)이므로 삼각형 ㄹㅅㅁ은 이등변삼각형입니다.
➡ (각 ㄹㅁㅅ)=(각 ㄹㅅㅁ)
=(180°−20°)÷2=80°
(각 ㄴㅁㄹ)=180°−(80°+15°)=85°이고,
선대칭도형에서 (각 ㄴㅁㅂ)=(각 ㄴㅁㄹ)=85°이므로 (각 ㉠)=180°−85°=95°입니다.

5-3 삼각형 ㄱㄴㄷ은 선대칭도형이므로
(각 ㄱㄴㅂ)=(각 ㄷㄴㅂ)=90°÷2=45°,
(각 ㄱㅂㄴ)=(각 ㄷㅂㄴ)=90°입니다.
삼각형 ㄱㄴㅂ에서
(각 ㄴㄱㅂ)=180°−(90°+45°)=45°이고,
삼각형 ㄱㄴㄹ에서

(각 ㄴㄱㄹ)=180°−(90°+70°)=20°입니다.
(각 ㅂㄱㅁ)=45°−20°=25°이므로
삼각형 ㄱㅁㅂ에서
(각 ㉠)=180°−(25°+90°)=65°입니다.

다른 풀이
삼각형 ㅁㄴㄹ에서
(각 ㄴㅁㄹ)=180°−(45°+70°)=65°입니다.
두 직선이 만날 때 마주 보는 각의 크기는 같으므로
(각 ㉠)=(각 ㄴㅁㄹ)=65°입니다.

6-1

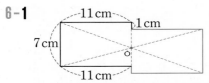

각 점에서 대칭의 중심을 지나는 직선을 긋고, 대칭의 중심까지의 거리가 같도록 대응점을 찾아 표시한 다음, 대응점을 차례로 이어 점대칭도형이 되도록 그립니다.
완성된 점대칭도형의 둘레는
(1+11+7+11)×2=30×2=60 (cm)입니다.

보충 개념
점대칭도형을 완성하지 않고도 둘레를 구할 수 있어요.

6-2 변 ㄱㄴ의 길이를 □cm라 하면 완성된 점대칭도형의 둘레는
(□+7+7)×2=52이므로
(14+□)×2=52, 14+□=26,
□=26−14=12 (cm)입니다.

6-3 삼각형 ㄱㄴㅁ과 삼각형 ㅅㄷㅂ은 정삼각형이므로
(각 ㄱㅁㄴ)=(각 ㅅㄷㅂ)=60°입니다.
삼각형 ㅇㄷㅁ에서
(각 ㄷㅇㅁ)=180°−(60°+60°)=60°이므로 삼각형 ㅇㄷㅁ은 정삼각형입니다.
(선분 ㅇㄷ)=(선분 ㅇㅁ)=(선분 ㄱㅇ)
=(선분 ㅅㅇ)=(선분 ㄷㅁ)=8 cm이고,
(선분 ㄱㄴ)=(선분 ㅅㅂ)=(선분 ㄱㅁ)
=(선분 ㅅㄷ)=(선분 ㄴㅁ)=(선분 ㄷㅂ)
=8×2=16 (cm)입니다.
(선분 ㄴㄷ)=(선분 ㅁㅂ)=16−8=8 (cm)이므로

(선대칭도형의 둘레)
=8×5+16×2=40+32=72 (cm)입니다.

7-1

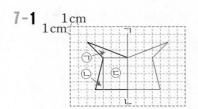

대칭축에 의해 나누어진 두 도형 중 한쪽 도형의 넓이를 구한 다음 2배 합니다.
(㉠의 넓이)=3×2÷2=3 (cm²)
(㉡의 넓이)=1×4÷2=2 (cm²)
(㉢의 넓이)=3×4=12 (cm²)
➡ (완성된 선대칭도형의 넓이)
=(3+2+12)×2=34 (cm²)

7-2 (각 ㄷㄴㄹ)=(각 ㄱㄴㄹ)=45°,
(각 ㄱㄹㄴ)=(각 ㄷㄹㄴ)=90°
삼각형 ㄹㄴㄷ에서
(각 ㄴㄷㄹ)=180°−(45°+90°)=45°입니다.
삼각형 ㄹㄴㄷ은 두 각의 크기가 각각 45°로 같으므로 이등변삼각형입니다.
➡ (변 ㄹㄴ)=(변 ㄹㄷ)=10 cm
직각삼각형 ㄹㄴㄷ의 넓이는
10×10÷2=50 (cm²)이므로 선대칭도형의 넓이는 50×2=100 (cm²)입니다.

7-3 사각형 ㄱㄴㄷㄹ은 선분 ㄱㄷ을 대칭축으로 하는 선대칭도형이므로 (변 ㄱㄴ)=(변 ㄱㄹ)=5 cm,
(변 ㄹㄷ)=(변 ㄴㄷ)=10 cm,
(각 ㄱㄴㄷ)=(각 ㄱㄹㄷ)=90°입니다.
(삼각형 ㄱㄴㄷ의 넓이)=10×5÷2=25 (cm²)
이고 완성된 점대칭도형의 넓이는 삼각형 ㄱㄴㄷ의 넓이의 4배이므로 25×4=100 (cm²)입니다.

8-1 삼각형 ㄱㅁㅂ과 삼각형 ㄱㄹㅂ은 서로 합동입니다. (각 ㅁㄱㅂ)=(각 ㄹㄱㅂ)=27°이고 정사각형의 한 각은 90°이므로
(각 ㉮)=90°−(27°+27°)=36°입니다.

삼각형의 세 각의 크기의 합은 180°이므로
삼각형 ㄱㄹㅂ에서
(각 ㄱㅂㄹ)＝180°−(90°＋27°)＝63°이고
(각 ㄱㅂㅁ)＝(각 ㄱㅂㄹ)＝63°이므로
(각 ㉰)＝180°−(63°＋63°)＝54°입니다.

8-2 사각형 ㅅㅇㄷㄹ과 사각형 ㅅㅇㅂㅁ은 서로 합동입
니다. (각 ㄹㅅㅇ)＝(각 ㅁㅅㅇ)＝75°이므로
(각 ㉠)＝180°−(75°＋75°)＝30°입니다.
사각형의 네 각의 크기의 합은 360°이므로
사각형 ㅅㅇㄷㄹ에서
(각 ㉡)＝360°−(75°＋90°＋90°)＝105°입니
다.

8-3 삼각형 ㄹㅁㅂ과 삼각형 ㄱㅁㅂ은 서로 합동입니
다. (각 ㄱㅁㅂ)＝(각 ㄹㅁㅂ)＝(180°−40°)÷2
＝140°÷2＝70°
삼각형의 세 각의 크기의 합은 180°이므로
삼각형 ㄱㅁㅂ에서
(각 ㄱㅂㅁ)＝180°−(55°＋70°)＝55°입니다.
따라서 (각 ㉠)＝(각 ㄱㅂㅁ)＝55°입니다.

9-1 종이의 뒷면에 점이 도드라지게 만들려면 쓸 때의
모양과 읽을 때의 모양이 서로 좌우가 바뀌어 보여
야 합니다.

> **보충 개념**
> 읽을 때의 모양의 옆에 거울을 세웠을 때 거울에 비친 모
> 양이 쓸 때의 모양과 같아요.

◆◆ LEVEL UP TEST

75~79쪽

1 (예)	**2** 512 cm²	**3** 3개	**4** 142°	**5** 94°	**6** 68°
	7 20 cm	**8** 30°	**9** 변 ㄴㄷ	**10** 15쌍	**11** 135 cm²
	12 53°	**13** 46°	**14** 64 cm²	**15** 90°	

1 접근 ≫ 먼저 합동인 정삼각형 4개로 나누어 봅니다.

정삼각형을 4개의 정삼각형으로 나눈 후에 각각의 삼각형을 2개로 나눕니다.

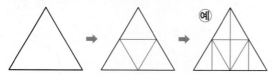

> **보충 개념**
> 모양과 크기가 모두 같게 잘
> 라야 해요.

2 접근 ≫ 접기 전의 모양과 비교하여 변의 길이를 알아봅니다.

삼각형 ㄱㅁㅂ과 삼각형 ㄷㅁㄹ은 서로 합동이므로 (변 ㅁㄹ)＝(변 ㅁㅂ)＝12 cm
입니다. ➡ (변 ㄱㄹ)＝20＋12＝32 (cm)
삼각형 ㄱㄴㄷ과 삼각형 ㄱㅂㄷ은 서로 합동이므로 (변 ㄱㄴ)＝(변 ㄱㅂ)＝16 cm
입니다. 따라서 접기 전 처음 직사각형 모양 종이의 넓이는 32×16＝512 (cm²)입니
다.

> **해결 전략**
> 길이가 서로 같은 변을 찾아
> 직사각형 모양 종이의 가로와
> 세로를 구해요.

서술형

3 69쪽 4번의 변형 심화 유형

접근 ≫ 대칭축과 대칭의 중심을 각각 찾아봅니다.

㈜ • 선대칭도형: **A, C, D, H, O, X**
 • 점대칭도형: **H, O, X, Z**

따라서 선대칭도형도 되고 점대칭도형도 되는 것은 **H, O, X**로 모두 3개입니다.

채점 기준	배점
선대칭도형이 되는 알파벳을 찾았나요?	2.5점
점대칭도형이 되는 알파벳을 찾았나요?	2.5점

보충 개념

• 반을 접어서 겹치면
 ➡ 선대칭도형
• 반 바퀴 돌려서 겹치면
 ➡ 점대칭도형

4 접근 ≫ 점대칭도형에서 대응각의 크기는 각각 같습니다.

점대칭도형에서 각각의 대응각의 크기는 서로 같으므로
(각 ㄴㄱㅂ)=(각 ㅁㄹㄷ)=126°, (각 ㄱㅂㅁ)=(각 ㄹㄷㄴ)=92°입니다.
주어진 점대칭도형은 육각형이고, 육각형의 여섯 각의 크기의 합은 720°이므로
(각 ㄱㄴㄷ)+(각 ㄹㅁㅂ)=720°−(126°+126°+92°+92°)=284°입니다.
(각 ㄱㄴㄷ)=(각 ㄹㅁㅂ)이므로 (각 ㄱㄴㄷ)=284°÷2=142°입니다.

다른 풀이
사각형의 네 각의 크기의 합은 360°이므로
사각형 ㄴㄷㄹㅁ에서 (각 ㄷㄴㅁ)+(각 ㄹㅁㄴ)=360°−(92°+126°)=142°입니다.
사각형 ㄴㄷㄹㅁ과 사각형 ㅁㅂㄱㄴ이 서로 합동이므로 (각 ㄱㄴㅁ)=(각 ㄹㅁㄴ)입니다.
➡ (각 ㄱㄴㄷ)=(각 ㄷㄴㅁ)+(각 ㄱㄴㅁ)=(각 ㄷㄴㅁ)+(각 ㄹㅁㄴ)=142°

보충 개념
삼각형의 세 각의 크기의 합은 180°이고 육각형은 삼각형 4개로 나눌 수 있으므로 육각형의 여섯 각의 크기의 합은 180°×4=720°예요.

서술형

5 접근 ≫ 서로 합동인 두 도형은 대응각의 크기가 각각 같습니다.

㈜ 삼각형 ㄱㄴㄷ과 삼각형 ㄷㄹㄱ은 합동이므로
(각 ㄱㄴㄷ)=(각 ㄷㄹㄱ)=33°입니다.
삼각형의 세 각의 크기의 합은 180°이므로 삼각형 ㄱㄴㄷ에서
(각 ㄱㄷㄴ)=180°−(100°+33°)=47°입니다.
(각 ㄷㄱㄹ)=(각 ㄱㄷㄴ)=47°이므로 (각 ㄴㄱㅁ)=100°−47°=53°입니다.
따라서 삼각형 ㄱㄴㅁ에서 (각 ㉠)=180°−(53°+33°)=94°입니다.

해결 전략
서로 합동인 삼각형의 세 각의 크기를 알아보고, 두 삼각형이 겹쳐서 만들어진 삼각형의 세 각의 크기를 구해요.

채점 기준	배점
각 ㄱㄷㄴ의 크기를 구했나요?	3점
각 ㉠의 크기를 구했나요?	2점

다른 풀이
삼각형 ㄱㄴㄷ과 삼각형 ㄷㄹㄱ은 합동이므로 (각 ㄱㄴㄷ)=(각 ㄷㄹㄱ)=33°입니다.
삼각형의 세 각의 크기의 합은 180°이므로 삼각형 ㄱㄴㄷ에서
(각 ㄱㄷㄴ)=180°−(100°+33°)=47°입니다. (각 ㄷㄱㄹ)=(각 ㄱㄷㄴ)=47°이므로
삼각형 ㄱㅁㄷ에서 (각 ㄱㅁㄷ)=180°−(47°−47°)=86°입니다.
일직선이 이루는 각은 180°이므로 (각 ㉠)=180°−86°=94°입니다.

6 접근 ≫ 도형에서 원의 반지름과 길이가 같은 선분을 모두 찾아봅니다.

선분 ㄱㅇ과 선분 ㄴㅇ은 원의 반지름이므로 길이가 같습니다.
(선분 ㄱㅇ)=(선분 ㄴㅇ)이므로 삼각형 ㄱㄴㅇ은 이등변삼각형입니다.
➡ (각 ㄴㄱㅇ)=(각 ㄱㄴㅇ)=56°, (각 ㄱㅇㄴ)=180°−(56°+56°)=68°
점대칭도형에서 각각의 대응각의 크기는 서로 같으므로
(각 ㄷㅇㄹ)=(각 ㄱㅇㄴ)=68°입니다.

> **보충 개념**
> 이등변삼각형에서 한 각의 크기를 알면 다른 두 각의 크기를 알 수 있어요.

7 접근 ≫ 서로 합동인 두 정사각형은 한 변의 길이가 같습니다.

두 정사각형이 합동이므로 선분 ㄱㄴ의 길이와 선분 ㄴㄷ의 길이가 같습니다. 즉 삼각형 ㄱㄴㄷ은 이등변삼각형입니다.
➡ (각 ㄴㄱㄷ)=(각 ㄴㄷㄱ)=(180°−60°)÷2=120°÷2=60°
삼각형 ㄱㄴㄷ은 정삼각형이므로 (선분 ㄱㄴ)=(선분 ㄴㄷ)=(선분 ㄱㄷ)=5 cm입니다. 정사각형의 한 변의 길이가 5 cm이므로 정사각형 한 개의 둘레는
5×4=20 (cm)입니다.

> **해결 전략**
> 합동을 이용하여 주어진 도형에서 정삼각형을 찾아봐요.

> **보충 개념**
> 정삼각형은 모든 각의 크기가 60°예요.

8

73쪽 8번의 변형 심화 유형
접근 ≫ 접은 부분에서 크기가 같은 각을 찾아봅니다.

삼각형 ㄹㄴㅁ과 삼각형 ㄹㄴㄷ은 서로 합동이므로 (각 ㄴㄹㅁ)=(각 ㄴㄹㄷ)=60°
이고, (각 ㄱㄹㄷ)=90°이므로 (각 ㄱㄹㄴ)=90°−60°=30°입니다.
따라서 (각 ㅁㄹㄱ)=60°−30°=30°입니다.

> **보충 개념**
>
> 종이를 접었을 때
> (각 ㉠)=(각 ㉡)

9 접근 ≫ 변 ㄱㄴ, 변 ㄴㄷ, 변 ㄱㄷ이 각각 대칭축이 될 수 있습니다.

• 대칭축이 변 ㄱㄴ일 때   • 대칭축이 변 ㄴㄷ일 때   • 대칭축이 변 ㄱㄷ일 때

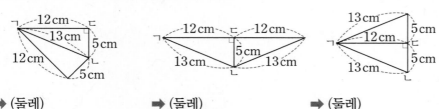

➡ (둘레)   ➡ (둘레)   ➡ (둘레)
  =12×2+5×2   =13×2+12×2   =13×2+5×2
  =34 (cm)   =50 (cm)   =36 (cm)

따라서 변 ㄴㄷ을 대칭축으로 하였을 때 둘레가 50 cm로 가장 깁니다.

> **해결 전략**
> 대칭축으로 하는 변의 길이가 가장 짧을 때, 선대칭도형의 둘레가 가장 길어요.

10 접근 ≫ 작은 사각형 1개짜리, 2개짜리, … 순서로 서로 합동인 사각형을 찾아봅니다.

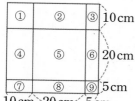

해결 전략
먼저 작은 사각형에 각각 번호를 매긴 다음, 이웃한 작은 사각형의 개수를 늘려가면서 합동인 사각형을 찾아봐요.

1개짜리: (②, ④), (③, ⑦), (⑥, ⑧) ➡ 3쌍

2개짜리: (①+②, ①+④), (②+③, ④+⑦), (②+⑤, ④+⑤),
(⑤+⑥, ⑤+⑧), (③+⑥, ⑦+⑧), (⑥+⑨, ⑧+⑨) ➡ 6쌍

3개짜리: (①+②+③, ①+④+⑦), (②+⑤+⑧, ④+⑤+⑥),
(③+⑥+⑨, ⑦+⑧+⑨) ➡ 3쌍

4개짜리: (②+③+⑤+⑥, ④+⑤+⑦+⑧) ➡ 1쌍

6개짜리: (①+②+③+④+⑤+⑥, ①+②+④+⑤+⑦+⑧),
(②+③+⑤+⑥+⑧+⑨, ④+⑤+⑥+⑦+⑧+⑨) ➡ 2쌍

따라서 그림에서 찾을 수 있는 서로 합동인 사각형은 모두 15쌍입니다.

주의
①+②+④+⑤와 ⑤+⑥+⑧+⑨는 합동이 아니에요.

11 72쪽 7번의 변형 심화 유형
접근 ≫ 색칠한 부분이 삼각형 ㄷㄹㄴ의 몇 분의 몇인지 생각해 봅니다.

점대칭도형에서 각각의 대응점에서 대칭의 중심까지의 거리는 같으므로
(선분 ㄴㅁ)=(선분 ㄹㅂ)=(선분 ㅁㅇ)=(선분 ㅂㅇ)입니다.
선분 ㄴㅂ은 선분 ㄴㄹ을 4등분 한 것 중의 3개이므로 선분 ㄴㅂ의 길이는
선분 ㄴㄹ의 길이의 $\frac{3}{4}$이고, 삼각형 ㄷㅂㄴ과 삼각형 ㄷㄹㄴ의 높이가 같으므로
(삼각형 ㄷㅂㄴ의 넓이)=(삼각형 ㄷㄹㄴ의 넓이)×$\frac{3}{4}$입니다.

➡ (색칠한 부분의 넓이)=$(30 \times 12 \div 2) \times \frac{3}{4} = \overset{45}{180} \times \frac{3}{\underset{1}{4}} = 135$ (cm²)

보충 개념
(삼각형의 넓이)
=(밑변)×(높이)÷2
이므로 밑변이 $\frac{3}{4}$배가 되면
넓이도 $\frac{3}{4}$배가 돼요.

12 접근 ≫ 삼각형을 돌려도 모양과 크기는 그대로입니다.

삼각형 ㄱㄴㄷ과 삼각형 ㄹㅁㄷ은 합동이므로 (각 ㅁㄹㄷ)=(각 ㄴㄱㄷ)=30°이고,
점 ㄷ을 중심으로 23° 돌렸으므로 (각 ㄹㄷㅂ)=23°입니다.
삼각형의 세 각의 크기의 합은 180°이므로 삼각형 ㄹㅂㄷ에서
(각 ㄹㅂㄷ)=180°−(30°+23°)=127°입니다.
따라서 (각 ㉠)=180°−127°=53°입니다.

해결 전략
점 ㄷ을 중심으로 23° 돌렸으므로 (각 ㉮)=23°예요.

다른 풀이

삼각형의 세 각의 크기의 합은 180°이므로 삼각형 ㄱㄴㄷ에서

(각 ㄱㄴㄷ)=180°−(90°+30°)=60°이고, 삼각형 ㄱㄴㄷ과 삼각형 ㄹㅁㄷ은 합동이므로

(각 ㄹㅁㄷ)=(각 ㄱㄴㄷ)=60°입니다.

(각 ㅁㄷㄱ)=90°−23°=67°이므로 삼각형 ㅂㅁㄷ에서 (각 ㉠)=180°−(60°+67°)=53°

입니다.

13 73쪽 8번의 변형 심화 유형

접근 ≫ 종이를 접으면 접은 부분에서 서로 합동인 두 도형을 찾을 수 있습니다.

삼각형 ㄱㄴㄷ은 이등변삼각형이므로

(각 ㄴㄱㄷ)=(각 ㄴㄷㄱ)=(180°−40°)÷2=140°÷2=70°입니다.

삼각형 ㄱㅁㅂ과 삼각형 ㄹㅁㅂ은 합동이므로 (각 ㅁㄹㅂ)=(각 ㅁㄱㅂ)=70°입니다.

삼각형의 세 각의 크기의 합은 180°이므로 삼각형 ㅂㄹㄷ에서

(각 ㅂㄹㄷ)=180°−(46°+70°)=64°입니다.

따라서 (각 ㉠)=180°−(70°+64°)=46°입니다.

보충 개념

삼각형 ㅁㄹㅂ은 삼각형 ㅁㄱㅂ을 접어서 생긴 것이에요.

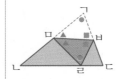

14 접근 ≫ 점 ㄱ과 점 ㄷ을 이으면 삼각형 ㄱㄴㄷ이 만들어집니다.

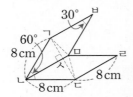

주어진 도형은 선분 ㄴㅁ을 대칭축으로 하는 선대칭도형이므로 사각형 ㄱㄴㅁㅂ과 사각형 ㄷㄴㅁㄹ은 서로 합동입니다. 또한 사각형 ㄱㄴㅁㅂ은 마름모이므로 선대칭도형의 넓이는 삼각형 ㄱㄴㅁ의 넓이의 4배와 같습니다.

선분 ㄱㄷ을 그으면 삼각형 ㄱㄴㄷ이 이등변삼각형이 되고,

(각 ㄱㄴㄷ)=30°+30°=60°이므로

(각 ㄴㄱㄷ)=(각 ㄴㄷㄱ)=(180°−60°)÷2=60°입니다.

즉 삼각형 ㄱㄴㄷ은 정삼각형입니다.

(변 ㄱㄷ)=(변 ㄱㄴ)=(변 ㄴㄷ)=8 cm이고,

사각형 ㄱㄴㄷㅁ은 변 ㄴㅁ을 대칭축으로 하는 선대칭도형이므로

(선분 ㄱㅅ)=(선분 ㄷㅅ)=8÷2=4 (cm)입니다.

(삼각형 ㄱㄴㅁ의 넓이)=(변 ㄴㅁ)×(선분 ㄱㅅ)=8×4÷2=16 (cm²)이므로

선대칭도형의 넓이는 16×4=64 (cm²)입니다.

해결 전략

주어진 도형에서 정삼각형을 찾아 삼각형 ㄱㄴㅁ의 높이를 구해요.

지도 가이드

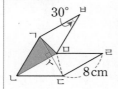

선분 ㄴㅁ을 삼각형 ㄱㄴㅁ의 밑변으로 보고 높이가 되는 선분 ㄱㅅ의 길이를 구하려면, 삼각형 ㄱㄴㄷ이 정삼각형이라는 사실을 알아야 합니다. 선분 ㄱㄴ의 길이와 선분 ㄴㄷ의 길이가 같고, 각 ㄱㄴㄷ이 60°임을 이용하도록 지도해 주세요.

15 접근 ≫ **삼각형의 한 각의 크기를 알면 나머지 두 각의 크기의 합을 알 수 있습니다.**

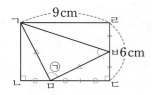

(선분 ㄴㅁ)=3 cm, (선분 ㅁㄷ)=6 cm,
(선분 ㄹㅂ)=(선분 ㅂㄷ)=3 cm이므로
삼각형 ㄱㄴㅁ과 삼각형 ㅁㄷㅂ은 서로 합동입니다.

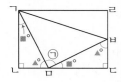

(각 ㅁㄱㄴ)=(각 ㅂㅁㄷ)=■°라 하고
(각 ㄱㅁㄴ)=(각 ㅁㅂㄷ)=▲°라 하면
■°+▲°=180°−90°=90°입니다.
일직선이 이루는 각은 180°이므로
(각 ㉠)=180°−(■°+▲°)=180°−90°=90°입니다.

◆◆ HIGH LEVEL

80~82쪽

1	2	3	4	5	6
60 cm	79°	92°	9쌍	75°	60°
7 14개	**8** 150°	**9** 90°	**10** 5가지		

---

1 접근 ≫ **사다리꼴 하나를 합동인 정삼각형 3개로 나누어 봅니다.**

(정삼각형의 한 변의 길이)
=(정삼각형의 둘레)÷3=108÷3=36 (cm)

사다리꼴 하나를 서로 합동인 정삼각형 3개로 나눌 수 있으므로 처음 정삼각형을 합동인 작은 정삼각형 9개로 나눌 수 있습니다. 작은 정삼각형의 한 변은 처음 정삼각형의 한 변을 3등분 한 길이와 같으므로 36÷3=12 (cm)입니다.
사다리꼴 한 개의 둘레는 작은 정삼각형 한 변의 길이의 5배와 같으므로
12×5=60 (cm)입니다.

---

2 접근 ≫ **주어진 도형에서 이등변삼각형을 찾을 수 있습니다.**

삼각형 ㅁㄷㄹ에서 (각 ㅁㄷㄹ)=180°−(90°+56°)=34°입니다.
(각 ㅁㄷㅂ)=(각 ㅁㄷㄹ)=34°이므로 (각 ㅂㄷㄴ)=90°−(34°+34°)=22°입니다.
(변 ㄴㄷ)=(변 ㅂㄷ)이므로 삼각형 ㅂㄴㄷ은 이등변삼각형입니다.
따라서 (각 ㉮)=(각 ㄴㅂㄷ)=(180°−22°)÷2=79°입니다.

3 접근 》 선대칭도형인 삼각형은 이등변삼각형입니다.

이등변삼각형 ㄱㄴㅂ에서 (각 ㅂㄱㅁ)=(각 ㅂㄴㅁ)=□라 하면
(각 ㄱㄴㄹ)=(□+21)°이고, 삼각형 ㄱㄴㄷ에서 (각 ㄱㄷㄹ)=(각 ㄱㄴㄹ)이므로
□°+(□+21)°+(□+21)°=180°, (□+□+□)°+42°=180°,
(□×3)°=138°, □°=46°입니다.
(각 ㄱㄷㄹ)=(각 ㄱㄴㄹ)=46°+21°=67°이므로
삼각형 ㄴㄷㅂ에서 (각 ㉠)=180°−(21°+67°)=92°입니다.

해결 전략
각 ㅂㄱㅁ의 크기를 □°라 하여 이등변삼각형의 세 각의 크기의 합을 구하는 식을 세워 봐요.

4 접근 》 작은 삼각형 1개짜리, 2개짜리, … 순서로 서로 합동인 삼각형을 찾아봅니다.

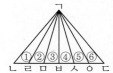

1개짜리: (①, ⑥), (②, ⑤), (③, ④) ➡ 3쌍
2개짜리: (①+②, ⑤+⑥), (②+③, ④+⑤) ➡ 2쌍
3개짜리: (①+②+③, ④+⑤+⑥),
(②+③+④, ③+④+⑤) ➡ 2쌍
4개짜리: (①+②+③+④, ③+④+⑤+⑥) ➡ 1쌍
5개짜리: (①+②+③+④+⑤, ②+③+④+⑤+⑥) ➡ 1쌍
따라서 그림에서 찾을 수 있는 서로 합동인 삼각형은 모두 9쌍입니다.

주의
중복되거나 빠뜨리는 경우가 없도록 해요.

5 접근 》 접은 부분에서 크기가 같은 각을 찾아봅니다.

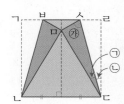

정사각형은 네 변의 길이가 같으므로
(변 ㅁㄴ)=(변 ㄴㄷ)=(변 ㅁㄷ)입니다. 즉 삼각형 ㅁㄴㄷ은
정삼각형입니다.
(각 ㅁㄷㄴ)=60°이고 각 ㉠과 각 ㉡의 크기는 같으므로
(각 ㉠)=(각 ㉡)=(90°−60°)÷2=30°÷2=15°입니다.
삼각형의 세 각의 크기의 합은 180°이므로
삼각형 ㅅㅁㄷ에서 (각 ㉮)=180°−(90°+15°)=75°입니다.

보충 개념
접은 부분에서 크기가 같은 각 3쌍을 찾을 수 있어요.

6 접근 》 점 ㅇ과 점 ㄹ을 이어서 만든 삼각형 ㄹㄴㅇ의 세 변의 길이를 알아봅니다.

점 ㅇ과 점 ㄹ을 이으면 선분 ㅇㄹ은 원의 반지름이므로
(선분 ㅇㄹ)=(선분 ㅇㄴ)입니다. (선분 ㄴㄹ)=(선분 ㄴㅇ)이므로
삼각형 ㄹㄴㅇ은 정삼각형입니다. ➡ (각 ㄹㄴㅇ)=60°
(각 ㄷㄴㅇ)=(각 ㄷㄴㄹ)=60°÷2=30°이므로
삼각형 ㄴㄷㄹ에서 (각 ㄴㄷㄹ)=180°−(90°+30°)=60°입니다.
(각 ㄴㄷㅇ)=(각 ㄴㄷㄹ)=60°이므로 (각 ㉮)=180°−(60°+60°)=60°입니다.

보충 개념
원을 4등분 했으므로
(각 ㄴㅇㄱ)=360°÷4
=90°예요.

7 접근 ≫ 네 자리 수를 만들었을 때 점대칭도형이 될 수 있는 숫자부터 찾아봅니다.

㉑ 점대칭도형이 되는 수는 **0, 1, 2, 5, 6, 8, 9**를 조합하여 만들 수 있습니다.

➡ **2002, 2112, 2222, 2552, 2692, 2882, 2962, 5005, 5115, 5225, 5555, 5695, 5885, 5965**

따라서 수 카드를 사용하여 만들 수 있는 2000과 6000 사이의 네 자리 수 중에서 점대칭도형이 되는 수는 모두 14개입니다.

채점 기준	배점
점대칭도형을 만들 수 있는 숫자를 모두 찾았나요?	2점
2000과 6000 사이의 네 자리 수 중에서 점대칭도형이 되는 네 자리 수를 모두 찾았나요?	3점

해결 전략
· 점대칭도형인 네 자리 수
㉑

보충 개념
· 선대칭도형인 네 자리 수
㉑

8 접근 ≫ 정삼각형의 세 변의 길이는 같습니다.

사각형 ㄱㄴㄷㄹ은 정사각형이므로 (변 ㄱㄴ)=(변 ㄴㄷ)=(변 ㄷㄹ)=(변 ㄱㄹ)이고, 삼각형 ㅁㄴㄷ은 정삼각형이므로 (변 ㅁㄴ)=(변 ㄴㄷ)=(변 ㄷㅁ)입니다.

(변 ㄱㄴ)=(변 ㅁㄴ)=(변 ㄷㄹ)=(변 ㄷㅁ)이므로 삼각형 ㄱㄴㅁ과 삼각형 ㄹㄷㅁ은 이등변삼각형입니다.

(각 ㅁㄴㄷ)=60°이므로 (각 ㄱㄴㅁ)=90°−60°=30°이고,

(각 ㄴㄱㅁ)=(각 ㄴㅁㄱ)=(180°−30°)÷2=75°,

(각 ㅁㄱㄹ)=90°−75°=15°입니다.

삼각형 ㄱㄴㅁ과 삼각형 ㄹㄷㅁ은 합동이므로 삼각형 ㄱㅁㄹ은 이등변삼각형입니다.

(각 ㅁㄹㄱ)=(각 ㅁㄱㄹ)=15°이므로 삼각형 ㄱㅁㄹ에서

(각 ㄱㅁㄹ)=180°−(15°+15°)=150°입니다.

해결 전략
정삼각형의 한 각의 크기 ➡ 이등변삼각형 ㄱㄴㅁ의 한 각의 크기 ➡ 이등변삼각형 ㄱㄴㅁ의 나머지 두 각의 크기 ➡ 이등변삼각형 ㄱㅁㄹ의 두 각의 크기 ➡ 각 ㄱㅁㄹ의 크기 순서로 구해요.

다른 풀이
사각형 ㄱㄴㄷㄹ은 정사각형이므로 (변 ㄱㄴ)=(변 ㄴㄷ)=(변 ㄷㄹ)=(변 ㄱㄹ)이고, 삼각형 ㅁㄴㄷ은 정삼각형이므로 (변 ㅁㄴ)=(변 ㄴㄷ)=(변 ㄷㅁ)입니다.
(변 ㄱㄴ)=(변 ㅁㄴ)=(변 ㄷㄹ)=(변 ㄷㅁ)이므로 삼각형 ㄱㄴㅁ과 삼각형 ㄹㄷㅁ은 이등변삼각형입니다.
(각 ㅁㄴㄷ)=(각 ㅁㄷㄴ)=60°이므로 (각 ㄱㄴㅁ)=(각 ㄹㄷㅁ)=90°−60°=30°이고,
(각 ㄴㄱㅁ)=(각 ㄴㅁㄱ)=(각 ㄷㄹㅁ)=(각 ㄷㅁㄹ)=(180°−30°)÷2=75°입니다.
따라서 (각 ㄱㅁㄹ)=360°−(75°×2+60°)=150°입니다.

9 접근 ≫ 서로 합동인 두 삼각형을 찾아봅니다.

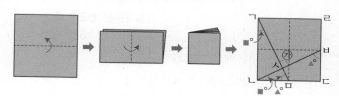

(변 ㄱㄴ)=(변 ㄴㄷ), (변 ㄴㅁ)=(변 ㄷㅂ), (각 ㄱㄴㅁ)=(각 ㄴㄷㅂ)=90°이므로

삼각형 ㄱㄴㅁ과 삼각형 ㄴㄷㅂ은 서로 합동입니다.

(각 ㄴㄱㅁ)=(각 ㄷㄴㅂ)=■°, (각 ㄱㅁㄴ)=(각 ㄴㅂㄷ)=▲°라 하면

삼각형 ㄱㄴㅁ에서 180°-(각 ㄱㄴㅁ)=180°-90°=■°+▲°=90°입니다.

삼각형 ㅅㄴㅁ에서 (각 ㄴㅅㅁ)=180°-(■°+▲°)=180°-90°=90°입니다.

따라서 (각 ㉮)=(각 ㄴㅅㅁ)=90°입니다.

해결 전략
합동인 삼각형의 모르는 두 각의 크기를 각각 ■°, ▲°라 하여 ■°+▲°의 값을 이용해요.

10 접근 ≫ 사다리꼴의 네 변을 각각 대칭축으로 생각해 봅니다.

사다리꼴 2개로 변과 변을 맞닿게 붙여서 만들 수 있는 선대칭도형은 다음과 같습니다.

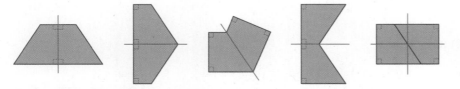

따라서 만들 수 있는 선대칭도형은 모두 5가지입니다.

주의

사다리꼴 두 개를 맞닿게 붙여서 직사각형 모양이 되는 경우를 빠뜨리지 않도록 해요.

지도 가이드

사각형의 네 각의 크기의 합은 360°이고
사다리꼴의 두 각은 각각 90°이므로
(각 ㉮)+(각 ㉯)=360°-(90°+90°)=180°입니다.

따라서 사다리꼴 두 개를 왼쪽과 같이 붙이면 직사각형 모양이 됩니다.

4 소수의 곱셈

BASIC TEST

1 (소수)×(자연수) |87쪽

1 '큽니다'에 ○표, '작습니다'에 ○표
2 3.8, 3.8, 3.8, 11.4 / 38, 114, 11.4
3 13, 78, 0.78   **4** 16.5 m
5 1540원   **6** 7.7 L

1 • 은하: 2.8을 2.5로 생각하고 2.5를 네 번 더하면
$2.5+2.5+2.5+2.5=10$입니다. 2.8은 2.5보다 조금 크므로 $2.8×4$의 곱은 10보다 조금 큽니다.

   • 승우: 2.8을 3으로 생각하고 3과 4를 곱하면 $3×4=12$입니다. 2.8은 3보다 조금 작으므로 $2.8×4$의 곱은 12보다 조금 작습니다.

> **보충 개념**
> $2.8×4=11.2$로 곱이 10보다 크고 12보다 작습니다.

2 **방법 1** 3.8을 세 번 더하면 11.4가 됩니다.
방법 2 3.8을 분수로 고쳐서 분수의 곱셈을 한 다음 곱을 소수로 나타냅니다.

3 ■의 $\frac{1}{100}$배가 0.13이므로 ■는 13입니다.
$13×6=78$이므로 ▲는 78입니다.
곱해지는 수 13이 $\frac{1}{100}$배가 되면 계산 결과인 78도 $\frac{1}{100}$배가 되므로 ●는 0.78입니다.
➡ $0.13×6=0.78$

4 정오각형은 변이 5개이고 모든 변의 길이가 같습니다. 한 변의 길이가 3.3 m이므로 정오각형의 둘레는 $3.3×5=16.5$ (m)입니다.

> **보충 개념**

5 10 g에 30.8원이므로 500 g만큼 사려면 30.8원의 50배인 $30.8×50=1540$(원)을 내야 합니다.

> **보충 개념**
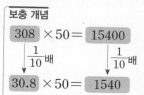

6 2주는 $7×2=14$(일)이므로 2주 동안 마시는 생수는 $0.55×14=7.7$ (L)입니다.

> **보충 개념**
> | 55 | ×14= | 770 |
> 　　　↓ $\frac{1}{100}$배 　　　↓ $\frac{1}{100}$배
> | 0.55 | ×14= | 7.7 |

2 (자연수)×(소수) |89쪽

1 ㉠, ㉢   **2** ㉡
3 (1) 45 (2) 4.5 (3) 45 (4) 4.5
4 1.6 m   **5** 13.8 m²
6 14 L   **7** 112 km

1 어떤 수와 1보다 작은 소수를 곱한 결과는 어떤 수보다 작습니다.
따라서 ㉠ $5×\underline{0.68}$, ㉢ $9×\underline{0.9}$의 계산 결과는 곱한 자연수보다 작습니다.

> **보충 개념**
> ㉠ $5×0.68<5$ ㉡ $6×4.7>6$
> ㉢ $9×0.9<9$ ㉣ $10×1.76>10$

2 ㉡ $8×0.05=8×0.01×5=40×0.01=0.4$
따라서 잘못 계산한 것은 ㉡입니다.

3 곱해지는 수가 그대로일 때, 곱하는 수가 $\frac{1}{10}$배가 되면 계산 결과가 $\frac{1}{10}$배가 되고, 곱하는 수가 $\frac{1}{100}$배가 되면 계산 결과가 $\frac{1}{100}$배가 됩니다.

> **보충 개념**
> $75×6=6×75=450$

4 높이가 5 m인 표지판의 그림자 길이는 5 m의 0.32 이므로 5×0.32＝1.6 (m)입니다.

보충 개념

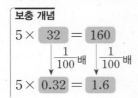

$5×$ 32 $=$ 160

$\downarrow \frac{1}{100}$배 $\downarrow \frac{1}{100}$배

$5×$ 0.32 $=$ 1.6

5 230 cm＝2.3 m
현수막의 넓이는 6×2.3＝13.8 (m²)입니다.

보충 개념

$6×$ 23 $=$ 138

$\downarrow \frac{1}{10}$배 $\downarrow \frac{1}{10}$배

$6×$ 2.3 $=$ 13.8

6 2 L의 1＋0.4＝1.4(배)는 2×1.4＝2.8 (L)입니다.
따라서 이 섬유유연제를 5통 사면 모두
2.8×5＝14 (L)만큼 사는 셈입니다.

7 1시간＝60분이므로 3시간 12분을 소수로 나타내면 $3\frac{12}{60}$시간＝$3\frac{2}{10}$시간＝3.2시간입니다.
따라서 오토바이로 3시간 12분 동안 간 거리는
35×3.2＝112 (km)입니다.

3 (소수)×(소수), 곱의 소수점 위치   91쪽

1 (1) < (2) < (3) > (4) <
2 45 / $\frac{1}{1000}$ / 0.045
3 (1) 37.8 (2) 3.78 (3) 0.378
4 ㉢   **5** 135 kg
6 6.3 kg   **7** (1) 0.53 (2) 6.1

1 (1) 0.9와 1보다 작은 소수를 곱한 결과는 0.9보다 작습니다.
(2) 0.54와 1보다 작은 소수를 곱한 결과는 0.54보다 작습니다.
(3) 0.071과 1보다 큰 소수를 곱한 결과는 0.071보다 큽니다.

(4) 1.1과 1보다 작은 소수를 곱한 결과는 1.1보다 작습니다.

2 곱해지는 수가 $\frac{1}{100}$배가 되고, 곱하는 수가 $\frac{1}{10}$배가 되면 곱이 $\frac{1}{100}×\frac{1}{10}＝\frac{1}{1000}$(배)가 됩니다.
9×5＝45이므로 0.09×0.5의 곱은 45의 $\frac{1}{1000}$배인 0.045가 됩니다.

3 (1)
42 × 90 = 3780
$\downarrow \frac{1}{10}$배 $\downarrow \frac{1}{10}$배 $\downarrow \frac{1}{100}$배
4.2 × 9 = 37.8

(2)
42 × 90 = 3780
$\downarrow \frac{1}{10}$배 $\downarrow \frac{1}{100}$배 $\downarrow \frac{1}{1000}$배
4.2 × 0.9 = 3.78

(3)
42 × 90 = 3780
$\downarrow \frac{1}{100}$배 $\downarrow \frac{1}{100}$배 $\downarrow \frac{1}{10000}$배
0.42 × 0.9 = 0.378

4 곱의 소수점 아래 자리 수는 곱하는 두 소수의 소수점 아래 자리 수의 합과 같습니다. 곱하는 두 수의 숫자 배열이 각각 같으므로 소수점의 위치만 비교하면 됩니다.
㉠ 0.8×2.54
➡ 8×0.1×254×0.01
  ＝8×254×0.1×0.01＝8×254×0.001
㉡ 0.08×25.4
➡ 8×0.01×254×0.1
  ＝8×254×0.01×0.1＝8×254×0.001
㉢ 80×0.254
➡ 8×10×254×0.001
  ＝8×254×10×0.001＝8×254×0.01
㉣ 0.008×254
➡ 8×0.001×254＝8×254×0.001
따라서 계산 결과가 다른 하나는 ㉢입니다.

5 철근 10 cm의 무게가 1.35 kg이므로 철근 1 m=100 cm의 무게는 $1.35 \times 10 = 13.5$ (kg) 입니다. 따라서 철근 10 m의 무게는 $13.5 \times 10 = 135$ (kg)입니다.

> **다른 풀이**
> 10 m=1000 cm이므로 1000 cm는 10 cm의 100배입니다. 따라서 철근 10 m의 무게는 $1.35 \times 100 = 135$ (kg)입니다.

6 오늘 잰 동생의 몸무게는 3.5 kg의 1.8배이므로 $3.5 \times 1.8 = 6.3$ (kg)입니다.

> **보충 개념**
> $$\boxed{35} \times \boxed{18} = \boxed{630}$$
> $\downarrow \frac{1}{10}$배 $\quad \downarrow \frac{1}{10}$배 $\quad \downarrow \frac{1}{100}$배
> $$\boxed{3.5} \times \boxed{1.8} = \boxed{6.3}$$

7 (1) $0.74 \times 53 = 74 \times \underline{0.01} \times 53 = 74 \times \underline{0.53}$
　　(2) $8.7 \times 61 = 87 \times \underline{0.1} \times 61 = 87 \times \underline{6.1}$

MATH TOPIC　92~100쪽

1-1 ㉡, ㉣	**1-2** ㉡, 4.8	**1-3** ㉢, 7.64
2-1 54 mL	**2-2** 0.82 m	**2-3** 37.8 cm
3-1 1000배	**3-2** 5.26	**3-3** 21.5, 0.71
4-1 4200원	**4-2** 0.534 g	**4-3** 3.4 L
5-1 451번	**5-2** 14.4 cm	**5-3** 157.5 km
6-1 72.5 cm	**6-2** 86.8 cm²	**6-3** 101.25 m²
7-1 1.08 m	**7-2** 네 번째	**7-3** 6.76 m
8-1 1	**8-2** 6	
심화9 5.2 / 4.2 / 4.2, 6억 3000만 / 6억 3000만 km		
9-1 6.25배		

1-1 ㉠ $5 \times 0.67 < 5$　　　　㉡ $0.45 \times 5 < 5$
　　㉣ $0.45 \times 5 \times 0.9 < 5$
　　➡ 5와 1보다 작은 소수의 곱은 5보다 작습니다.
　　㉢ $1.05 \times 5 > 5$ ➡ 5와 1보다 큰 소수의 곱은 5보다 큽니다.

㉣ 10×0.67 ➡ 10의 0.5배는 5이므로 10×0.67은 5보다 큽니다.
따라서 계산 결과가 5보다 큰 것을 모두 고르면 ㉡, ㉣입니다.

1-2 ㉠ $3.8 \times 0.38 < 3.8$　　㉣ $3.8 \times 0.9 \times 0.9 < 3.8$
　　➡ 3.8에 1보다 작은 소수를 곱하면 곱은 3.8보다 작아집니다.
　　㉡ 8×0.6 ➡ 8의 0.5배는 4이므로 8×0.6은 4보다 조금 큽니다. 즉 3.8보다 큽니다.
　　㉢ 6×0.49 ➡ 6의 0.5배는 3이므로 6×0.49는 3보다 조금 작습니다. 즉 3.8보다 작습니다.
따라서 계산 결과가 3.8보다 큰 것은 ㉡입니다.
㉡ $8 \times 0.6 = 4.8$

1-3 ㉠ 8×1.14 ➡ 8에 1보다 큰 소수를 곱했으므로 8×1.14는 8보다 큽니다.
　　㉡ 10×0.88 ➡ 10의 0.8배는 8이므로 10×0.88은 8보다 조금 큽니다.
　　㉢ 1.91×4 ➡ 1.91을 2로 생각하면 $2 \times 4 = 8$ 이므로 1.91×4는 8보다 조금 작습니다.
　　㉣ 17×0.53 ➡ 0.53을 0.5로 생각하면 17의 0.5배는 8.5이므로 17×0.53은 8.5보다 조금 큽니다. 즉 8보다 큽니다.
따라서 계산 결과가 8보다 작은 것은 ㉢입니다.
㉢ $1.91 \times 4 = 7.64$

2-1 하루에 3번씩 4일 동안 먹었으므로 $3 \times 4 = 12$(번) 먹었습니다. 따라서 4일 동안 먹은 감기약은 4.5 mL의 12배이므로 $4.5 \times 12 = 54$ (mL)입니다.

2-2 6명에게 나누어 준 털실은 0.28 m의 6배이므로 $0.28 \times 6 = 1.68$ (m)입니다. 따라서 남은 털실의 길이는 $2.5 - 1.68 = 0.82$ (m)입니다.

2-3 1년은 12개월이므로 머리카락은 1년 동안 $0.9 \times 12 = 10.8$ (cm)만큼 자랍니다.
따라서 1년 후 예서의 머리카락 길이는

$27+10.8=37.8\,(\text{cm})$가 됩니다.

3-1 $8.9\times\bigcirc=890$

➡ 8.9의 $\bigcirc$배가 890이므로 $\bigcirc$은 100입니다.

$\bigcirc\times90.4=90.4\times\bigcirc=9.04$

➡ 90.4의 $\bigcirc$배가 9.04이므로 $\bigcirc$은 0.1입니다.

따라서 $\bigcirc$ 100은 $\bigcirc$ 0.1의 1000배입니다.

3-2 $\bigcirc\times37.2=37.2\times\bigcirc=3.72$

➡ 37.2의 $\bigcirc$배가 3.72이므로 $\bigcirc$은 0.1입니다.

$100\times\bigcirc=\bigcirc\times100=5260$

➡ $\bigcirc$의 100배가 5260이므로 $\bigcirc$은 52.6입니다.

따라서 $\bigcirc\times\bigcirc=0.1\times52.6=5.26$입니다.

3-3 $5.7\times2.15=0.57\times\bigcirc$,

$57\times\underline{0.1}\times215\times0.01=57\times0.01\times\bigcirc$이므로

$\bigcirc=0.1\times215=21.5$입니다.

$\bigcirc\times1050=71\times10.5$,

$\bigcirc\times1050=\underline{71}\times1050\times\underline{0.01}$이므로

$\bigcirc=71\times0.01=0.71$입니다.

4-1 $1000\,\text{g}=1\,\text{kg}$ ➡ $1\,\text{g}=0.001\,\text{kg}$

(설탕 1 g의 가격)$=2400\times0.001=2.4$(원)

(설탕 250 g의 가격)$=2.4\times250=600$(원)

일주일은 7일이므로 일주일 동안 사용하는 설탕의 가격은 $600\times7=4200$(원)인 셈입니다.

4-2 몸무게 1 kg당 15 mg만큼 먹어야 하므로 몸무게가 35.6 kg인 어린이는 영양제를 $15\times35.6=534\,(\text{mg})$만큼 먹어야 합니다.

$1000\,\text{mg}=1\,\text{g}$ ➡ $1\,\text{mg}=0.001\,\text{g}$이므로

534 mg은 $534\times0.001=0.534\,(\text{g})$입니다.

4-3 $1000\,\text{mL}=1\,\text{L}$ ➡ $1\,\text{mL}=0.001\,\text{L}$이므로

920 mL는 $920\times0.001=0.92\,(\text{L})$입니다.

수도꼭지에서 1분에 물이 0.92 L씩 나오므로 20분 동안 나오는 물의 양은

$0.92\times20=18.4\,(\text{L})$입니다. 따라서 욕조 밖으로 흘러넘친 물은 $18.4-15=3.4\,(\text{L})$입니다.

5-1 1분=60초이므로 5분 30초를 소수로 나타내면

$5\dfrac{30}{60}$분$=5\dfrac{5}{10}$분$=5.5$분입니다.

심장이 1분 동안 82번씩 뛰므로 5분 30초 동안 뛰는 횟수는 $82\times5.5=451$(번)입니다.

5-2 1분=60초이므로 1분 24초를 소수로 나타내면

$1\dfrac{24}{60}$분$=1\dfrac{4}{10}$분$=1.4$분입니다.

양초가 1분 동안 1.5 cm씩 타므로 1분 24초 동안에는 $1.5\times1.4=2.1\,(\text{cm})$ 탑니다.

따라서 불을 붙이기 전 양초의 길이는

$12.3+2.1=14.4\,(\text{cm})$입니다.

5-3 오전 8시 15분에 출발하여 오전 10시에 도착하였으므로 가는 데 걸린 시간은 1시간 45분입니다.

1시간=60분이므로 1시간 45분을 소수로 나타내면

$1\dfrac{45}{60}$시간$=1\dfrac{3}{4}$시간$=1\dfrac{75}{100}$시간$=1.75$시간입니다.

1시간에 90 km씩 가므로 1시간 45분 동안 간 거리는 $90\times1.75=157.5\,(\text{km})$입니다.

6-1 원래 길이의 0.45만큼 늘어났으므로 늘어난 후 길이는 원래 길이의 $1+0.45=1.45$(배)가 됩니다.

따라서 늘어난 후 고무줄의 길이는

$50\times1.45=72.5\,(\text{cm})$입니다.

> **다른 풀이**
>
> 원래 길이의 0.45배 만큼이 늘어났으므로 늘어난 후 고무줄의 길이는
>
> $50+50\times0.45=50+22.5=72.5\,(\text{cm})$입니다.

6-2 (새로 그린 직사각형의 가로)$=10\times(1-0.3)$

$\qquad\qquad\qquad\qquad=10\times0.7$

$\qquad\qquad\qquad\qquad=7\,(\text{cm})$

(새로 그린 직사각형의 세로)$=10\times(1+0.24)$

$\qquad\qquad\qquad\qquad=10\times1.24$

$\qquad\qquad\qquad\qquad=12.4\,(\text{cm})$

(새로 그린 직사각형의 넓이)$=7\times12.4$

$\qquad\qquad\qquad\qquad=86.8\,(\text{cm}^2)$

> **보충 개념**
>
> ■보다 0.3배 줄어든 후의 양 ➡ ■의 $(1-0.3)$배
>
> ■보다 0.24배 늘어난 후의 양 ➡ ■의 $(1+0.24)$배

6-3 (처음 공원의 넓이)$=9 \times 9 = 81$ (m²)

(늘인 후 공원의 한 변의 길이)

$\quad = 9 \times 1.5 = 13.5$ (m)

(늘인 후 공원의 넓이)

$\quad = 13.5 \times 13.5 = 182.25$ (m²)

따라서 공원의 넓이는 처음보다

$182.25 - 81 = 101.25$ (m²) 늘어납니다.

> **주의**
> ■의 1.5배로 늘어난 후의 양 ➡ ■ $\times 1.5$
> ■보다 0.5배 늘어난 후의 양 ➡ ■ $\times (1+0.5)$
> $\qquad\qquad\qquad\qquad\qquad = ■ \times 1.5$

7-1 (첫 번째로 튀어 오른 높이)$=5 \times 0.6 = 3$ (m)

(두 번째로 튀어 오른 높이)$=3 \times 0.6 = 1.8$ (m)

(세 번째로 튀어 오른 높이)

$\quad = 1.8 \times 0.6 = 1.08$ (m)

7-2 2 m $= 200$ cm

(첫 번째로 튀어 오른 높이)$=200 \times 0.4$

$\qquad\qquad\qquad\qquad\quad = 80$ (cm)

(두 번째로 튀어 오른 높이)$=80 \times 0.4$

$\qquad\qquad\qquad\qquad\quad = 32$ (cm)

(세 번째로 튀어 오른 높이)$=32 \times 0.4$

$\qquad\qquad\qquad\qquad\quad = 12.8$ (cm)

(네 번째로 튀어오른 높이)$=12.8 \times 0.4$

$\qquad\qquad\qquad\qquad\quad = 5.12$ (cm)

따라서 튀어 오른 높이가 10 cm보다 낮아지는 것은 공이 네 번째로 튀어 오를 때입니다.

7-3 공이 세 번째로 땅에 닿는 것은 두 번째로 튀어 오른 후 땅에 떨어졌을 때입니다.

(첫 번째로 튀어 오른 높이)$=2 \times 0.7 = 1.4$ (m)

(두 번째로 튀어 오른 높이)

$\quad = 1.4 \times 0.7 = 0.98$ (m)

따라서 공이 세 번째로 땅에 닿을 때까지 움직인 거리는

$2 + 1.4 \times 2 + 0.98 \times 2 = 2 + 2.8 + 1.96$

$\quad = 6.76$ (m)입니다.

> **주의**
> 공이 튀어 올랐다가 땅에 다시 떨어지는 거리도 생각해야 해요.

8-1 소수 한 자리 수를 100번 곱하면 소수 100자리 수가 되므로 소수 100째 자리 숫자는 곱의 소수점 아래 끝자리의 숫자입니다.

0.7을 여러 번 곱하면 소수점 아래 끝자리의 숫자는 7, 9, 3, 1로 반복됩니다. $100 \div 4 = 25$이므로 곱의 소수 100째 자리 숫자는 7, 9, 3, 1에서 네 번째 숫자와 같은 1입니다.

8-2 소수 한 자리 수를 100번 곱하면 소수 100자리 수가 되므로 소수 100째 자리 숫자는 곱의 소수점 아래 끝자리의 숫자입니다.

0.4를 여러 번 곱하면 소수점 아래 끝자리의 숫자는 4, 6으로 반복됩니다. $100 \div 2 = 50$이므로 곱의 소수 100째 자리 숫자는 4, 6에서 두 번째 숫자와 같은 6입니다.

> **보충 개념**
> $0.4 = 0.\underline{4}$
> $0.4 \times 0.4 = 0.1\underline{6}$
> $0.4 \times 0.4 \times 0.4 = 0.06\underline{4}$
> $0.4 \times 0.4 \times 0.4 \times 0.4 = 0.025\underline{6}$
> $\qquad\qquad\qquad \vdots$

9-1 한 등급 높아질 때마다 별의 밝기가 2.5배가 되므로 4등급 별은 5등급 별보다 2.5배 밝고, 3등급 별은 4등급 별보다 2.5배 밝습니다. 따라서 3등급 별은 5등급 별보다 $2.5 \times 2.5 = 6.25$(배) 밝습니다.

LEVEL UP TEST

1 0.909	**2** ㉣, ㉢, ㉠, ㉡	**3** 51720원	**4** 1560 g	**5** 92시간 24분
6 247.5 m²	**7** 0.01배$\left(=\dfrac{1}{100}$배$\right)$	**8** 0.0986	**9** 1917.3	**10** 4500개
11 51.2 mm	**12** 6.9 L	**13** 1.08배	**14** 0.75 kg	**15** 2494.8 cm²

1 접근 ≫ 곱해지는 소수가 1보다 큰지 작은지 따져 봅니다.

$7 \times$ ■ < 7 ➡ 7에 ■를 곱한 계산 결과가 7보다 작아졌으므로 ■는 1보다 작은 소수입니다. 즉 ■에 들어갈 수 있는 가장 큰 소수 한 자리 수는 0.9입니다.

▲ $\times 0.8 > 0.8$ ➡ 0.8에 ▲를 곱한 계산 결과가 0.8보다 커졌으므로 ▲는 1보다 큰 소수입니다. 즉 ▲에 들어갈 수 있는 가장 작은 소수 두 자리 수는 1.01입니다.

따라서 ■에 들어갈 수 있는 가장 큰 소수 한 자리 수와 ▲에 들어갈 수 있는 가장 작은 소수 두 자리 수의 곱은 $0.9 \times 1.01 = 0.909$입니다.

보충 개념
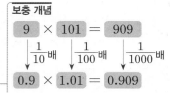

2 92쪽 2번의 변형 심화 유형
접근 ≫ 4.2와 곱한 소수가 1보다 큰지 작은지 살펴봅니다.

4.2와 1보다 작은 소수를 곱하면 곱은 4.2보다 작아집니다.
㉠ $4.2 \times 0.9 < 4.2$, ㉡ $0.38 \times 4.2 < 4.2$
$0.9 > 0.38$이고 어떤 수에 더 큰 수를 곱할수록 계산 결과가 커집니다. ➡ ㉠>㉡
4.2와 1보다 큰 소수를 곱하면 곱은 4.2보다 커집니다.
㉢ $1.3 \times 4.2 > 4.2$, ㉣ $4.2 \times 1.01 \times 1.3 > 4.2$
$4.2 \times 1.01 \times 1.3$은 1.3×4.2에 1.01을 곱한 값이므로 1.3×4.2보다 큽니다.
➡ ㉣>㉢
㉣>㉢>4.2>㉠>㉡이므로 계산 결과가 가장 큰 것부터 차례로 기호를 쓰면
㉣, ㉢, ㉠, ㉡입니다.

해결 전략
4.2에 곱해진 소수의 크기를 비교해요.

보충 개념
■ $\times$ (1보다 큰 소수) $>$ ■
■ $\times$ (1보다 작은 소수) $<$ ■

3 접근 ≫ 3000루블은 10루블의 300배입니다.

러시아 돈 10루블이 172.4원이므로 3000루블은 $\underset{\text{10루블의 300배}}{172.4 \times 300} = 51720$(원)입니다. 따라서 3000 루블만큼 환전하려면 우리 돈 51720원이 필요합니다.

보충 개념
10루블=172.4원
1루블=17.24원
3000루블=17.24×3000
$=51720$(원)

4 접근 ≫ 전체의 0.■에 속하지 않는 나머지는 전체의 $(1-0.$■$)$입니다.

무르지 않은 블루베리는 전체의 $1-0.35=0.65$이므로 $6 \times 0.65 = 3.9$ (kg)입니다. 냉장고에 넣은 블루베리는 이 중 $1-0.6=0.4$이므로
$3.9 \times 0.4 = 1.56$ (kg)입니다. 1 kg=1000 g이므로 1.56 kg=1560 g입니다.

해결 전략
소수의 곱셈을 이용해 무르지 않은 블루베리 중 먹고 남은 블루베리의 양을 구해요.

5 96쪽 5번의 변형 심화 유형
접근 ≫ 3시간 18분을 소수로 나타내어 소수의 곱셈식을 세웁니다.

3시간 18분을 소수로 나타내면 $3\frac{18}{60}$시간$=3\frac{3}{10}$시간$=3.3$시간이고, 일주일은 7일
이므로 4주는 $7 \times 4 = 28$(일)입니다.

따라서 4주 동안 공기청정기를 켜 놓은 시간은
$3.3 \times 28 = 92.4$(시간)$=92\frac{4}{10}$(시간)$=92\frac{24}{60}$(시간) ➡ 92시간 24분입니다.

보충 개념
60분=1시간
➡ 18분$=\frac{18}{60}$시간

6 95쪽 4번의 변형 심화 유형
접근 ≫ 사라지는 열대림이 몇 평인지 알아봅니다.

햄버거 1개에 들어가는 소고기를 얻을 때 열대림 1.5평 정도가 사라지므로 햄버거
50개에 들어가는 소고기를 얻을 때 열대림 $1.5 \times 50 = 75$(평) 정도가 사라집니다.
1평은 약 $3.3 \, m^2$이므로 75평은 $75 \times 3.3 = 247.5 \, (m^2)$입니다. 따라서 햄버거 50
개에 들어가는 소고기를 얻는 과정에서 사라지는 열대림은 약 $247.5 \, m^2$입니다.

해결 전략
소수의 곱셈을 이용하여 사라지는 열대림이 몇 평인지 구한 다음 넓이를 m^2로 나타내요.

7 94쪽 3번의 변형 심화 유형
접근 ≫ 곱하는 세 수의 숫자 배열과 소수점의 위치를 살펴봅니다.

두 식을 자연수와 소수의 곱으로 나타내어 자리 수를 비교해 봅니다.
$$0.4 \times 5.17 \times 7.3 = 4 \times 0.1 \times 517 \times 0.01 \times 73 \times 0.1$$
$$= 4 \times 517 \times 73 \times 0.1 \times 0.01 \times 0.1$$
$$= 4 \times 517 \times 73 \times 0.0001$$
$$40 \times 51.7 \times 0.73 = 4 \times 10 \times 517 \times 0.1 \times 73 \times 0.01$$
$$= 4 \times 517 \times 73 \times 10 \times 0.1 \times 0.01$$
$$= 4 \times 517 \times 73 \times 0.01$$
$4 \times 517 \times 73 \times \underline{0.0001}$은 $4 \times 517 \times 73 \times \underline{0.01}$의 0.01배입니다.
따라서 $0.4 \times 5.17 \times 7.3$은 $40 \times 51.7 \times 0.73$의 0.01배$(=\frac{1}{100}$배$)$입니다.

해결 전략
곱하는 세 수의 숫자 배열이 서로 같으므로 곱이 소수 몇 자리 수인지만 비교해요.

다른 풀이

$$\boxed{40} \times \boxed{51.7} \times \boxed{0.73} = \star$$
$\downarrow \frac{1}{100}$배 $\quad \downarrow \frac{1}{10}$배 $\quad \downarrow$10배
$$\boxed{0.4} \times \boxed{5.17} \times \boxed{7.3} = \star \times \frac{1}{100}$$

따라서 $0.4 \times 5.17 \times 7.3$은 $40 \times 51.7 \times 0.73$의 $\frac{1}{100}$배$(=0.01$배$)$입니다.

8 접근 ≫ 작은 수끼리 곱해야 곱이 작아집니다.

수의 크기를 비교해 보면 $1 < 5 < 7 < 8$입니다.

$0.㉠㉡ × 0.㉢㉣$에서 소수 첫째 자리인 ㉠과 ㉢에 가장 작은 숫자 1과 두 번째로 작은 숫자 5를 넣어 두 가지 곱셈식을 만들어 곱을 구해 봅니다.

$$\begin{array}{l} 0.17 × 0.58 = 0.0986 \\ 0.18 × 0.57 = 0.1026 \end{array}$$

➡ $0.0986 < 0.1026$이므로 만들 수 있는 곱셈식의 곱 중에서 가장 작은 값은 0.0986입니다.

보충 개념
곱을 크게 할 경우에는 소수 첫째 자리인 ㉠과 ㉢에 큰 수를 놓고, 곱을 작게 할 경우에는 소수 첫째 자리인 ㉠과 ㉢에 작은 수를 놓아요.

9 서술형

접근 ≫ $5.81 × 3$의 곱의 소수점만 옮기면 $5.81 × 30$의 값을 구할 수 있습니다.

⟨예⟩ $5.81 × 330$은 $5.81 × 300$과 $5.81 × 30$을 합한 값과 같습니다.

$5.81 × 3 = 17.43$이므로 $5.81 × 300 = 1743$이고, $5.81 × 30 = 174.3$입니다.

따라서 $5.81 × 330 = 1743 + 174.3 = 1917.3$입니다.

해결 전략
$$\begin{array}{r} 5.81 × 300 \\ +)\,5.81 ×\ \ 30 \\ \hline 5.81 × 330 \end{array}$$

채점 기준	배점
$5.81 × 3 = 17.43$을 이용하여 $5.81 × 300$의 값을 구할 수 있나요?	1.5점
$5.81 × 3 = 17.43$을 이용하여 $5.81 × 30$의 값을 구할 수 있나요?	1.5점
$5.81 × 330 = 5.81 × 300 + 5.81 × 30$임을 이용하여 $5.81 × 330$의 값을 구할 수 있나요?	2점

10 97쪽 6번의 변형 심화 유형

접근 ≫ 먼저 올해의 목표 판매량을 알아봅니다

작년 판매량이 7500개이므로 올해의 목표 판매량은 $7500 × 1.3 = 9750$(개)입니다.

지금까지 $7500 × 0.7 = 5250$(개) 팔았으므로 올해 $9750 - 5250 = 4500$(개) 더 팔아야 올해의 목표 판매량을 채울 수 있습니다.

보충 개념
■보다 0.3배 늘어난 후의 양
➡ ■의 $(1+0.3)$배

다른 풀이
올해의 목표 판매량은 작년보다 0.3배 많으므로 작년 판매량의 1.3배입니다.
지금까지 작년 판매량의 0.7배만큼 팔았으므로 올해 더 팔아야 하는 장난감은 작년 판매량의 $1.3 - 0.7 = 0.6$(배)입니다. ➡ $7500 × 0.6 = 4500$(개)

11 98쪽 7번의 변형 심화 유형

접근 ≫ 반으로 잘라 겹쳐 놓으면 두께가 2배가 됩니다.

(5번 잘라 겹쳐 놓은 두께)$= 0.16 × \underbrace{2 × 2 × 2 × 2 × 2}_{5번} = 0.16 × 32 = 5.12$ (cm)

$1\,\text{cm} = 10\,\text{mm}$이므로 전체 두께는 $5.12 × 10 = 51.2$ (mm)입니다.

해결 전략
한 번 반으로 잘라 겹칠 때마다 두께가 2배가 되므로 5번 잘라 겹친 두께는 처음 두께에 2를 5번 곱하여 구해요.

12

접근 » 1시간 15분을 소수로 나타내어 소수의 곱셈식을 세웁니다.

㉠ 1시간=60분이므로 1시간 15분을 소수로 나타내면

$1\frac{15}{60}$시간$=1\frac{1}{4}$시간$=1\frac{25}{100}$시간$=1.25$시간입니다.

1시간 15분 동안 간 거리는 $92\times1.25=115$ (km)이므로
사용한 휘발유의 양은 $115\times0.06=6.9$ (L)입니다.

채점 기준	배점
1시간 15분을 소수로 나타낼 수 있나요?	1점
1시간 15분 동안 간 거리를 구할 수 있나요?	2점
사용한 휘발유의 양을 구할 수 있나요?	2점

보충 개념
- (간 거리)=(한 시간 동안 가는 거리)×(걸린 시간)
- (사용한 휘발유의 양)=(간 거리)×(1 km를 가는 데 필요한 휘발유의 양)

13

97쪽 6번의 변형 심화 유형

접근 » ■보다 0.35배 늘어난 후의 양은 ■의 (1+0.35)배입니다.

이번 달 입장료는 지난달보다 0.35배 올랐으므로 지난달 입장료를 ☐원이라 하면
이번 달 입장료는 (☐×1.35)원입니다. 입장료의 0.2만큼을 할인해 주면 입장료의
$1-0.2=0.8$(배)만큼만 내면 되므로 이번 주 월요일의 입장료는
(☐×1.35×0.8)원입니다. ☐×1.35×0.8=☐×1.08이므로 이번 주 월요일
의 입장료는 지난달 입장료의 1.08배입니다.

<u>   ☐원</u>

해결 전략
지난달 입장료를 ☐원이라 하여 이번 주 월요일의 입장료를 곱셈식으로 나타내요.

14

접근 » 500 mL를 사용하고 다시 무게를 재면 500 mL의 무게만큼이 덜 나갑니다.

(식용유 500 mL의 무게)=$4.66-3.81=0.85$ (kg)
500 mL의 2배는 $500\times2=1000$ (mL)=1 (L)이므로
(식용유 1 L의 무게)=$0.85\times2=1.7$ (kg),
(식용유 2.3 L의 무게)=$1.7\times2.3=3.91$ (kg)입니다.
따라서 빈 병의 무게는 <u>$4.66-3.91=0.75$ (kg)</u>입니다.

해결 전략
식용유 500 mL의 무게 ➡ 식용유 1 L의 무게 ➡ 식용유 2.3 L의 무게 순서로 구해요.

보충 개념
(빈 병의 무게)
=(식용유가 든 병의 무게)
    -(식용유의 무게)

15

접근 » A4, A3, A2 용지의 크기를 생각해 봅니다.

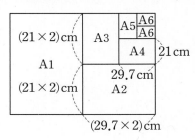

A3 용지의 긴 변을 반으로 접어 자르면 A4 용지
가 되므로 A3 용지의 긴 변은 A4 용지의 짧은 변
의 길이의 2배와 같고, A3 용지의 짧은 변의 길
이는 A4 용지의 긴 변의 길이와 같습니다. 즉 A3
용지의 긴 변의 길이는 $21\times2=42$ (cm)이고,
짧은 변의 길이는 29.7 cm입니다.

보충 개념
- (A2 용지의 짧은 변)
=(A3 용지의 긴 변)
=(A4 용지의 짧은 변)×2
- (A2 용지의 긴 변)
=(A3 용지의 짧은 변)×2
=(A4 용지의 긴 변)×2

A2 용지의 긴 변을 반으로 접어 자르면 A3 용지가 되므로 A2 용지의 긴 변의 길이는 A3 용지의 짧은 변의 길이의 2배와 같고, A2 용지의 짧은 변의 길이는 A3 용지의 긴 변의 길이와 같습니다. 즉 A2 용지의 긴 변의 길이는 $29.7 \times 2 = 59.4 \,(\text{cm})$이고, 짧은 변의 길이는 $42 \,\text{cm}$입니다.

따라서 A2 용지의 넓이는 $59.4 \times 42 = 2494.8 \,(\text{cm}^2)$입니다.

> **해결 전략**
> A4 용지의 가로, 세로 길이를 이용하여 A3 용지의 가로, 세로 길이 ➡ A2 용지의 가로, 세로 길이 순서로 구해요.

◢◣◤ HIGH LEVEL

106~108쪽

1 3.5	**2** 980	**3** 36번	**4** 44.89 cm²	**5** 11.4 ℃	**6** 3000명
7 20분 후	**8** 소수 44자리 수				

1 접근 ≫ 괄호 안의 식을 한 묶음으로 생각해 봅니다.

$0.3 ★ \square = ▲$라 하면 $0.5 ★ (0.3 ★ \square) = 3.84$ ➡ $0.5 ★ ▲ = 3.84$

➡ $0.5 \times 0.5 + ▲ = 3.84$이므로

$0.25 + ▲ = 3.84$, $▲ = 3.84 - 0.25 = 3.59$입니다.

$▲ = 0.3 ★ \square = 3.59$ ➡ $0.3 \times 0.3 + \square = 3.59$이므로 $0.09 + \square = 3.59$,

$\square = 3.59 - 0.09 = 3.5$입니다.

> **해결 전략**
> $0.3 ★ \square$를 ▲라 하여 ▲의 값을 먼저 구한 다음, ▲의 값을 이용하여 $\square$ 안에 알맞은 수를 구해요.

2 접근 ≫ 곱하는 세 수의 숫자 배열과 소수점의 위치를 살펴봅니다.

두 식을 자연수와 소수의 곱으로 나타내어 자리 수를 비교해 봅니다.

$1.63 \times 34 \times 9.8 = 16.3 \times 0.034 \times \square$,

$163 \times 0.01 \times 34 \times 98 \times 0.1 = 163 \times 0.1 \times 34 \times 0.001 \times \square$,

$163 \times 34 \times \underline{98 \times 0.01} \times 0.1 = 163 \times 34 \times 0.1 \times \underline{0.001} \times \square$,

$98 \times 0.01 = 0.001 \times \square$, $\square \times 0.001 = 0.98$이므로 $\square$ 안에 알맞은 수는 980입니다.

> **해결 전략**
> 곱하는 세 수의 숫자 배열이 서로 같으므로 곱이 소수 몇 자리 수인지만 비교하면 돼요.

> **다른 풀이**
>
> | 1.63 | × | 34 | × | 9.8 | = ★ |
> |---|---|---|---|---|---|
> | ↓10배 | | ↓$\frac{1}{1000}$배 | | ↓100배 | |
> | 16.3 | × | 0.034 | × | 980 | = ★ |
>
> 16.3×0.034가 1.63×34의 $10 \times \frac{1}{1000} = \frac{1}{100}$(배)이므로
>
> $\square$는 9.8의 100배인 980이 되어야 합니다.

3 접근 ≫ 한 번 살 때 얼마씩 적립되는지 알아봅니다.

산 가격의 0.004만큼이 적립되므로 35000원어치를 사면
$35000 \times 0.004 = 140$(원)이 적립됩니다.
$5000 \div 140 = 35 \cdots 100$이므로 적립금이 5000원 이상 모이려면
최소한 $35 + 1 = 36$(번) 사야 합니다.

주의
35번 사면 적립금이 4900원
모여요.

4 접근 ≫ 넓이를 구할 수 있도록 모양의 일부분을 옮겨 봅니다.

주어진 모양의 일부분을 다음과 같이 옮기면 빨간색 정사각형 모양이 됩니다.

 →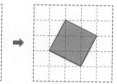

즉 색칠한 부분의 넓이는 빨간색 정사각형의 넓이와 같습니다.
빨간색 정사각형의 한 변의 길이가 6.7 cm이므로 색칠한 부분의 넓이는
$6.7 \times 6.7 = 44.89$ (cm²)입니다.

해결 전략
주어진 모양의 일부분을 옮겨서 빨간색 선분을 한 변으로 하는 정사각형을 만들어요.

보충 개념

㉮＋㉯＝90°

5 접근 ≫ 높이가 1m 높아질 때마다 기온이 약 몇 ℃씩 떨어지는지 알아봅니다.

대류권에서 높이가 $1 \text{ km} = 1000 \text{ m}$ 높아질 때마다 기온이 약 6 ℃씩 떨어지므로 높이가 $1 \text{ m} = 0.001 \text{ km}$ 높아질 때마다 기온이 약 $6 \times 0.001 = 0.006$ (℃)씩 떨어집니다. 높이가 1 m 높아질 때마다 기온이 0.006 ℃씩 떨어지므로 높이가 1350 m인 산꼭대기의 기온은 지표면의 기온보다 약 $0.006 \times 1350 = 8.1$ (℃) 낮습니다. 따라서 지표면에서의 기온이 19.5 ℃일 때, 높이가 1350 m인 산꼭대기에서 기온을 재면 약 $19.5 - 8.1 = 11.4$ (℃)입니다.

해결 전략
높이가 1 m 높아질 때마다 기온이 약 몇 ℃씩 떨어지는지 구하여 높이가 1350 m인 산꼭대기의 기온이 지표면의 기온보다 약 몇 ℃ 낮은지 알아봐요.

6 접근 ≫ 재작년 합격생 수에서 늘어나거나 줄어든 양을 차례대로 생각해 봅니다.

재작년 합격생 수를 □명이라 하면 작년 합격생 수는 (□×1.3)명이고,
올해 합격생 수는 (□×1.3×0.8)명입니다.
□×1.3×0.8＝□×1.04＝3120이고, 이는 □×104×0.01＝3120으로 나타낼 수 있습니다.
□×104×0.01＝3120, □×0.01＝3120÷104＝30에서
□의 0.01배가 30이므로 □는 30의 100배인 3000입니다.
따라서 재작년 합격생 수는 3000명입니다.

해결 전략
재작년 합격생 수를 □명이라 하여 올해 합격생 수를 곱셈식으로 나타내요.

7 접근 ≫ 1분 후 두 사람 사이의 거리를 생각해 봅니다.

성규 하진

두 사람이 같은 지점에서 동시에 출발하여 반대 방향으로 걸으면
1분이 지날 때마다 $0.33+0.37=0.7 \, (km)$씩 멀어집니다. 연못
의 둘레가 $14 \, km$이므로 두 사람이 출발한 지 □분 후에 처음으로
만난다고 하면 $0.7 \times □ = 14$가 되어야 합니다.

$7 \times 2 = 14$이므로 $0.7 \times □ = 14$에서 □ 안에 알맞은 수는 20입니다.

따라서 두 사람은 출발한 지 20분 후에 처음으로 만나게 됩니다.

보충 개념

$$\boxed{7} \times \boxed{2} = 14$$

$\downarrow \frac{1}{10}$배 $\downarrow 10$배

$$\boxed{0.7} \times \boxed{20} = 14$$

> **지도 가이드**
> 서로 반대 방향으로 걸으면 거리가 멀어지지만, 원 모양의 연못 둘레의 경우에는 한 점에서 만나게
> 된다는 사실을 설명해 주세요. □분 동안 두 사람이 걸은 거리의 합이 연못의 둘레와 같으므로
> (1분 후 두 사람 사이의 거리)×□=(연못의 둘레)가 되어야 합니다.

8 접근 ≫ (곱의 소수점 아래 자리 수)=(곱하는 소수의 소수점 아래 자리 수의 합)

곱의 소수점 아래 끝자리에 0이 생기지 않는 소수 두 자리 수를 25개 곱하면 곱은
소수 50자리 수가 됩니다.

$2 \times 25 = 50$

5와 짝수의 곱은 10의 배수이므로 곱하는 소수의 끝자리에서 5와 짝수가 만나는 횟
수만큼 곱의 소수점 아래 끝자리에 0이 생깁니다.

$0.01 \times 0.02 \times 0.03 \times 0.04 \times 0.05 \times \cdots \times 0.21 \times 0.22 \times 0.23 \times 0.24 \times 0.25$
에서 곱해진 5가 모두 몇 개인지 세어 보면

$0.05(=5 \times 0.01), \ 0.10(=5 \times 0.02), \ 0.15(=5 \times 0.03), \ 0.20(=5 \times 0.04)$
에서 4개, $0.25(=5 \times 5 \times 0.01)$에서 2개로 모두 6개입니다.

곱의 소수점 아래 끝자리에 0이 6개 생기므로 곱의 소수점 아래 자리 수가 6자리 줄
어듭니다.

따라서 주어진 곱셈식의 계산 결과는 소수 $50-6=44$(자리) 수입니다.

주의

곱하는 소수의 끝자리에서 5
와 짝수가 곱해지면 0이 되므
로 곱의 소수점 아래 자리 수
가 줄어들어요.
예 $0.5 \times 0.2 = 0.1\cancel{0}$

> **지도 가이드**
> 이 문제를 이해하려면 두 가지 원리를 알고 있어야 합니다. 곱의 소수점 아래 끝자리에
> 0이 생기지 않는 경우, 소수 ■ 자리 수를 ▲번 곱하면 곱은 소수 (■×▲)자리 수가 됩니다. 또
> 한 곱하는 소수의 끝자리에서 5와 짝수가 곱해지면 0이 됩니다. 즉 곱하는 소수의 끝자리에서
> 5와 짝수가 만나는 횟수만큼 곱의 소수점 아래 끝자리에 0이 생겨서 소수점 아래 자리 수가 줄
> 어듭니다. 주어진 문제에서는 곱하는 소수의 끝자리에 있는 5의 개수가 짝수의 개수보다 적으
> 므로 끝자리에 곱해지는 5의 개수를 세도록 지도해 주세요.

5 직육면체

1 직육면체, 정육면체
113쪽

1 ㉠, ㉢   **2** (1) 3쌍 (2) 4개 (3) 4개
3   **4** 44 cm   **5** 92 cm
6 7 cm

---

1 ㉠ 직육면체는 모든 면이 직사각형이지만, 합동은 아닙니다.
㉢ 직육면체에서 서로 마주 보는 면은 평행합니다.

> **보충 개념**
> 모서리와 모서리가 만나는 점은 꼭짓점이고, 직육면체의 꼭짓점은 8개입니다.

2 (1) 직육면체에서 서로 마주 보는 면은 평행합니다. 직육면체에는 서로 마주 보는 면이 3쌍 있으므로 서로 평행한 면이 3쌍 있습니다.
(2) 직육면체에는 한 면과 수직인 면이 4개씩 있습니다.
(3) 직육면체에서 평행한 모서리끼리는 길이가 같으므로 빨간색 모서리와 길이가 같은 모서리는 빨간색 모서리를 포함하여 다음과 같이 모두 4개입니다.

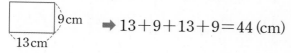

3 직육면체에서 서로 수직인 두 면에 동시에 수직인 면은 모두 2개입니다.

4 색칠한 면과 평행한 면은 다음과 같습니다.
➡ $13+9+13+9=44$ (cm)

5 길이가 6 cm, 12 cm, 5 cm인 모서리가 각각 4개씩 있으므로 모든 모서리 길이의 합은
$(6+12+5)×4=92$ (cm)입니다.

6 정육면체의 모든 모서리 길이의 합은 한 모서리의 길이를 12배 한 것과 같습니다. 정육면체의 한 모서리의 길이를 □cm라 하면
$□×12=84, □=84÷12=7$ (cm)입니다.

> **보충 개념**
> 정육면체의 모서리는 12개이고 정육면체는 모서리의 길이가 모두 같습니다.

2 직육면체의 겨냥도
115쪽

1 (1) 3, 3 (2) 9, 3   **2** ㉢
3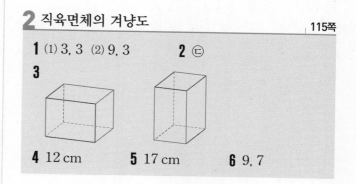
4 12 cm   **5** 17 cm   **6** 9, 7

---

1 (1) 겨냥도에서 보이는 면은 3개, 보이지 않는 면은 3개입니다.
(2) 겨냥도를 그릴 때 보이는 모서리 9개는 실선으로, 보이지 않는 모서리 3개는 점선으로 그립니다.

2 ㉢ 직육면체의 겨냥도에서 보이지 않는 꼭짓점의 수는 1개입니다.

3 보이는 모서리는 실선으로, 보이지 않는 모서리는 점선으로 그립니다. 길이가 같은 모서리끼리 평행하게 그립니다.

4 정육면체의 겨냥도에서 보이는 모서리의 수는 9개이므로 정육면체의 한 모서리의 길이는
$108÷9=12$ (cm)입니다.

5 겨냥도에서 보이지 않는 세 모서리의 길이의 합은 직육면체의 한 꼭짓점에서 만나는 세 모서리의 길이의 합과 같습니다.
따라서 겨냥도에서 보이지 않는 모서리 길이의 합은
$4+7+6=17$ (cm)입니다.

6 직육면체는 놓는 방향에 따라 밑면이 다릅니다.

보충 개념
직육면체에서 평행한 면은 각각 밑면이 될 수 있고, 밑면이 변함에 따라 옆면도 바뀝니다.

3 직육면체의 전개도   117쪽

1 ㉠, ㉢

2 (1) 면 바 (2) 면 가, 면 다, 면 라, 면 마
　　(3) 선분 ㅂㅁ (4) 점 ㄹ, 점 ㅂ

3 2, 6

4
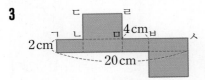

5

1 ㉡ 한 꼭짓점에서 4개의 면이 만나므로 정육면체를 만들 수 없습니다.

㉣ 전개도를 접었을 때 빗금 친 두 면이 서로 겹칩니다.

3
(선분 ㄱㄴ)=(선분 ㅁㅂ)=4 cm,
(선분 ㄴㅁ)=(선분 ㅂㅅ)
=(20-4-4)÷2=6 (cm)
따라서 직육면체의 한 꼭짓점에서 만나는 세 모서리의 길이가 각각 6 cm, 4 cm, 2 cm가 되도록 겨냥도의 □ 안에 알맞은 수를 써넣습니다.

4 잘린 모서리는 실선으로, 잘리지 않는 모서리는 점선으로 그립니다.

MATH TOPIC   118~127쪽

1-1 156 cm　　**1-2** 6　　**1-3** 14 cm

2-1 ㉮　　　　　**2-2** ㉢

3-1 면 가, 면 라　**3-2** 선분 ㄷㄹ

4-1 96 cm　**4-2** 68 cm　**4-3** 36 cm

5-1 ②, ⑧, ⑨, ⑩　**5-2** ㉠, ㉡, ㉢, ㉣

6-1　　　　　　　**6-2**

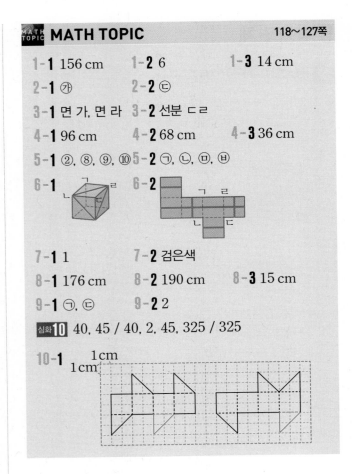

7-1 1　　　　　**7-2** 검은색

8-1 176 cm　**8-2** 190 cm　**8-3** 15 cm

9-1 ㉠, ㉢　　　**9-2** 2

심화**10** 40, 45 / 40, 2, 45, 325 / 325

10-1

1-1 직육면체의 모든 모서리 길이의 합은 한 꼭짓점에서 만나는 세 모서리 길이의 합의 4배와 같습니다.
겨냥도에서 보이지 않는 세 모서리의 길이의 합은 직육면체의 한 꼭짓점에서 만나는 세 모서리의 길이의 합과 같습니다.
따라서 모든 모서리 길이의 합은
39×4=156 (cm)입니다.

1-2 길이가 11 cm, □ cm, 8 cm인 모서리가 각각 4개씩 있으므로
(모든 모서리 길이의 합)=(11+□+8)×4
입니다.
(11+□+8)×4=100이므로
11+□+8=25, □=25-11-8=6 (cm)
입니다.

1-3 왼쪽 직육면체의 모든 모서리 길이의 합은
(12+14+16)×4=168 (cm)입니다.
정육면체의 모서리는 모두 12개이고 정육면체는

모서리의 길이가 모두 같습니다. 오른쪽 정육면체의 모든 모서리 길이의 합이 168 cm이므로 정육면체의 한 모서리의 길이는 168÷12=14 (cm)입니다.

2-1 ㉮ 방향에서 본 모양은 가로가 4 cm, 세로가 6 cm 인 직사각형입니다.

➡ (보이는 면의 넓이)=4×6=24 (cm²)

㉯ 방향에서 본 모양은 가로가 4 cm, 세로가 3 cm 인 직사각형입니다.

➡ (보이는 면의 넓이)=4×3=12 (cm²)

㉰ 방향에서 본 모양은 가로가 6 cm, 세로가 3 cm 인 직사각형입니다.

➡ (보이는 면의 넓이)=6×3=18 (cm²)

따라서 보이는 면의 넓이가 가장 넓은 방향은 ㉮입 니다.

보충 개념
직육면체의 모든 면은 직사각형입니다.

2-2 직육면체에서 마주 보는 면끼리 서로 합동입니다.

㉠: 가로가 7 cm, 세로가 6 cm인 직사각형
㉡: 가로가 6 cm, 세로가 5 cm인 직사각형
㉢: 가로가 6 cm, 세로가 6 cm인 정사각형
㉣: 가로가 5 cm, 세로가 7 cm인 직사각형

➡ ㉠, ㉡, ㉣ 모양 종이를 2장 씩 이용하면 한 꼭짓점에서 만 나는 세 모서리의 길이가 각각 7 cm, 6 cm, 5 cm인 직육면 체를 만들 수 있습니다.

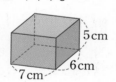

따라서 필요 없는 모양은 ㉢입니다.

주의
㉢ 모양 종이 두 장을 사용하려면 ㉠ 4장이나 ㉡ 4장이 필요해요.

3-1 직육면체의 한 모서리에서 만나는 두 면은 서로 수 직입니다. 빨간색 면과 수직인 면은 왼쪽과 같고, 파란색 면과 수직인 면은 오른쪽과 같습니다.

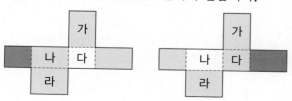

따라서 빨간색 면과 파란색 면에 동시에 수직인 면 은 면 가와 면 라입니다.

3-2 면 라와 마주 보는 면인 면 바를 뺀 나머지 네 면은 면 라와 수직으로 만납니다.

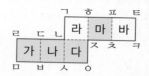

전개도를 접었을 때, 선분 ㄱㄴ과 만나는 면은 면 나, 선분 ㄴㅈ과 만나는 면은 면 다, 선분 ㅎㅈ과 만 나는 면은 면 마, 선분 ㄱㅎ과 만나는 면은 면 가입 니다.

➡ 선분 ㄱㅎ과 겹치는 선분은 선분 ㄷㄹ입니다.

4-1 정육면체는 모서리의 길이가 모두 같으므로 주어진 정육면체의 한 모서리의 길이는 24÷3=8 (cm) 입니다.

정육면체의 모서리는 12개이므로 정육면체의 모든 모서리 길이의 합은 8×12=96 (cm)입니다.

4-2 (선분 ㅁㅂ)=(선분 ㅅㅇ)=(선분 ㅍㅌ)=7 cm이 므로 (선분 ㅂㅅ)=19-7-7=5 (cm)입니다.

(선분 ㅈㅇ)=5 cm

직육면체의 한 꼭짓점에서 만나는 세 모서리의 길 이가 각각 7 cm, 5 cm, 5 cm이므로 직육면체의 모든 모서리 길이의 합은

(7+5+5)×4=68 (cm)입니다.

4-3 정육면체의 전개도의 둘레는 정육면체의 한 모서리 의 길이의 14배와 같으므로 정육면체의 한 모서리 의 길이는 42÷14=3 (cm)입니다.

정육면체의 모서리는 12개이므로 정육면체의 모든 모서리 길이의 합은 3×12=36 (cm)입니다.

5-1 서로 마주 보는 면끼리 같은 색으로 표시해 봅니다.

★ 표시한 면과 마주 보도록 전개도에 나머지 한 면을 그려 넣어 봅니다.

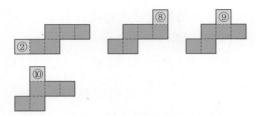

따라서 나머지 한 면을 그려 넣을 수 있는 곳은
②, ⑧, ⑨, ⑩입니다.

5-2 서로 마주 보는 면끼리 같은 색으로 표시해 봅니다.

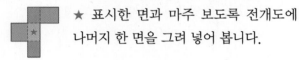

★ 표시한 면과 마주 보도록 전개도에 나머지 한 면을 그려 넣어 봅니다.

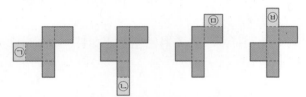

따라서 나머지 한 면을 그려 넣을 수 있는 곳은
㉠, ㉡, ㉢, ㉣입니다.

6-1 선분이 지나는 꼭짓점인 점 ㄴ, 점 ㄹ, 점 ㅂ을 겨냥도에 표시합니다. 점 ㄴ과 점 ㄹ, 점 ㄴ과 점 ㅂ, 점 ㄹ과 점 ㅂ을 각각 선분으로 연결합니다.

7-1 면 5 와 만나는 네 면을 찾아봅니다.

면 5 와 마주 보는 면은 면 5 와 만나지 않는 면인 면 1 입니다.

따라서 5가 써 있는 면과 마주 보는 면에 써 있는 숫자는 1입니다.

7-2 여섯 면은 각각 파란색, 초록색, 보라색, 노란색, 빨간색, 검은색으로 칠해져 있습니다.

파란색 면과 만나는 면은 초록색 면, 보라색 면, 노란색 면이고, 노란색 면과 보라색 면은 서로 마주 봅니다. 즉 파란색 면과 마주 보는 면은 빨간색 면 아니면 검은색 면입니다.

만약 파란색 면과 마주 보는 면이 빨간색 면이라면 초록색 면과 마주 보는 면이 검은색 면이므로 문제

의 세 번째 그림처럼 보이지 않습니다.

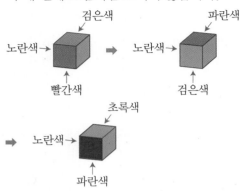

만약 파란색 면과 마주 보는 면이 검은색 면이라면 초록색 면과 마주 보는 면이 빨간색 면이므로 문제의 세 번째 그림처럼 보입니다.

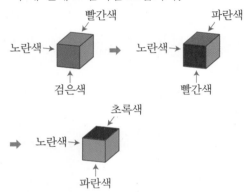

따라서 파란색이 칠해진 면과 마주 보는 면에는 검은색이 칠해져 있습니다.

8-1 묶은 리본의 길이 중 22 cm인 모서리와 길이가 같은 부분을 찾으면 모두 8군데입니다. 따라서 상자를 묶는 데 필요한 리본의 길이는 적어도
$22 \times 8 = 176$ (cm)입니다.

보충 개념
정육면체는 모서리의 길이가 모두 같습니다.

8-2

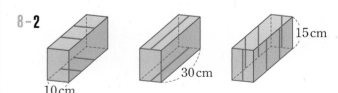

묶은 끈의 길이 중 10 cm인 모서리와 길이가 같은 부분은 4군데, 30 cm인 모서리와 길이가 같은 부분은 2군데, 15 cm인 모서리와 길이가 같은 부분은 6군데입니다. 따라서 상자를 묶는 데 필요한 끈

의 길이는 적어도 $10 \times 4 + 30 \times 2 + 15 \times 6$
$= 40 + 60 + 90 = 190$ (cm)입니다.

8-3 묶은 끈의 길이 중 정육면체의 한 모서리와 길이가
같은 부분을 찾으면 모두 12군데입니다.
정육면체의 한 모서리의 길이를 □cm라 하면
□$\times 12 = 180$, □$= 180 \div 12 = 15$ (cm)입니다.

> **보충 개념**
> 정육면체는 모서리의 길이가 모두 같습니다.

9-1 눈의 수의 합이 7이 되는 두 면은 서로 마주 보므로
만날 수 없습니다.
ㄴ은 눈의 수가 1인 면과 눈의 수가 6인 면이 만나
므로 잘못된 것입니다.
ㄹ과 ㅁ은 눈의 수가 3인 면과 눈의 수가 4인 면이
만나므로 잘못된 것입니다.

ㅂ은 눈의 수가 2인 면과 눈의 수가 5인 면이 만나
므로 잘못된 것입니다.
따라서 주사위의 모양이 바르게 된 것은 ㄱ, ㄷ입니다.

9-2
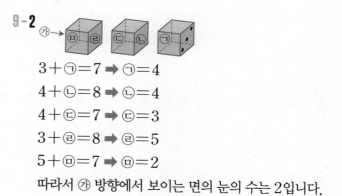
$3 + ㉠ = 7 \Rightarrow ㉠ = 4$
$4 + ㉡ = 8 \Rightarrow ㉡ = 4$
$4 + ㉢ = 7 \Rightarrow ㉢ = 3$
$3 + ㉣ = 8 \Rightarrow ㉣ = 5$
$5 + ㉤ = 7 \Rightarrow ㉤ = 2$
따라서 ㉮ 방향에서 보이는 면의 눈의 수는 2입니다.

10-1 접었을 때 왼쪽 정육면체가 되도록 전개도를 완성
합니다.

◆◆ LEVEL UP TEST

128~132쪽

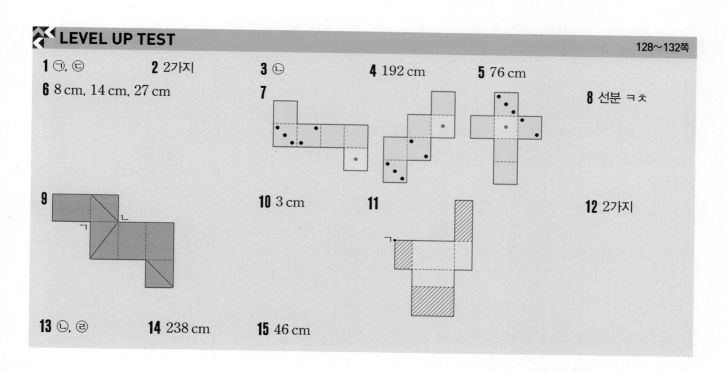

1 ㉠, ㉢
2 2가지
3 ㉡
4 192 cm
5 76 cm
6 8 cm, 14 cm, 27 cm
7
8 선분 ㅋㅊ
9
10 3 cm
11
12 2가지
13 ㉡, ㉣
14 238 cm
15 46 cm

---

1 접근 》 직육면체의 전개도를 보고 접은 모양을 상상해 봅니다.

㉠ 면이 7개이므로 접었을 때 겹치는 면이 생깁니다.
㉢ 접었을 때 만나는 모서리의 길이가 서로 다릅니다.
따라서 직육면체의 전개도가 될 수 없는 것은 ㉠, ㉢입니다.

> **보충 개념**
> 직육면체의 전개도는 접었을
> 때 서로 겹치는 부분이 없고,
> 만나는 모서리의 길이가 같아
> 요.

2 접근 ≫ 직육면체를 이루는 여섯 면의 모양을 살펴봅니다.

주어진 직육면체는 한 변이 7 cm인 정사각형 2개와 가로가 9 cm, 세로가 7 cm인 직사각형 4개로 이루어져 있습니다. 모두 2가지 종류의 직사각형으로 이루어져 있으므로 모양과 크기가 같은 면끼리 같은 색을 칠하려면 2가지 색이 필요합니다.

> **주의**
> 주어진 직육면체에서는 네 개의 면이 서로 합동이에요.

3 119쪽 2번의 변형 심화 유형
접근 ≫ 한 꼭짓점에서 만나는 세 모서리의 길이를 살펴봅니다.

㉠, ㉢, ㉣ 겨냥도는 한 꼭짓점에서 만나는 세 모서리의 길이가 각각 모눈 6칸, 5칸, 4칸이지만, ㉡ 겨냥도는 한 꼭짓점에서 만나는 세 모서리의 길이가 각각 모눈 4칸, 5칸, 5칸입니다. 따라서 잘못 그린 겨냥도 하나는 ㉡입니다.

> **보충 개념**
> 직육면체는 놓는 방향에 따라 모든 면이 밑면이 될 수 있어요.

4 접근 ≫ 직육면체의 모든 모서리의 길이를 같게 만들면 정육면체가 됩니다.

정육면체는 모서리의 길이가 모두 같으므로 나무토막의 가장 짧은 모서리의 길이인 16 cm를 정육면체의 한 모서리의 길이로 해야 합니다.
따라서 직육면체 모양의 나무토막을 잘라서 만들 수 있는 가장 큰 정육면체의 모든 모서리 길이의 합은 $16 \times 12 = 192$ (cm)입니다.

> **보충 개념**
> 정육면체는 모서리의 길이가 모두 같고, 정육면체의 모서리의 수는 12개예요.

5 118쪽 1번의 변형 심화 유형
접근 ≫ 직육면체의 겨냥도에서 보이는 모서리는 9개입니다.

직육면체의 겨냥도에서 보이는 모서리는 한 꼭짓점에서 만나는 세 모서리가 각각 3개씩입니다.
(한 꼭짓점에서 만나는 세 모서리의 길이의 합)$\times 3 = 57$이므로
한 꼭짓점에서 만나는 세 모서리의 길이의 합은 $57 \div 3 = 19$ (cm)입니다.
따라서 직육면체의 모든 모서리 길이의 합은 $19 \times 4 = 76$ (cm)입니다.

> **해결 전략**
> 한 꼭짓점에서 만나는 세 모서리의 길이의 합을 4배 하면 모든 모서리 길이의 합이 돼요.

6 접근 ≫ 점선 5개를 그려 넣어 전개도를 완성해 봅니다.

점선을 그려 전개도를 완성하면 다음과 같습니다.

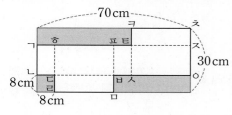

(선분 ㄱㄴ)$=30-8-8=14$ (cm)이고,
(선분 ㅍㅌ)$=$(선분 ㄱㅎ)$=8$ cm이므로
(선분 ㅎㅍ)$=$(선분 ㅌㅈ)
$=(70-8-8)\div 2=54 \div 2=27$ (cm)
입니다. 따라서 전개도를 접어 만든 직육면체의 서로 다른 세 모서리의 길이는 각각 8 cm, 14 cm, 27 cm입니다.

> **보충 개념**
> 직육면체에서 서로 평행한 모서리끼리 길이가 같아요.

126쪽 9번의 변형 심화 유형

7 접근 ≫ 주사위의 마주 보는 면의 눈의 수의 합은 7입니다.

주사위의 마주 보는 면의 눈의 수의 합이 7이므로 눈의 수가 6인 면과 마주 보는 면의 눈의 수가 1입니다. 따라서 각 전개도에서 눈의 수가 6인 면을 찾은 다음, 그 면과 마주 보는 면을 찾아 색칠합니다.

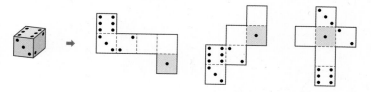

해결 전략
주어진 주사위를 보고 눈의 수가 6인 면을 먼저 찾아 전개도에 표시한 다음, 그 면과 마주 보는 면(눈의 수가 1인 면)을 찾아요.

120쪽 3번의 변형 심화 유형

8 접근 ≫ 먼저 선분 ㄱㄴ이 포함된 면과 만나는 네 면을 찾아봅니다.

면 가와 마주 보는 면인 면 라를 뺀 네 면은 면 가와 수직으로 만납니다.

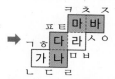

전개도를 접었을 때, 선분 ㄱㅎ과 만나는 면은 면 다, 선분 ㅎㄷ과 만나는 면은 면 나, 선분 ㄴㄷ과 만나는 면은 면 바, 선분 ㄱㄴ과 만나는 면은 면 마입니다.

➡ 선분 ㄱㄴ과 겹치는 선분은 선분 ㅋㅊ입니다.

해결 전략
선분 ㄱㄴ이 포함된 면과 만나는 네 면을 찾아보고 그중 선분 ㄱㄴ에서 만나는 한 면을 찾으면 선분 ㄱㄴ과 겹치는 선분을 찾기 쉬워요.

123쪽 6번의 변형 심화 유형

9 접근 ≫ 그은 선분이 지나는 꼭짓점을 전개도에 모두 표시해 봅니다.

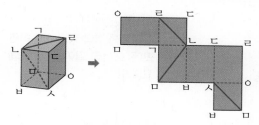

그은 선분이 지나는 꼭짓점인 점 ㄴ, 점 ㄹ, 점 ㅁ, 점 ㅅ을 전개도에 표시합니다.
점 ㄴ과 점 ㄹ, 점 ㄴ과 점 ㅁ, 점 ㅁ과 점 ㅅ을 각각 선분으로 연결합니다.

주의
전개도에서는 떨어져 있어도 접었을 때 만나는 점은 모두 같은 기호로 표시해요.

10 접근 ≫ 전개도를 접었을 때의 겨냥도를 그려 봅니다.

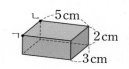

전개도를 접으면 왼쪽과 같은 모양의 직육면체가 됩니다.
겨냥도에서 선분 ㄱㄴ의 길이는 모눈 3칸만큼이므로 만든 직육면체에서 점 ㄱ과 점 ㄴ 사이의 거리는 3 cm입니다.

주의
전개도 위에서 두 점 사이의 거리를 구하지 않도록 해요.

11 접근 》 점 ㄱ이 포함된 두 선분과 겹치는 선분을 찾아봅니다.

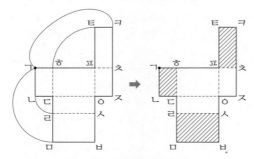

점 ㄱ이 포함된 두 선분은 선분 ㄱㅎ과 선분 ㄱㄴ입니다. 전개도를 접었을 때 선분 ㄱㅎ 과 겹치는 선분은 선분 ㅋㅌ이고, 선분 ㄱㄴ과 겹치는 선분은 선분 ㅁㄹ입니다.
따라서 전개도를 접었을 때 점 ㄱ에서 만나는 세 면은 다음과 같습니다.

12 접근 》 전개도에 다섯 면만 있을 때 나머지 한 면을 그려 봅니다.
122쪽 5번의 변형 심화 유형

색칠한 면을 옮겨 정육면체의 전개도가 되도록 그려 보면 다음과 같습니다.

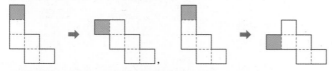

따라서 완성할 수 있는 방법은 모두 2가지입니다.

13 접근 》 전개도를 접은 모양을 상상해 봅니다.
124쪽 7번의 변형 심화 유형

전개도를 접어서 B, C, D 세 면이 보이게 놓으면 ㉠ 모양이 됩니다.

전개도를 접어서 A, B, D 세 면이 보이게 놓으면 모양이 됩니다.

전개도를 접어서 C, D, E 세 면이 보이게 놓으면 ㉢ 모양이 됩니다.

전개도를 접어서 C, E, F 세 면이 보이게 놓으면 모양이 됩니다.

따라서 주어진 전개도를 접어서 만들 수 없는 정육면체는 ㉡, ㉣입니다.

> **지도 가이드**
> 2차원의 전개도만 보고 3차원의 입체도형을 한 번에 상상하는 건 쉽지 않습니다. 머릿속으로 맞닿는 선분을 하나씩 붙여나가며 모든 면이 연결된 입체도형으로 만드는 훈련이 필요합니다. 접었을 때 만나게 되는 꼭짓점끼리 선으로 연결하면 실수를 줄일 수 있습니다.

14 접근 ≫ 어느 모서리를 자르는가에 따라 전개도의 모양과 둘레가 달라집니다.

전개도의 둘레가 가장 짧게 되도록 전개도를 그리면 다음과 같습니다.

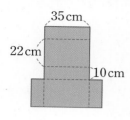

전개도의 둘레에서 길이가 35 cm인 변은 2개, 길이가 22 cm인 변은 4개, 길이가 10 cm인 변은 8개입니다.

따라서 둘레가 가장 짧게 되도록 그린 전개도의 둘레는

$$35 \times 2 + 22 \times 4 + 10 \times 8 = 70 + 88 + 80 = 238 \text{ (cm)}$$

입니다.

해결 전략
전개도의 둘레에 길이가 긴 모서리가 최대한 적게 오도록 해야 전개도의 둘레가 짧아지므로 길이가 짧은 모서리를 잘라서 전개도를 그려야 해요.

15 125쪽 8번의 변형 심화 유형
접근 ≫ 한 꼭짓점에서 만나는 세 모서리의 길이를 각각 알아봅니다.

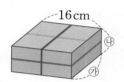

주어진 직육면체에서 길이가 다른 세 모서리 중 나머지 두 모서리의 길이를 각각 ㉮ cm, ㉯ cm라 하면
빨간색 리본의 전체 길이는 58 cm이므로

$16 \times 2 + ㉮ \times 2 = 58$에서 $32 + ㉮ \times 2 = 58$, $㉮ \times 2 = 26$, $㉮ = 13$ (cm)입니다.
파란색 리본의 전체 길이는 40 cm이므로
$13 \times 2 + ㉯ \times 2 = 40$에서 $26 + ㉯ \times 2 = 40$, $㉯ \times 2 = 14$, $㉯ = 7$ (cm)입니다.
따라서 노란색 리본의 전체 길이는 $16 \times 2 + 7 \times 2 = 32 + 14 = 46$ (cm)입니다.

해결 전략
빨간색 리본의 전체 길이를 이용하여 ㉮의 길이를 구하고, 파란색 리본의 전체 길이를 이용하여 ㉯의 길이를 구해요.

◢◣ HIGH LEVEL
133~135쪽

1 20 cm	**2** 84개, 44개	**3** ㉡	**4** 688 cm	**5** 90°, 60°	**6** 144개
7 27개	**8** ㉯	**9** 8가지			

1 접근 ≫ 면 ㉠과 만나는 네 면은 면 ㉠과 수직입니다.

면 ㉠과 만나는 4개의 면은 면 ㉠과 수직이므로 길이가 5 cm인 4개의 모서리가 면 ㉠과 수직으로 만납니다. 따라서 면 ㉠과 수직인 모서리의 길이의 합은
$5 \times 4 = 20$ (cm)입니다.

보충 개념
직육면체의 한 면에 수직인 면이 4개 있어요.

2 접근 ≫ 철사 조각은 모서리가 되고 스티로폼 공은 꼭짓점이 됩니다.

정육면체의 모서리의 수는 12개이므로 하나의 정육면체를 만드는 데 필요한 철사 조각은 12개입니다.

정육면체를 하나 더 만들 때마다 철사 조각은 8개씩 더 필요합니다. 따라서 정육면체를 10개 연결하려면 철사 조각이 모두

$$12+8×9=12+72=84(개) 필요합니다.$$

정육면체의 꼭짓점의 수는 8개이므로 하나의 정육면체를 만드는 데 필요한 스티로폼 공은 8개입니다. 정육면체를 하나 더 만들 때마다 스티로폼 공은 4개씩 더 필요합니다. 따라서 정육면체를 10개 연결하려면 스티로폼 공이 모두

$$8+4×9=8+36=44(개) 필요합니다.$$

주의
12개의 모서리 중 4개는 있으므로 더 필요한 철사 조각의 개수는 12−4=8(개)예요.

해결 전략
정육면체를 하나씩 더 만들 때마다 철사 조각과 스티로폼 공이 몇 개씩 더 필요한지를 알아봐요.

3 접근 ≫ 잘랐을 때 6개의 면이 어떻게 연결되어 있는지 그려 봅니다.

빨간색 모서리를 따라 자르면 다음과 같이 펼쳐집니다.

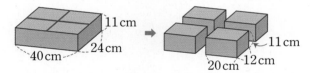

해결 전략
한 모서리씩 잘라가며 펼친 모양을 차례로 생각해 봐요.

4 접근 ≫ 빨간색 선을 따라 수직으로 자르면 4개의 직육면체로 나누어집니다.

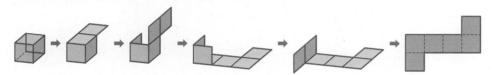

빨간색 선이 각 모서리를 반으로 나눈다고 생각해 보면, 한 꼭짓점에서 만나는 세 모서리의 길이가 각각 $40÷2=20\,(cm)$, $24÷2=12\,(cm)$, 11 cm인 직육면체 4개가 생기는 것과 같습니다. 나누어진 작은 직육면체 하나의 모든 모서리 길이의 합이 $(20+12+11)×4=172\,(cm)$이므로 4개의 직육면체의 모든 모서리 길이의 합은 $172×4=688\,(cm)$입니다.

다른 풀이
그림과 같이 자르면 길이가 40 cm인 모서리가 8개, 길이가 24 cm인 모서리가 8개, 길이가 11 cm인 모서리가 16개가 되는 셈입니다. 따라서 4개의 직육면체의 모든 모서리 길이의 합은
$40×8+24×8+11×16=320+192+176=688\,(cm)$입니다.

보충 개념
어느 부분을 잘라도 만들어진 4개의 직육면체의 모든 모서리 길이의 합은 서로 같아요.
(예)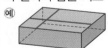
(예)

5 접근 ≫ 정육면체의 성질을 이용하여 두 삼각형이 각각 어떤 모양인지 알아봅니다.

• 정육면체에서 만나는 두 면은 수직이므로 선분 ㄱㄴ과 선분 ㄴㄷ도 수직입니다. 따라서 정육면체 ㉮에 그린 삼각형 ㄱㄴㄷ에서 각 ㄱㄴㄷ은 90°입니다.

• 정육면체의 모든 면은 합동인 정사각형이므로 모든 면의 대각선의 길이도 서로 같습니다. 정육면체 ㉯에 그린 삼각형 ㄱㄴㄹ에서 변 ㄱㄴ, 변 ㄴㄹ, 변 ㄱㄹ의 길이가

보충 개념

색칠한 면과 선분 ㄴㄷ이 수직이므로 색칠한 면 위에 있는 선분 ㄱㄴ도 선분 ㄴㄷ과 수직이에요.

같으므로 삼각형 ㄱㄴㄹ은 정삼각형입니다.
따라서 정육면체 ㉯에 그린 삼각형 ㄱㄴㄹ에서 각 ㄱㄴㄹ은 60°입니다.

6 접근 ≫ 직육면체의 각 면은 직사각형 모양입니다.

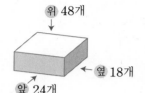

위에서 보았을 때 48개이므로 (가로, 세로)에 놓일 수 있는
각설탕의 수는 (1, 48), (2, 24), (3, 16), (4, 12), (6, 8),
(8, 6), (12, 4), (16, 3), (24, 2), (48, 1)입니다. 앞에서
보았을 때 24개이므로 (가로, 높이)에 놓일 수 있는 각설탕
의 수는 (1, 24), (2, 12), (3, 8), (4, 6), (6, 4), (8, 3), (12, 2), (24, 1)입니다. 옆
에서 보았을 때 18개이므로 (세로, 높이)에 놓일 수 있는 각설탕의 수는 (1, 18), (2,
9), (3, 6), (6, 3), (9, 2), (18, 1)입니다. 따라서 직육면체의 한 꼭짓점에서 만나는
세 모서리에 각설탕이 각각 8개, 6개, 3개씩 놓이므로 전체 각설탕의 수는
$8 \times 6 \times 3 = 144$(개)입니다.

7 접근 ≫ 자른 면은 색칠되지 않은 면입니다.

정육면체의 각 모서리를 5등분 하여 작은 정육면체가 되도록 자르면
작은 정육면체가 $5 \times 5 \times 5 = 125$(개) 생깁니다. 그중에서 한 면도
색칠되지 않은 작은 정육면체는 2층, 3층, 4층에 오른쪽 그림과 같이 안쪽에 각각 9
개씩 있으므로 $3 \times 3 \times 3 = 27$(개)입니다.

다른 풀이
한 면도 색칠되지 않은 작은 정육면체는 가로로 (5−2)개, 세로로 (5−2)개씩, (5−2)층으로
쌓은 모양이므로 $3 \times 3 \times 3 = 27$(개)입니다.

지도 가이드

• 큰 정육면체의 꼭짓점을 포함하는 작은 정육면체는 세 면이 색칠됩니다.
• 큰 정육면체의 꼭짓점을 포함하지 않고 모서리만 포함하는 정육면체는 두 면이
  색칠됩니다.

8 접근 ≫ 정육면체에 그은 선분을 펼친 면 위에 나타내 봅니다.

선분 ㉮와 선분 ㉯를 각각 정육면체의 펼친 면 위에 그려 보면 왼쪽과
같습니다.
선분 ㉮는 점 ㄷ과 점 ㅁ을 잇는 가장 짧은 선분이므로 ㉮와 ㉯ 중 길
이가 더 긴 선분은 ㉯입니다.

9 접근 ≫ 5개의 면으로 이루어진 전개도를 생각해 봅니다.

뚜껑이 없는 정육면체 모양 상자가 되도록 정사각형 모양의 면 5개를 이용하여 전개도를 그려 보면 다음과 같습니다.

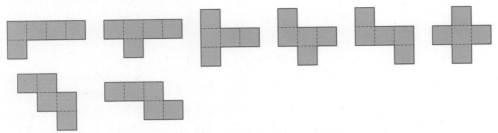

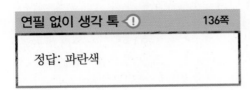

따라서 뚜껑이 없는 정육면체 모양 상자를 만들 수 있는 전개도는 모두 8가지입니다.

연필 없이 생각 톡 ⚠	136쪽
정답: 파란색	

6 평균과 가능성

1 평균
141쪽

1 32, 27	**2** 풀이 참조	**3** 1반, 3반, 5반
4 2900개	**5** 9권	**6** 풀이 참조

1 평균을 30번으로 예상하고 (28, 32), (27, 33)으로 수를 짝 지어 자료의 값을 고르게 하면 줄넘기 횟수의 평균은 30번입니다.

2 **방법 1** 예 평균을 11번으로 예상하고 (10, 12), (5, 17)로 수를 짝 지어 자료의 값을 고르게 하면 고리 던지기 횟수의 평균은 11번입니다.

방법 2 예 $(평균) = \dfrac{(자료 값을 모두 더한 수)}{(자료의 수)}$

$= \dfrac{10+5+11+17+12}{5}$

$= \dfrac{55}{5} = 11(번)$

3 $(평균) = \dfrac{71+61+66+51+76}{5}$

$= \dfrac{325}{5} = 65\,(kg)$

따라서 헌 종이를 65 kg보다 많이 모은 반은 1반, 3반, 5반입니다.

4 하루 장난감 생산량의 평균이 580개이므로 5일 동안 생산하는 장난감은 모두 $580 \times 5 = 2900$(개)입니다.

> **보충 개념**
> $(자료 값의 합) = (평균) \times (자료의 수)$

5 1월부터 6월까지 도서 대출 권수의 평균이 11권이므로 전체 도서 대출 권수의 합은
$11 \times 6 = 66$(권)입니다. 따라서 3월에 대출한 책은
$66 - (15+10+12+9+11) = 9$(권)입니다.

> **다른 풀이**
> 자료 값 15, 10, 12, 9, 11을 11로 고르게 하면 2가 남습니다. 따라서 3월에 대출한 책은 $11 - 2 = 9$(권)입니다.

6 예 세 경기 동안의 평균은

$\dfrac{95+111+91}{3} = \dfrac{297}{3} = 99\,(cm)$입니다.

네 경기 동안의 평균이 세 경기 동안의 평균인 99 cm보다 낮아졌으므로 네 번째 경기에서는 99 cm보다 짧은 거리를 뛰어야 합니다.

> **다른 답**
> 예 네 번째 경기에서는 99 cm 미만의 거리를 뛰어야 합니다.

2 일이 일어날 가능성
143쪽

1 예 (1) ㅁ (2) ㄱ (3) ㄷ (4) ㄹ

2 ㄷ / ㄴ, ㄱ, ㄹ

3 (1) $\dfrac{1}{2}$ (2) 1 (3) $\dfrac{1}{2}$

4 ↓

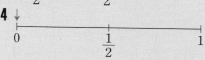

5 풀이 참조
6 ㄹ, ㄴ, ㄱ, ㄷ

1 (1) 하루는 24시간이므로 내일 하루가 24시간일 가능성은 '확실하다'입니다.

(2) 11월은 30일까지 있으므로 11월이 31일까지 있을 가능성은 '불가능하다'입니다.

(3) 번호표의 번호는 홀수 아니면 짝수이므로 대기 번호표의 번호가 홀수일 가능성은 '반반이다'입니다.

(4) 우리나라는 6월부터 7월까지가 장마철이므로 11월보다 7월에 비가 많이 올 가능성은 '~일 것 같다'입니다.

2 일이 일어날 가능성이 낮은 것부터 차례로 쓰면 '불가능하다', '~아닐 것 같다', '반반이다', '~일 것 같다', '확실하다' 순서입니다.

3 주사위의 눈은 1, 2, 3, 4, 5, 6으로 여섯 가지입니다.

(1) 짝수인 눈은 2, 4, 6으로 3가지이므로 주사위를 굴려서 나온 눈의 수가 짝수일 가능성은 '반반이다'입니다. ➡ $\dfrac{1}{2}$

⑵ 주사위를 굴려서 나온 눈의 수가 6 이하일 가능성은 '확실하다'입니다. ➡ 1

⑶ 4 이상인 눈은 4, 5, 6으로 3가지이므로 주사위를 굴려서 나온 눈의 수가 4 이상일 가능성은 '반반이다'입니다. ➡ $\frac{1}{2}$

4 회전판에는 초록색 부분이 없으므로 회전판을 돌렸을 때 화살이 초록색에 멈출 가능성은 '불가능하다'이고 수로 표현하면 0입니다.

5 예 1년은 365일 또는 366일이기 때문에 367명이 있다면 그중에 적어도 두 명은 생일이 같습니다. 따라서 일이 일어날 가능성이 '확실하다'이므로 수로 표현하면 1입니다.

6 ㉠ 2가 적힌 카드는 4장 중 한 장입니다.
㉡ 짝수가 적힌 카드는 2, 4로 4장 중 2장입니다.
㉢ 5가 적힌 카드는 없습니다.
㉣ 5보다 작은 자연수는 1, 2, 3, 4로 4장 중 4장입니다.
➡ ㉣ > ㉡ > ㉠ > ㉢

MATH TOPIC
144~152쪽

1-1 ㉯ 학교	**1-2** ㉮ 기계, 34개
2-1 260 kg	**2-2** 88번
3-1 2점	**3-2** 9.2점
4-1 3점	**4-2** 83점 **4-3** 76점
5-1 15살	**5-2** 152 cm
6-1 3640원	**6-2** 22점 **6-3** 149 cm
7-1 $\frac{1}{2}$	**7-2** ㉠, ㉢
8-1 ㉢, ㉣, ㉡, ㉠	

심화**9** 순조, 고종, 7 / 34, 4, 43, 7 / 7, 446, 37, 2 / 37, 2

1-1 한 사람당 사용하는 운동장 넓이의 평균은
$\frac{(운동장의 넓이)}{(학생 수)}$로 구할 수 있습니다.

자료 값의 합이 같을 때 자료의 수가 클수록 평균은 작아지고, 자료의 수가 작을수록 평균은 커집니다. 두 학교의 운동장의 넓이가 같고 학생 수가 750 > 600이므로 학생 수가 더 적은 ㉯ 학교 학생들이 운동장을 더 넓게 사용할 수 있습니다.

> **다른 풀이**
> ㉮ 학교 학생들이 사용하는 운동장 넓이의 평균은
> $\frac{9000}{750} = 12$ (m²)이고,
> ㉯ 학교 학생들이 사용하는 운동장 넓이의 평균은
> $\frac{9000}{600} = 15$ (m²)입니다.
> 12 < 15이므로 ㉯ 학교 학생들이 운동장을 더 넓게 사용할 수 있습니다.

1-2 한 시간당 생산량의 평균은 $\frac{(생산한 제품의 수)}{(걸린 시간)}$로 구할 수 있습니다.
자료 값의 합이 같을 때 자료의 수가 클수록 평균은 작아지고, 자료의 수가 작을수록 평균은 커집니다. 생산한 제품의 수가 같고 걸린 시간이 4 < 5이므로 걸린 시간이 더 짧은 ㉮ 기계의 생산량의 평균이 더 많습니다.

(㉮ 기계의 생산량의 평균) = $\frac{680}{4}$ = 170(개)

(㉯ 기계의 생산량의 평균) = $\frac{680}{5}$ = 136(개)

따라서 생산량의 평균은 ㉮ 기계가
170 - 136 = 34(개) 더 많습니다.

2-1 세 마을의 쓰레기 배출량의 평균이 290 kg이므로 세 마을의 쓰레기 배출량의 합은
290 × 3 = 870 (kg)입니다.
㉮ 마을의 쓰레기 배출량은 420 kg,
㉯ 마을의 쓰레기 배출량은 190 kg이므로
㉰ 마을의 쓰레기 배출량은
870 - (420 + 190) = 260 (kg)입니다.

2-2 월요일부터 일요일까지의 줄넘기 횟수의 평균이 85번 이상이 되려면 월요일부터 일요일까지의 줄넘기 횟수의 합이 85 × 7 = 595(번) 이상이어야 합니다.

따라서 일요일에 뛴 줄넘기 횟수는 적어도
$595-(72+79+88+78+98+92)=88$(번)
이어야 합니다.

3-1 화살을 10번 던졌을 때 맞춘 점수의 평균은 2.8점
이므로 화살을 10번 던져 맞춘 점수의 합은
$2.8\times10=28$(점)이 되어야 합니다.
화살을 9번 던져 맞춘 점수의 합은
$5+4+3\times3+2\times4=5+4+9+8=26$(점)
입니다. 따라서 마지막 화살로 맞춘 점수는
$28-26=2$(점)입니다.

3-2 (전체 학생의 점수의 합)$=7.6\times25=190$(점)
(9점과 10점을 받은 학생들의 점수의 합)
$=190-(6\times8+7\times6+8)$
$=190-98=92$(점)
9점과 10점은 받은 학생들의 점수의 합은 92점이
고, 9점과 10점을 받은 학생은 모두
$25-(8+6+1)=10$(명)입니다.
따라서 9점과 10점을 받은 학생들의 점수의 평균은
$\frac{92}{10}=9.2$(점)입니다.

4-1 성규의 점수의 합이 은지의 점수의 합보다 15점 더
높고, 두 사람 모두 시험을 5번씩 봤습니다.
따라서 성규의 점수의 평균은 은지의 점수의 평균
보다 $\frac{15}{5}=3$(점) 높습니다.

> **해결 전략**
> 두 사람의 자료의 수가 5로 같으므로 두 사람의 자료 값
> 의 합의 차를 이용해 평균의 차를 구할 수 있어요.

4-2 과목 수는 4개이고 한 과목만 16점 높아졌으므로
늘어난 점수를 고르게 하면 $\frac{16}{4}=4$(점)씩입니다.
중간고사 점수의 평균이 79점이었으므로 기말고사
점수의 평균은 $79+4=83$(점)입니다.

> **다른 풀이**
> 중간고사 점수의 합은 $79\times4=316$(점)이므로 기말고사
> 점수의 합은 $316+16=332$(점)입니다.
> 따라서 기말고사 점수의 평균은 $\frac{332}{4}=83$(점)입니다.

4-3 네 과목 점수의 평균을 3점 이상 올리려면 총점을
$3\times4=12$(점) 이상 올려야 합니다.
따라서 사회 점수만 올려 점수의 평균을 3점 이상
올리려면 사회 점수를 적어도 $64+12=76$(점)
받아야 합니다.

> **다른 풀이**
> (중간고사 점수의 평균)
> $=\frac{86+92+64+78}{4}=\frac{320}{4}=80$(점)
> 이므로 다음 시험에서 평균을 $80+3=83$(점) 이상 받아
> 야 합니다.
> 총점이 $83\times4=332$(점) 이상이어야 하므로 사회 점수
> 는 적어도 $332-(86+92+78)=76$(점) 받아야 합니
> 다.

5-1 (4명의 나이의 평균)
$=\frac{8+10+9+13}{4}=\frac{40}{4}=10$(살)

5명의 나이의 평균이 한 살 늘어나기 위해서는 새
로운 회원의 나이가 4명의 나이의 평균보다
5살 많아야 합니다. 따라서 새로운 회원의 나이는
$10+5=15$(살)입니다.

> **보충 개념**
>
> | 10 | 10 | 10 | 10 | (10) |
> |---|---|---|---|---|
> | +1 | +1 | +1 | +1 | +1 |
>
> ➤ $10+5=15$(살)

> **다른 풀이**
> 4명의 나이의 평균이 $\frac{8+10+9+13}{4}=\frac{40}{4}=10$(살)
> 이므로 5명의 나이의 평균이 $10+1=11$(살)이어야 합
> 니다. 5명의 나이의 합이
> $11\times5=55$(살)이어야 하므로 새로운 회원의 나이는
> $55-(8+10+9+13)=15$(살)입니다.

5-2 (3명의 키의 평균)$=\frac{155+154+159}{3}$
$=\frac{468}{3}=156$(cm)

4명의 키의 평균이 1 cm 줄어들기 위해서는 새로
운 학생의 키가 3명의 키의 평균보다 4 cm 작아야
합니다. 따라서 새로운 학생의 키는
$156-4=152$(cm)입니다.

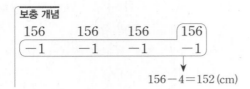

보충 개념

$$156 \quad 156 \quad 156 \quad \boxed{156}$$
$$-1 \quad -1 \quad -1 \quad -1$$
$$156-4=152 \text{ (cm)}$$

다른 풀이

3명의 키의 평균이
$$\frac{155+154+159}{3}=\frac{468}{3}=156 \text{ (cm)}이므로$$
4명의 키의 평균이 $156-1=155$ (cm)가 되어야 합니다. 4명의 키의 합이 $155 \times 4 = 620$ (cm)가 되어야 하므로 새로운 학생의 키는
$620-(155+154+159)=152$ (cm)입니다.

6-1 (남학생이 가지고 있는 돈의 합)
$$=3550 \times 4 = 14200(원)$$
(여학생이 가지고 있는 돈의 합)
$$=3700 \times 6 = 22200(원)$$
(전체 학생 수)$=4+6=10$(명)
(전체 학생이 가지고 있는 돈의 합)
$$=14200+22200=36400(원)$$
따라서 수혁이네 모둠 전체 학생이 가지고 있는 돈의 평균은 $\dfrac{36400}{10}=3640$(원)입니다.

6-2 (1학기 쪽지시험 점수의 합)$=26 \times 14 = 364$(점)
(2학기 쪽지시험 점수의 합)$=18 \times 14 = 252$(점)
(전체 쪽지시험 횟수)$=14+14=28$(번)
(전체 쪽지시험 점수의 합)
$$=364+252=616(점)$$
따라서 다인이의 1학기와 2학기의 쪽지시험 점수의 평균은 $\dfrac{616}{28}=22$(점)입니다.

다른 풀이

1학기 쪽지시험 횟수와 2학기 쪽지시험 횟수가 같으므로 1학기와 2학기의 쪽지시험 점수의 평균은
$$\frac{26+18}{2}=\frac{44}{2}=22(점)입니다.$$

6-3 (보라)$+$(영주)$=147.5 \times 2 = 295$ (cm),
(영주)$+$(재희)$=150.5 \times 2 = 301$ (cm),
(재희)$+$(보라)$=149 \times 2 = 298$ (cm)

➡ (보라)$+$(영주)$+$(영주)$+$(재희)$+$(재희)$+$(보라)
$$=((보라)+(영주)+(재희)) \times 2$$
$$=295+301+298=894 \text{ (cm)}$$
(보라)$+$(영주)$+$(재희)$=894 \div 2 = 447$ (cm)
입니다. 따라서 세 명의 키의 평균은
$447 \div 3 = 149$ (cm)입니다.

보충 개념

(보라)$+$(영주)
(영주)$+$(재희)
$+$)(보라)$+\qquad$(재희)
$\overline{((보라)+(영주)+(재희)) \times 2}$

7-1 회전판은 모두 10칸으로 나누어져 있고, 그중 파란색 칸은 5칸입니다. 10칸 중 5칸이므로 회전판의 절반이 파란색입니다. 즉 회전판을 돌렸을 때 화살이 파란색에 멈출 가능성은 '반반이다'이므로 수로 표현하면 $\dfrac{1}{2}$입니다.

7-2 ㉠ 금요일 다음날은 언제나 토요일입니다.
➡ 확실하다 ➡ 1
㉡ 서울의 8월 최고 기온은 영하로 떨어지지 않습니다. ➡ 불가능하다 ➡ 0
㉢ 1년은 12개월입니다. ➡ 불가능하다 ➡ 0
㉣ 내일 비가 올 수도 있고 안 올 수도 있습니다.
➡ 반반이다 ➡ $\dfrac{1}{2}$
㉤ 해는 서쪽으로 집니다. ➡ 확실하다 ➡ 1
따라서 일이 일어날 가능성을 수로 표현하면 1인 것은 ㉠, ㉤입니다.

8-1 ㉠ 두 면 중 한 면이 그림 면입니다. ➡ $\dfrac{1}{2}$
㉡ 여섯 면 중 한 면의 눈의 수가 6입니다. ➡ $\dfrac{1}{6}$
㉢ 검은색 구슬이 없습니다. ➡ 0
㉣ 100장 중 10장이 당첨 복권입니다.
➡ $\dfrac{10}{100}=\dfrac{1}{10}$
따라서 일이 일어날 가능성이 작은 것부터 순서대로 기호를 쓰면 ㉢, ㉣, ㉡, ㉠입니다.
$$0 < \frac{1}{10} < \frac{1}{6} < \frac{1}{2}$$

1 3 cm	**2** 8시간 26분	**3** 다경	**4** 14300명	**5** 예	**6** ㉰
7 66점	**8** 650원	**9** ㉢, ㉡, ㉣, ㉠	**10** 24 t, 58 t, 35 t		**11** $\frac{1}{2}$
12 ㉯	**13** 29점	**14** 6개	**15** 7번		

5

1

접근 ≫ 네 명의 키 차이를 ○표를 이용하여 나타내 봅니다.

○표 하나를 1 cm로 생각하여 네 명의 키 차이를 그림으로 나타내 봅니다.

			○
			○
		○	○
		○	○
	○	○	○
	○	○	○
첫 번째	두 번째	세 번째	네 번째

➡

○	○	○	○
○	○	○	○
○	○	○	○
첫 번째	두 번째	세 번째	네 번째

○표를 옮겨 자료의 값을 고르게 하면 3으로 같아지므로 네 명의 키의 평균은 첫 번째 학생의 키보다 3 cm 큽니다.

> **지도 가이드**
> 평균은 자료 값을 모두 더한 수를 자료의 수로 나누어 구할 수도 있지만, 자료의 값을 고르게 하여 구할 수도 있습니다. 각 자료 값이 주어지지 않고 차이만 아는 경우에는 수를 옮겨 고르게 해 보도록 지도해 주세요.

> **보충 개념**
> 첫 번째 학생보다 각각 얼마나 큰지를 알면, 학생들의 키를 몰라도 키의 평균과 얼마나 차이가 나는지 알 수 있어요.

2

접근 ≫ 평균보다 수면 시간이 짧은 사람을 모두 고릅니다.

8시간 45분＝525분이므로 우리나라 초등학생의 수면 시간의 평균보다 덜 자는 학생은 어제 수면 시간이 525분보다 적은 지효, 윤호, 현애입니다.

따라서 모둠 학생 중 우리나라 초등학생의 수면 시간의 평균보다 덜 자는 학생들의 수면 시간의 평균은 $\frac{498+505+515}{3}=\frac{1518}{3}=506$(분) ➡ 8시간 26분입니다.

> **해결 전략**
> 평균보다 짧은 수면 시간을 고른 다음, 그 수면 시간의 평균을 구해요.

> **주의**
> 수면 시간이 평균보다 짧은 학생들은 3명이므로 자료 값의 합을 3으로 나누어야 해요.

3

145쪽 2번의 변형 심화 유형

접근 ≫ 먼저 나 모둠 학생들이 마신 우유 양의 평균을 알아봅니다.

나 모둠 학생들이 마신 우유 양의 평균은
$\frac{300+340+260+320}{4}=\frac{1220}{4}=305$ (mL)입니다.

가 모둠 학생들이 마신 우유 양의 평균도 305 mL이고 가 모둠 학생 수는 5명이므로 가 모둠 학생들이 마신 우유 양의 합은 305×5＝1525 (mL)입니다. 즉 규환이가 마신 우유의 양은 1525－(330＋300＋310＋290)＝295 (mL)입니다.

따라서 가 모둠에서 우유를 가장 적게 마신 학생은 다경입니다.

> **보충 개념**
> • (자료 값의 합)
> ＝(평균)×(자료의 수)
> • (모르는 자료 값)
> ＝(자료 값의 합)
> －(알고 있는 자료 값의 합)

4

접근 》 평균이 줄어들려면 겨울의 관람객 수가 가을까지의 평균보다 적어야 합니다.

봄부터 가을까지 관람객 수의 평균은

$$\frac{12500+18000+13000}{3}=\frac{43500}{3}=14500(명)입니다.$$

봄부터 겨울까지의 관람객 수의 평균이 봄부터 가을까지의 관람객 수의 평균보다
50명 줄어들기 위해서는 겨울 관람객의 수가 봄부터 가을까지의 관람객 수의 평균보
다 $50 \times 4 = 200$(명) 적어야 합니다.

따라서 겨울의 관람객 수는 $14500 - 200 = 14300$(명)입니다.

> **해결 전략**
> 봄부터 가을까지의 평균을 구한 다음, 겨울 관람객 수가 봄부터 가을까지의 평균보다 얼마나 적어야 하는지 알아봐요.

다른 풀이

봄부터 가을까지 관람객 수의 평균은 $\frac{12500+18000+13000}{3}=\frac{43500}{3}=14500$(명)
이므로 봄부터 겨울까지 관람객 수의 평균은 $14500 - 50 = 14450$(명)이 되어야 합니다.
봄부터 겨울까지의 관람객 수의 합이 $14450 \times 4 = 57800$(명)이 되어야 하므로 겨울의 관람객
수는 $57800 - (12500+18000+13000) = 14300$(명)입니다.

지도 가이드

평균은 자료의 값을 고르게 한 것이므로 수를 옮겨서 새로운 자료의 값을 구할 수 있습니다. 겨
울 관람객 수가 봄부터 가을까지의 관람객 수의 평균과 같은 14500명이라고 생각하고, 봄부터
겨울까지의 평균이 50 줄어들도록 14500에서 50을 네 번 빼면 겨울의 관람객 수가 나옵니다.

14500	14500	14500	14500
-50	-50	-50	-50

$$\rightarrow 14500 - 50 \times 4 = 14500 - 200 = 14300(명)$$

5

150쪽 7번의 변형 심화 유형

접근 》 주머니에서 꺼낸 완두콩의 개수는 짝수이거나 홀수입니다.

주머니에서 1개 이상의 완두콩을 꺼낼 때 완두콩의 개수가 짝수일 가능성은 '반반이
다'입니다.

회전판의 화살이 검은색에 멈출 가능성이 '반반이다'가 되도록 하려면 전체 회전판에
서 절반이 검은색이어야 합니다. 회전판이 8칸으로 나누어져 있으므로 그중 4칸을
검은색으로 칠합니다.

> **해결 전략**
> 꺼낸 완두콩의 개수가 짝수일 가능성을 구한 다음, 8칸 중 몇 칸에 색칠해야 같은 가능성이 되는지 알아봐요.

6

151쪽 8번의 변형 심화 유형

접근 》 두 사람이 각각 1점을 얻을 가능성이 같아야 공정한 규칙입니다.

㉮ 회전판에 한글 자음이 ㄱ, ㄴ, ㄷ으로 3칸, 알파벳이 A, B, C로 3칸 있으므로
한글 자음과 알파벳에 멈출 가능성이 각각 '반반이다'입니다. 즉 공정한 규칙입니다.

㉯ 회전판에 빨간색이 2칸, 노란색이 2칸 있으므로 빨간색과 노란색에 멈출 가능성
이 같습니다. 즉 공정한 규칙입니다.

㉰ 회전판에서 10보다 작은 수가 1, 4, 7로 3칸, 10보다 큰 수가 13, 15로 2칸 있
으므로 10보다 큰 수에 멈출 가능성보다 10보다 작은 수에 멈출 가능성이 높습니
다. 즉 공정하지 않은 규칙입니다.

> **해결 전략**
> 시호와 준호가 1점을 얻는 경우의 수가 똑같지 않은 규칙을 찾아봐요.

접근 ≫ (30명의 성적의 합)−(6명의 성적의 합)=(24명의 성적의 합)

예 30명의 수학 성적의 평균이 70점이므로 30명의 수학 성적의 합은
$70 \times 30 = 2100$(점)입니다.

그중 6명의 수학 성적의 평균이 86점이므로 6명의 수학 성적의 합은
$86 \times 6 = 516$(점)입니다.

즉 나머지 $30 - 6 = 24$(명)의 수학 성적의 합은 $2100 - 516 = 1584$(점)입니다.

따라서 나머지 24명의 수학 성적의 평균은 $\dfrac{1584}{24} = 66$(점)입니다.

채점 기준	배점
나머지 학생들의 수학 성적의 합을 구했나요?	3점
나머지 학생들의 수학 성적의 평균을 구했나요?	2점

해결 전략
30명의 성적의 합에서 6명의 성적의 합을 빼서 24명의 성적의 합을 구한 다음 24명의 성적의 평균을 구해요.

8 146쪽 3번의 변형 심화 유형

접근 ≫ 먼저 사과를 모두 팔아 얻은 금액을 알아봅니다.

사과의 전체 개수는 $20 + 50 + 80 = 150$(개)이고 사과를 모두 팔았을 때 한 개당 가격의 평균이 380원인 셈이므로 사과를 모두 팔아 얻은 금액은
$380 \times 150 = 57000$(원)입니다.

상 등급과 중 등급 사과를 팔아 얻은 금액의 합은
$50 \times 400 + 80 \times 300 = 20000 + 24000 = 44000$(원)이므로 특 등급 사과를 팔아 얻은 금액은 $57000 - 44000 = 13000$(원)입니다. 특 등급 사과는 20개이므로 특 등급인 사과 한 개의 가격은 $13000 \div 20 = 650$(원)입니다.

해결 전략
특 등급 사과를 팔아 얻은 금액의 합을 구한 다음 특 등급 사과 한 개의 가격을 구해요.

9

접근 ≫ 각 경우 생일이 될 수 있는 날짜를 세어 봅니다.

㉠ 2월이 28일까지 있으므로 생일이 2월 30일일 가능성은 '불가능하다'입니다. ➡ 0

㉡ 짝수 날은 $28 \div 2 = 14$(일)이므로 생일이 짝수 날일 가능성을 수로 표현하면 $\dfrac{14}{28} = \dfrac{1}{2}$입니다.

㉢ 8일 ~ 28일은 $28 - 7 = 21$(일)이므로 생일이 그 중에 있을 가능성을 수로 표현하면 $\dfrac{21}{28} = \dfrac{3}{4}$입니다.

㉣ 생일이 8일 ~ 28일 중에 없으면 1일~7일 중에 있습니다. 1일~7일은 7일이므로 생일이 그 중에 있을 가능성을 수로 표현하면 $\dfrac{7}{28} = \dfrac{1}{4}$입니다.

➡ $\dfrac{3}{4} > \dfrac{1}{2} > \dfrac{1}{4} > 0$이므로 ㉢>㉡>㉣>㉠입니다.

보충 개념
일이 일어날 가능성은 0부터 1까지의 수로 표현할 수 있어요.

다른 풀이

㉣ 생일이 8일~28일 중에 있을 가능성은 $\dfrac{21}{28} = \dfrac{3}{4}$이고, 전체 가능성의 합은 1이므로 생일이 8일 ~ 28일 중에 없을 가능성은 $1 - \dfrac{3}{4} = \dfrac{1}{4}$입니다.

10 149쪽 6번의 변형 심화 유형
접근 》 세 단지의 수돗물 사용량의 합을 알아봅니다.

(㉮ 단지)+(㉯ 단지)=41×2=82, (㉯ 단지)+(㉰ 단지)=46.5×2=93,

(㉰ 단지)+(㉮ 단지)=29.5×2=59이므로

(㉮ 단지)+(㉯ 단지)+(㉯ 단지)+(㉰ 단지)+(㉰ 단지)+(㉮ 단지)

=((㉮ 단지)+(㉯ 단지)+(㉰ 단지))×2=82+93+59=234입니다.

(㉮ 단지)+(㉯ 단지)+(㉰ 단지)=234÷2=117이므로

(㉮ 단지의 수돗물 사용량)=117−93=24 (t),

(㉯ 단지의 수돗물 사용량)=117−59=58 (t),

(㉰ 단지의 수돗물 사용량)=117−82=35 (t)입니다.

> **보충 개념**
> ㉮+㉯=A
> ㉯+㉰=B
> +) ㉰+㉮=C
> ─────────
> (㉮+㉯+㉰)×2
> =A+B+C
> ➡ ㉮+㉯+㉰
> =(A+B+C)÷2

11 접근 》 두 번째 공까지 꺼낸 후에 상자 안에 남아 있는 공을 생각해 봅니다.

빨간색 공 4개, 파란색 공 7개, 보라색 공 9개 중 파란색 공 1개와 빨간색 공 1개를 꺼냈으므로 상자 안에 남아 있는 공은 빨간색 공 3개, 파란색 공 6개, 보라색 공 9개입니다. 전체 공은 3+6+9=18(개)이고 빨간색 공과 파란색 공이 3+6=9(개)이므로 세 번째로 꺼낸 공이 보라색이 아닐 가능성을 수로 표현하면 $\frac{9}{18}=\frac{1}{2}$입니다.

> **보충 개념**
> 꺼낸 공이 보라색이 아닐 가능성은 꺼낸 공이 빨간색이거나 파란색일 가능성과 같습니다.

12 146쪽 3번의 변형 심화 유형
접근 》 (득점의 평균)×(선수의 수)=(득점의 합)

선수 5명의 득점의 평균이 13.8점이므로

(선수들의 득점의 합)=13.8×5=69(점)입니다.

(㉮ 선수의 득점)=3+3×3=12(점), (㉯ 선수의 득점)=1+2×7+3=18(점),

(㉰ 선수의 득점)=7+2×8+3=26(점)이므로

12+18+(㉱ 선수의 득점)+(㉲ 선수의 득점)+26=69,

56+(㉱ 선수의 득점)+(㉲ 선수의 득점)=69,

(㉱ 선수의 득점)+(㉲ 선수의 득점)=69−56=13(점)입니다. ㉮, ㉯, ㉰ 선수의 득점이 각각 12점, 18점, 26점이고, ㉱ 선수와 ㉲ 선수의 득점의 합이 13점이므로 ㉱와 ㉲ 중 한 선수가 13점을 얻고 다른 선수가 득점을 하지 못한 경우에도 이 팀에서 득점이 두 번째로 많은 선수는 ㉯입니다.

> **해결 전략**
> 득점의 합을 이용하여 ㉱ 선수와 ㉲ 선수의 득점의 합을 구하고 다른 선수들의 득점과 비교해요.

13 접근 》 (점수의 평균)×(심사위원의 수)=(점수의 합)

전체 평균이 20점이므로 8명의 심사위원에게 받은 점수의 합은 20×8=160(점)입니다. 가장 높은 점수와 가장 낮은 점수를 뺀 점수의 평균이 19점이므로 6명의 심사위원에게 받은 점수의 합은 19×6=114(점)입니다.

> **주의**
> 가장 높은 점수를 준 심사위원과 가장 낮은 점수를 준 심사위원을 뺀 8−2=6(명)에게 받은 점수의 합이에요.

즉 가장 높은 점수와 가장 낮은 점수의 합은 160-114=46(점)입니다. 가장 낮은 점수가 17점이므로 가장 높은 점수는 46-17=29(점)입니다.

14 접근 » 97점을 79점으로 잘못 보고 계산하면 전체 점수의 합이 줄어듭니다.

한 과목의 점수인 97점을 79점으로 잘못 보고 계산하면 전체 점수의 합이
97-79=18(점)만큼 줄어듭니다.
진단평가의 과목 수를 □개라 하면, 평균이 90.5점일 때의 점수의 합보다 평균이
87.5점일 때의 점수의 합이 18점 낮습니다.
$90.5 \times □ - 87.5 \times □ = 18$이므로 $3 \times □ = 18$, $□ = 18 \div 3 = 6$(개)입니다.
따라서 수정이가 본 진단평가의 과목 수는 6개입니다.

해결 전략
전체 과목 수를 □개라 하고,
바르게 계산한 경우 점수의
합과 잘못 보고 계산한 경우
점수의 합이 몇 점 차이 나는
지를 식으로 나타내요.

보충 개념
$90.5 \times □ - 87.5 \times □$
$= (90.5 - 87.5) \times □$
$= 3 \times □$

15 148쪽 5번의 변형 심화 유형
접근 » 오늘까지의 평균이 어제까지의 평균보다 2점 올랐습니다.

오늘 본 쪽지시험도 82점을 받았다고 가정하면 오늘까지 본 쪽지시험 점수의 평균은 82점이 됩니다. 실제로는 오늘 96점을 받았으므로 어제까지 본 쪽지시험 점수의 평균보다 96-82=14(점) 높은 점수를 받았을 때 오늘까지 본 쪽지시험 점수의 평균이 2점 올랐습니다. 첫 번째 쪽지시험부터 오늘 본 쪽지시험까지 각각 점수를 2점씩 높여 준 셈이므로 오늘까지 본 쪽지시험의 횟수는 14÷2=7(번)입니다.

보충 개념
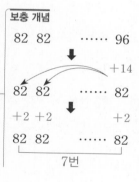

다른 풀이
어제까지 본 쪽지시험 점수의 합에 96점을 더한 값과 오늘까지 본 쪽지시험 점수의 합이 같으므로 어제까지 쪽지시험을 □번 보았다고 하면 $82 \times □ + 96 = 84 \times (□ + 1)$입니다.
$82 \times □ + 96 = 84 \times □ + 84$, $96 - 84 = 84 \times □ - 82 \times □$, $12 = 2 \times □$, $□ = 6$(번)입니다.
따라서 어제까지 쪽지시험을 6번 보았으므로 오늘까지 모두 6+1=7(번) 보았습니다.

⌄⌄ HIGH LEVEL

158~160쪽

1 ㉮	2 420	3 ㉡, ㉣	4 $\frac{1}{2}$	5 72000원	6 10명
7 72점	8 29명				

---

1 접근 » 각 주머니에서 당첨제비를 뽑을 가능성을 따져 봅니다.

㉮ 주머니: 5개의 제비 중 1개의 제비가 당첨제비입니다.

➡ 당첨제비를 뽑을 가능성을 수로 표현하면 $\frac{1}{5}$입니다.

해결 전략
당첨제비의 수가 같을 때, 전체 제비의 수가 적을수록 당첨제비를 뽑을 가능성이 커져요.

㉯ 주머니: 6개의 제비 중 1개의 제비가 당첨제비입니다.

　　➡ 당첨제비를 뽑을 가능성을 수로 표현하면 $\frac{1}{6}$입니다.

㉰ 주머니: 7개의 제비 중 1개의 제비가 당첨제비입니다.

　　➡ 당첨제비를 뽑을 가능성을 수로 표현하면 $\frac{1}{7}$입니다.

따라서 <u>당첨될 가능성이 가장 큰</u> ㉮ 주머니를 고르는 것이 가장 유리합니다.

$$\frac{1}{5} > \frac{1}{6} > \frac{1}{7}$$

2 접근 》 자료의 수가 그대로일 때 자료 값의 합이 클수록 평균이 큽니다.

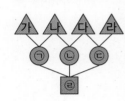

$\bigcirc = \dfrac{\text{가}+\text{나}}{2}$, $\bigcirc\!\!\!L = \dfrac{\text{나}+\text{다}}{2}$, $\bigcirc\!\!\!C = \dfrac{\text{다}+\text{라}}{2}$이므로

$$\bigcirc\!\!\!E = \frac{\bigcirc+\bigcirc\!\!\!L+\bigcirc\!\!\!C}{3} = \left(\frac{\text{가}+\text{나}}{2} + \frac{\text{나}+\text{다}}{2} + \frac{\text{다}+\text{라}}{2} \right) \div 3$$

$$= \frac{\text{가}+\text{나}+\text{나}+\text{다}+\text{다}+\text{라}}{2} \div 3$$입니다.

㉣이 가장 크려면 네 수 중 가장 큰 수인 570과 두 번째로 큰 수인 430이 나와 다 중한 곳에 각각 들어가고, 나머지 두 수 140과 380이 가와 라 중 한 곳에 각각 들어가야 합니다.

따라서 ■ 안에 들어갈 수 있는 수 중 가장 큰 수는

$$\frac{140+570+570+430+430+380}{2} \div 3 = \frac{2520}{2} \div 3 = 1260 \div 3 = 420$$

입니다.

> **보충 개념**
> 나와 다가 두 번씩 더해지기 때문에 가장 큰 수와 두 번째로 큰 수를 나와 다에 넣어야 ㉣이 가장 커져요.

3 접근 》 일이 일어날 가능성은 0부터 1까지의 수로 표현할 수 있습니다.

• 은세: 동전을 한 번 던지면 그림 면이 나올 가능성은 '반반이다'입니다. 하지만 세 번 던져서 모두 그림 면이 나올 가능성은 '~아닐 것 같다'입니다. '불가능하다'인 가능성을 수로 표현하면 0이고 '반반이다'인 가능성을 수로 표현하면 $\frac{1}{2}$이므로 '~아닐 것 같다'인 가능성을 수로 표현하면 0보다 크고 $\frac{1}{2}$보다 작습니다. ➡ ㉡

• 준석: 주사위의 눈의 수는 1, 2, 3, 4, 5, 6의 6가지이므로 주사위를 굴리면 눈의 수가 2 이상 6 이하로 나올 가능성은 '~일 것 같다'입니다. '반반이다'인 가능
2, 3, 4, 5, 6
성을 수로 표현하면 $\frac{1}{2}$이고 '확실하다'인 가능성을 수로 표현하면 1이므로 '~일 것 같다'인 가능성을 수로 표현하면 $\frac{1}{2}$보다 크고 1보다 작습니다. ➡ ㉣

> **보충 개념**
> 불가능하다 ➡ 0
> 반반이다 ➡ $\frac{1}{2}$
> 확실하다 ➡ 1

4 접근 ≫ 나올 수 있는 경우를 모두 따져 봅니다.

동전 한 개와 주사위 한 개를 동시에 던져서 나올 수 있는 경우는
(숫자 면, 1), (숫자 면, 2), (숫자 면, 3), (숫자 면, 4), (숫자 면, 5), (숫자 면, 6),
(그림 면, 1), (그림 면, 2), (그림 면, 3), (그림 면, 4), (그림 면, 5), (그림 면, 6)으로
12가지가 있습니다.
동전은 그림 면이 나오고 주사위의 눈의 수는 6 이하로 나오는 경우는 12가지 중
6가지이므로 가능성을 수로 표현하면 $\frac{6}{12} = \frac{1}{2}$입니다.

보충 개념
동전 한 개를 던지면 숫자 면 또는 그림 면 중 하나가 나오고, 주사위 한 개를 굴리면 1, 2, 3, 4, 5, 6의 눈 중 하나가 나와요.

서술형
5 접근 ≫ 취소한 사람들이 안 낸 금액만큼 돈을 더 걷어야 합니다.

예 18명 중 6명이 참석을 취소하면 남은 $18-6=12$(명)이 2000원씩,
총 $2000 \times 12 = 24000$(원)을 더 내야 합니다. 이때 24000원은 취소한 6명이 내야 하는 금액의 합과 같으므로 18명이 갔을 경우 한 사람이 내야 하는 금액은
$24000 \div 6 = 4000$(원)입니다.
따라서 관광버스를 빌리는 비용은 $4000 \times 18 = 72000$(원)입니다.

채점 기준	배점
취소한 6명이 내야 하는 금액을 구했나요?	3점
관광버스를 빌리는 비용을 구했나요?	2점

주의
18명이 가기로 했을 경우에 4000원씩 내는 것이므로 4000×12가 아닌 4000×18로 계산해야 해요.

6 접근 ≫ 먼저 15점과 20점을 받은 학생의 점수의 평균을 구해 봅니다.

15점과 20점을 받은 학생의 점수의 평균은 $\frac{15 \times 4 + 20}{4 + 1} = \frac{80}{5} = 16$(점)입니다.

5명의 점수의 평균이 16점일 때 10점을 받은 학생 수를 1명씩 늘려가며 전체 점수의 평균이 13점이 되도록 자료 값을 고르게 해 봅니다. (16, 10)으로 수를 짝 지어 옮기면 점수가 13점으로 고르게 되므로 전체 학생의 점수의 평균이 13점으로 고르게 되려면 10점을 받은 학생 수도 5명이 되어야 합니다.
따라서 10점을 받은 학생이 5명이므로 모둠 학생은 모두 $5+4+1=10$(명)입니다.

해결 전략
5명의 평균을 구한 다음 10점을 받은 학생 수를 늘려가며 점수를 고르게 해 봐요.

보충 개념

16	16	16	16	16
3↕	3↕	3↕	3↕	3↕
10	10	10	10	10

➡ (평균)=13

7 접근 ≫ 남학생 수와 여학생 수의 차이를 알아봅니다.

남학생 점수의 평균만 9점 올랐을 때의 전체 점수의 합은 $77.5 \times 36 = 2790$(점),
여학생 점수의 평균만 9점 올랐을 때의 전체 점수의 합은 $75.5 \times 36 = 2718$(점)입니다. 똑같이 9점씩 올랐는데 여학생 점수의 평균만 올랐을 때보다 남학생 점수의 평균만 올랐을 때 전체 점수의 합이 더 높으므로 남학생의 수가 더 많습니다.

남학생이 여학생보다 □명 더 많다고 하면, □명의 점수가 9점씩 오른 결과 점수의
합이 2790－2718＝72(점)만큼 차이 나므로 □×9＝72, □＝72÷9＝8(명)
입니다. 남학생이 여학생보다 8명 많고 전체 학생 수가 36명이므로
여학생은 (36－8)÷2＝28÷2＝14(명)이고, 남학생은 14＋8＝22(명)입니다.
남학생 22명의 점수의 평균만 9점 올랐을 때 전체 점수의 합이 2790점이므로 원래
전체 학생의 점수의 합은 2790－(9×22)＝2790－198＝2592(점)입니다.

따라서 전체 학생의 점수의 평균은 $\dfrac{2592}{36}$＝72(점)입니다.

보충 개념

여학생 수를 △명이라 하면
남학생 수는 (△＋8)명이므로
△＋△＋8＝36,
△＋△＝28,
△＝14(명)이에요.

> **지도 가이드**
>
> • 남학생 수와 여학생 수의 차를 구하는 방법
>
> (자료 값의 합)＝(평균)×(자료의 수)이므로 직사각형의 넓이를 이용하면 쉽습니다.
>
>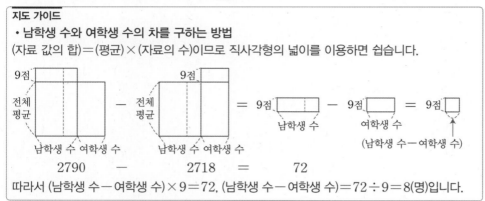
>
> 따라서 (남학생 수－여학생 수)×9＝72, (남학생 수－여학생 수)＝72÷9＝8(명)입니다.

8 접근 ≫ 점수별로 맞힌 문항을 알아봅니다.

0점을 받은 학생 수를 □명, 40점을 받은 학생 수를 △명이라 하면
(점수의 합)＝(0×□)＋40＋160＋270＋(40×△)＋550＋300＝34.4×50
이므로 1320＋40×△＝1720, 40×△＝400, △＝400÷40＝10(명)입니다.

해결 전략

전체 점수의 합을 이용하여
40점을 받은 학생 수를 구한
다음 3번 문항을 맞힌 학생
수를 이용하여 30점을 받은
학생 중 2번 문항을 맞힌 학
생 수를 구해요.

받은 점수	맞힌 문항	학생 수
10점	1번	4명
20점	②번	8명
30점	1번＋②번 또는 3번 (5명) (4명)	9명
40점	1번＋3번	10명
50점	②번＋3번	11명
60점	1번＋②번＋3번	5명

40점, 50점, 60점을 받은 학생
10＋11＋5＝26(명)은 3번 문항
과 다른 문항을 동시에 맞힌 학생입
니다. 3번 문항을 맞힌 학생은 30명
이므로 3번 문항 하나만 맞힌 학생
은 30－26＝4(명)입니다.

30점을 받은 학생 중에서 3번 문
항만 맞힌 학생이 4명이므로 1번
과 2번 문항을 동시에 맞힌 학생은
9－4＝5(명)입니다.

2번 문항을 맞힌 학생은 20점을 받
은 학생 8명, 30점을 받은 학생 중 5명, 50점을 받은 학생 11명, 60점을 받은 학생
5명이므로 모두 8＋5＋11＋5＝29(명)입니다.

01 ⑤	**02** ㉣	**03** 85800원	**04** 58척	**05** 1575 이상 1585 미만
06 36	**07** (아래 수직선)			**08** 8 cm 초과 12 cm 이하

07 ←─┼─┼─┼─┼─┼─┼─┼─┼─┼─┼─┼─┼─┼─┼─┼─→
125↑ 135↑ 145↑ 155↑ 165↑ 175↑ 185↑ 195↑
　　 130　 140　 150　 160　 170　 180　 190　 200

09 0.01	**10** 26상자	**11** 진수	**12** 6500	**13** 1391	**14** 9개
15 945	**16** 9	**17** 30묶음	**18** 36500	**19** 3개	**20** 8개

01 접근 ≫ 가장 큰 수와 가장 작은 수를 각각 찾아 봅니다.

$13 < 14.7 < 16 < 19.8 < 23$이므로 가장 작은 수는 13, 가장 큰 수는 23입니다.
따라서 13과 23을 모두 포함하는 수의 범위를 찾으면 ⑤입니다.

보충 개념

● 이상인 수	■ 이하인 수
●와 같거나 큰 수	■와 같거나 작은 수
▲ 초과인 수	◆ 미만인 수
▲보다 큰 수	◆보다 작은 수

02 접근 ≫ 각각의 수를 버림하여 백의 자리까지 나타내어 봅니다.

버림하여 백의 자리까지 나타낸 수는 ㉠, ㉡, ㉢, ㉤은 5200이고, ㉣은 5100입니다.
따라서 버림하여 백의 자리까지 나타낸 수가 다른 하나는 ㉣입니다.

해결 전략
버림하여 백의 자리까지 나타내기 위해서 백의 자리 아래 수를 0으로 봐요.

03 접근 ≫ 가족의 나이에 따른 KTX 요금을 찾아봅니다.

KTX 요금이 할아버지, 할머니는 경로이므로 각각 15400원, 아버지와 어머니는 어른이므로 각각 22000원, 은수는 어린이이므로 11000원, 동생은 유아이므로 무료입니다.
따라서 내야 할 KTX 요금은
$15400 \times 2 + 22000 \times 2 + 11000 = 30800 + 44000 + 11000 = 85800$(원)입니다.

주의
이상이나 이하인 수의 범위에는 기준이 되는 수가 포함되고, 초과나 미만인 수의 범위에는 기준이 되는 수가 포함되지 않아요.

04 접근 ≫ 필요한 보트의 수를 구하는 나눗셈식을 세워 봅니다.

$578 \div 10 = 57 \cdots 8$이므로 학생 578명이 보트 한 척에 10명씩 탄다면 보트 57척과 남은 8명도 탈 수 있는 보트 한 척이 더 필요합니다.
따라서 학생 578명이 모두 보트에 타려면 보트는 적어도 $57 + 1 = 58$(척)이 있어야 합니다.

보충 개념
10명보다 적은 학생이 남았어도 보트는 한 척 더 필요해요.

05 접근 ≫ 반올림하여 십의 자리까지 나타내었을 때 1580이 되는 수를 구해 봅니다.

반올림하여 십의 자리까지 나타내었을 때 1580이 될 수 있는 수의 범위는 1575와 같거나 크고 1585보다 작습니다.

따라서 어떤 수가 될 수 있는 수의 범위는 1575 이상 1585 미만입니다.

주의
1585를 반올림하여 십의 자리까지 나타내면 1590이 돼요.

06 접근 ≫ 기준이 되는 수가 포함되는지 포함되지 않는지 먼저 생각해 봅니다.

주어진 수의 범위에 속하는 자연수는 □보다 크고 49.5보다 작습니다.

49.5보다 작은 자연수를 큰 수부터 차례로 13개 써 보면 49, 48, 47, 46, 45, 44, 43, 42, 41, 40, 39, 38, 37입니다.

따라서 초과에는 기준이 되는 수가 포함되지 않고 주어진 수의 범위에 속하는 자연수 중 가장 작은 수는 37이므로 □ 안에 알맞은 자연수는 36입니다.

보충 개념
49.5 미만인 자연수 중 가장 큰 수는 49예요.

48   (49) 49.5 50

07 접근 ≫ 고속열차를 탈 수 있는 사람의 키의 범위를 구해 봅니다.

고속열차를 탈 수 있는 사람의 키의 범위는 130 cm 이상 195 cm 이하입니다.

따라서 130과 195에 각각 점 ●을 이용해서 나타내고 그 사이를 선으로 잇습니다.

보충 개념
수직선에 나타내는 방법

	기준이 되는 수	화살표 방향
이상	●	→
이하	●	←

08 접근 ≫ 정다각형의 모든 변의 길이는 같습니다.

정육각형은 여섯 변의 길이가 각각 같으므로 한 변의 길이가 될 수 있는 길이의 범위는 $48 \div 6 = 8$ (cm) 초과 $72 \div 6 = 12$ (cm) 이하입니다.

보충 개념
(정육각형의 둘레)
=(한 변의 길이)×6

09
접근 ≫ 구하려는 자리 아래 수를 살펴봅니다.

3.284를 올림하여 소수 둘째 자리까지 나타내기 위해서는 소수 둘째 자리 아래 수인 0.004를 0.01로 보고 올림하면 3.29입니다.

3.284를 반올림하여 소수 둘째 자리까지 나타내면 소수 셋째 자리 숫자가 4이므로 버림하여 3.28입니다.

따라서 두 수의 차는 3.29−3.28=0.01입니다.

10
접근 ≫ 판매할 수 있는 사탕의 수를 구하는 나눗셈식을 세워 봅니다.

807÷30=26…27이므로 사탕을 26상자에 30개씩 포장하면 27개가 남습니다.

따라서 남은 27개의 사탕은 한 상자에 포장할 수 없으므로 판매할 수 있는 사탕은 모두 26상자입니다.

11
접근 ≫ 사람마다 필요한 봉투의 개수를 어림한 값을 각각 구해 봅니다.

어림한 봉투의 개수를 구하면 진수는 1260개, 윤후는 1300개입니다. 어림한 봉투의 개수와 빵의 개수의 차를 구하면 진수는 1260−1251=9(개), 윤후는 1300−1251=49(개)입니다.

따라서 봉투의 개수를 빵의 개수와 더 가깝게 어림한 사람은 진수입니다.

12
접근 ≫ 올림하여 십의 자리까지 나타낸 수 4530을 이용해 ■를 구해 봅니다.

4■●7을 올림하여 십의 자리까지 나타내었더니 4530이 되었으므로 ■는 5이고 ●는 3보다 1 작은 수인 2입니다.

따라서 6521을 반올림하여 백의 자리까지 나타내면 십의 자리 숫자가 2이므로 버림하여 6500입니다.

13
접근 ≫ 올림하여 십의 자리까지 나타내면 700이 되는 자연수의 범위를 구해 봅니다.

올림하여 십의 자리까지 나타내면 700이 되는 수의 범위는 690 초과 700 이하이므로 691부터 700까지의 자연수입니다.

따라서 이 중에서 가장 작은 수는 691, 가장 큰 수는 700이므로 가장 작은 수와 가장 큰 수의 합은 691+700=1391입니다.

14 접근 ≫ 주어진 수 카드 중 조건에 맞는 일의 자리 수가 될 수 있는 수를 먼저 찾아봅니다.

만들 수 있는 수의 범위는 2 이상 5.67 미만이므로 일의 자리 수는 2, 3, 4, 5가 될 수 있지만 주어진 수 카드에 있는 수는 3과 5뿐이므로 3과 5만을 사용해 조건에 맞는 수를 만들어 봅니다.

➡ 3.56, 3.57, 3.65, 3.67, 3.75, 3.76, 5.36, 5.37, 5.63

따라서 만들 수 있는 수는 모두 9개입니다.

> **주의**
> 5.67 미만인 수는 5.67보다 작은 수이므로 5.67이 포함되지 않아요.

15 접근 ≫ 버림하여 백의 자리까지 나타낸 수가 8500이 되는 자연수의 범위를 구해 봅니다.

버림하여 백의 자리까지 나타내면 8500이 되는 자연수는 8500부터 8599까지입니다. 어떤 자연수 ●에 9를 곱해서 나온 수는 8500부터 8599까지의 자연수 중 9의 배수이고 이 중 가장 작은 9의 배수는 8505입니다.

따라서 ●가 될 수 있는 수 중 가장 작은 수는 ●=8505÷9=945입니다.

> **보충 개념**
> 각 자리 수를 더한 수가 9의 배수이면 9의 배수예요.
> 8505
> ➡ 8+5+0+5=18

16 접근 ≫ 83□5를 올림하여 백의 자리까지 나타낸 수를 구해 봅니다.

83□5를 올림하여 백의 자리까지 나타내기 위해서 백의 자리 아래 수인 □5를 100으로 보고 올림하면 8400이 됩니다.

□가 0, 1, 2, 3, 4, 5, 6, 7, 8인 경우는 반올림하여 십의 자리까지 나타내면 8400이 될 수 없습니다. □가 9인 경우는 반올림하여 십의 자리까지 나타내면 8400이 됩니다.

따라서 □ 안에 들어갈 수는 9입니다.

> **보충 개념**
> ■가 5 이상인 경우, ▲■에서 ▲=9일 때에만 반올림하여 십의 자리까지 나타내었을 때 세 자리 수가 돼요.

> **다른 풀이**
> 83□5를 올림하여 백의 자리까지 나타낸 수는 8400이므로 반올림하여 십의 자리까지 나타낸 수도 8400입니다. 반올림하여 십의 자리까지 나타낸 수가 8400이 되는 수의 범위는 8395 이상 8405 미만입니다.
> 따라서 □ 안에 들어갈 수는 9입니다.

17 접근 ≫ 양말을 부족하지 않게 나누어 주기 위해서 최대 학생 수를 구해 봅니다.

버림하여 백의 자리까지 나타내면 100이 되는 자연수는 100부터 199까지입니다. 반올림하여 백의 자리까지 나타내면 200이 되는 자연수는 150부터 249까지입니다. 두 조건을 모두 만족하는 자연수의 범위는 150 이상 199 이하이므로 학생 수는 최대 199명입니다. 학생들에게 양말을 3켤레씩 나누어 주면 양말은 3×199=597(켤레)

> **주의**
> 두 수의 범위 중 가장 큰 자연수가 249라고 학생 수가 최대 249명이라고 생각하지 않도록 해요.

필요합니다.

따라서 $597 \div 20 = 29 \cdots 17$이므로 사야 하는 양말은 최소 $29 + 1 = 30$(묶음)입니다.

18 접근 ≫ 뒤에서부터 거꾸로 생각해 봅니다.

반올림하여 천의 자리까지 나타내면 37000이 되는 수의 범위는 36500 이상 37500 미만입니다. 이 중 어떤 수는 버림하여 백의 자리까지 나타낸 수이므로 36500, 36600, 36700, 36800, 36900, 37000, 37100, 37200, 37300, 37400이 될 수 있습니다. 어떤 수를 버림하여 백의 자리까지 나타낸 수가 36500이면 어떤 수의 범위는 36500 이상 36600 미만입니다.

따라서 어떤 수 중 가장 작은 자연수는 36500입니다.

서술형 19 접근 ≫ 각각의 범위에 속하는 자연수를 구해 봅니다.

예 25 이상 33 미만인 자연수는 25, 26, 27, 28, 29, ㉚, ㉛, ㉜이고 29 초과 35 이하인 자연수는 ㉚, ㉛, ㉜, 33, 34, 35입니다.

따라서 두 수의 범위에 공통으로 속하는 자연수는 30, 31, 32로 모두 3개입니다.

채점 기준	배점
각각의 수의 범위에 속하는 자연수를 구했나요?	2점
두 수의 범위에 공통으로 속하는 자연수를 모두 구했나요?	2점
두 수의 범위에 공통으로 속하는 자연수는 모두 몇 개인지 구했나요?	1점

서술형 20 접근 ≫ 반올림하여 십의 자리까지 나타낸 수의 범위를 구해 봅니다.

예 반올림하여 십의 자리까지 나타내면 8400이 되는 자연수는 8395부터 8404까지입니다. 응원 막대를 2개씩 나누어 주려면 응원 막대는 최대 $8404 \times 2 = 16808$(개) 필요합니다.

따라서 응원 막대는 최대 $16808 - 16800 = 8$(개) 부족하게 됩니다.

채점 기준	배점
반올림하여 십의 자리까지 나타낸 수의 범위를 구했나요?	2점
필요한 응원 막대 수의 범위를 구했나요?	2점
응원 막대는 최대 몇 개가 부족한지 구했나요?	1점

교내 경시 2단원	분수의 곱셈				
01 ③	**02** ㉢	**03** 25장	**04** $\dfrac{1}{8}$	**05** 12	**06** 7, 35
07 $3\dfrac{18}{35}$	**08** 170 km	**09** $\dfrac{8}{9}$ cm²	**10** $13\dfrac{1}{7}$ L	**11** 2	**12** $3\dfrac{1}{5}$ km
13 $\dfrac{11}{15}$ kg	**14** 54명	**15** $3\dfrac{1}{3}$	**16** $\dfrac{47}{98}$	**17** 네 번	**18** $11\dfrac{1}{5}$ km
19 $\dfrac{4}{5}$	**20** $\dfrac{5}{6}$				

01 접근 ≫ 자연수와 분수의 분자의 곱을 살펴봅니다.

① $1\dfrac{2}{3} \times 7 = \dfrac{5}{3} \times 7 = \dfrac{5 \times 7}{3} = \dfrac{35}{3}$ ② $7 \times \dfrac{5}{3} = \dfrac{7 \times 5}{3} = \dfrac{35}{3}$

③ $1\dfrac{2}{7} \times 3 = \dfrac{9}{7} \times 3 = \dfrac{9 \times 3}{7} = \dfrac{27}{7}$ ④ $2\dfrac{1}{3} \times 5 = \dfrac{7}{3} \times 5 = \dfrac{7 \times 5}{3} = \dfrac{35}{3}$

⑤ $5 \times \dfrac{7}{3} = \dfrac{5 \times 7}{3} = \dfrac{35}{3}$

따라서 계산 결과가 다른 하나는 ③입니다.

해결 전략

$\dfrac{\blacktriangle}{\blacksquare} \times \bigstar$

$= \dfrac{\blacktriangle \times \bigstar}{\blacksquare} = \dfrac{\bigstar \times \blacktriangle}{\blacksquare}$

$= \dfrac{\bigstar}{\blacksquare} \times \blacktriangle$

02 접근 ≫ 곱해지는 수는 모두 $\dfrac{3}{5}$으로 같으므로 곱하는 수의 크기를 살펴봅니다.

어떤 수에 1보다 큰 수를 곱하면 곱한 결과는 어떤 수보다 크고, 어떤 수에 1보다 작은 수를 곱하면 곱한 결과는 어떤 수보다 작습니다. 곱해지는 수가 모두 $\dfrac{3}{5}$으로 같으므로 곱하는 수가 1보다 작은 수인 $\dfrac{7}{8}$을 곱한 ㉢의 계산 결과가 $\dfrac{3}{5}$보다 작습니다.

해결 전략

$\blacksquare \times (1보다\ 작은\ 수) < \blacksquare$

$\blacksquare \times (1보다\ 큰\ 수) > \blacksquare$

03 접근 ≫ 전체를 1로 생각하여 남은 색종이의 양을 분수로 나타냅니다.

남은 색종이의 양은 전체의 $1 - \dfrac{4}{9} = \dfrac{5}{9}$입니다.

➡ (남은 색종이의 수) $= \overset{5}{45} \times \dfrac{5}{\underset{1}{9}} = 25$(장)

주의

남은 색종이의 양을 전체의 $\dfrac{4}{9}$로 생각하지 않도록 주의해요.

04 접근 ≫ 가장 큰 곱은 가장 큰 수와 둘째로 큰 수의 곱입니다.

단위분수는 분모가 작을수록 크므로 $\dfrac{1}{2} > \dfrac{1}{4} > \dfrac{1}{5} > \dfrac{1}{9}$입니다.

따라서 가장 큰 곱은 $\dfrac{1}{2} \times \dfrac{1}{4} = \dfrac{1}{8}$입니다.

보충 개념

$\bullet < \blacksquare \Rightarrow \dfrac{1}{\bullet} > \dfrac{1}{\blacksquare}$

05

접근 ≫ 어떤 수를 ☐라고 하여 식을 세워 봅니다.

어떤 수를 ☐라고 하면 ☐÷3=$2\frac{1}{4}$이므로 ☐=$2\frac{1}{4}×3=\frac{9}{4}×3=\frac{27}{4}$입니다.

따라서 어떤 수와 $1\frac{7}{9}$의 곱은 $\frac{27}{4}×1\frac{7}{9}=\frac{\overset{3}{27}}{\underset{1}{4}}×\frac{\overset{4}{16}}{\underset{1}{9}}=12$입니다.

보충 개념
■÷(자연수)=▲
⇔ ■＝▲×(자연수)

06

접근 ≫ '＝' 왼쪽의 곱셈식을 분수로 나타내어 봅니다.

$\frac{5}{●}×7=\frac{5×7}{●}=\frac{35}{●}=$(자연수)이므로 ●가 35와 약분되어 1이 되어야 합니다.

35의 약수는 1, 5, 7, 35이므로 ●에 들어갈 수 있는 자연수는 7, 35입니다.

주의
$\frac{5}{●}$는 진분수이므로 ●>5예요.

07

접근 ≫ 전체를 5등분한 것 중의 3개는 전체의 $\frac{3}{5}$과 같습니다.

$2\frac{1}{7}$과 ☐ 사이의 거리는 $2\frac{1}{7}$과 $4\frac{3}{7}$ 사이의 거리의 $\frac{3}{5}$입니다.

($2\frac{1}{7}$과 ☐ 사이의 거리)=$(4\frac{3}{7}-2\frac{1}{7})×\frac{3}{5}=2\frac{2}{7}×\frac{3}{5}=\frac{16}{7}×\frac{3}{5}=\frac{48}{35}$

➡ ☐=$2\frac{1}{7}+\frac{48}{35}=\frac{15}{7}+\frac{48}{35}=\frac{75}{35}+\frac{48}{35}=\frac{123}{35}=3\frac{18}{35}$

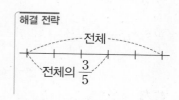

해결 전략

08

접근 ≫ 2시간 24분은 몇 시간인지 분수로 바꾸어 나타냅니다.

1시간은 60분이므로 2시간 24분=$2\frac{24}{60}$시간=$2\frac{2}{5}$시간입니다.

➡ (자동차가 2시간 24분 동안 달린 거리)

$=70\frac{5}{6}×2\frac{2}{5}=\frac{\overset{85}{425}}{\underset{1}{6}}×\frac{\overset{2}{12}}{\underset{1}{5}}=170$ (km)

보충 개념
1시간은 60분이므로
■분=$\frac{■}{60}$시간이에요.

09

접근 ≫ 새로 그린 도형의 넓이를 처음 도형의 넓이와 비교해 봅니다.

정사각형의 각 변의 한가운데 점들을 이어서 만든 사각형의 넓이는 처음 정사각형의 넓이의 $\frac{1}{2}$이고, 색칠한 부분의 넓이는 가장 작은 사각형의 넓이의 $\frac{1}{4}$입니다.

➡ (색칠한 부분의 넓이)=$5\frac{1}{3}×5\frac{1}{3}×\frac{1}{2}×\frac{1}{2}×\frac{1}{2}×\frac{1}{4}$

해결 전략
$5\frac{1}{3}$ cm

$$= \overset{2}{\underset{}{\cancel{\overset{4}{\cancel{\overset{8}{\cancel{16}}}}}}}{3} \times \frac{\overset{4}{\cancel{16}}}{3} \times \frac{1}{\cancel{2}_1} \times \frac{1}{\cancel{2}_1} \times \frac{1}{\cancel{2}_1} \times \frac{1}{\cancel{4}_1} = \frac{8}{9} \, (\text{cm}^2)$$

10 접근 » 두 수도꼭지를 동시에 틀어 1분 동안 받는 물의 양을 먼저 구해 봅니다.

(두 수도꼭지를 동시에 틀어 1분 동안 받는 물의 양)

$$= 2\frac{5}{7} + 1\frac{2}{3} = 2\frac{15}{21} + 1\frac{14}{21} = 3\frac{29}{21} = 4\frac{8}{21} \, (\text{L})$$

➡ (두 수도꼭지를 동시에 틀어 3분 동안 받는 물의 양)

$$= 4\frac{8}{21} \times 3 = \frac{92}{\underset{7}{\cancel{21}}} \times \overset{1}{\cancel{3}} = \frac{92}{7} = 13\frac{1}{7} \, (\text{L})$$

11 접근 » 곱셈식을 계산하여 하나의 분수로 나타내어 봅니다.

$$\frac{5}{6} \times 1\frac{7}{8} \times 6\frac{\square}{5} = \frac{\overset{1}{\cancel{5}}}{\underset{2}{\cancel{6}}} \times \frac{\overset{5}{\cancel{15}}}{8} \times \frac{30+\square}{\underset{1}{\cancel{5}}} = \frac{5 \times (30+\square)}{16}$$

계산 결과가 자연수가 되기 위해서는 $5 \times (30+\square)$가 16의 배수이어야 합니다.
□ 안에 1부터 4까지의 자연수를 차례로 넣어서 $5 \times (30+\square)$가 16의 배수가 되는
경우를 찾아봅니다. $5 \times (30+2) = 5 \times 32 = 160$이므로 □ 안에 들어갈 수 있는
수는 2입니다.

12 접근 » 먼저 학교에서 병원을 거쳐 공원까지의 거리를 구해 봅니다.

(학교에서 병원을 거쳐 공원까지의 거리)

$$= 2\frac{4}{5} + 1\frac{7}{15} = 2\frac{12}{15} + 1\frac{7}{15} = 3\frac{19}{15} = 4\frac{4}{15} \, (\text{km})$$

도서관에서 공원까지의 거리는 학교에서 병원을 거쳐 공원까지의 거리의

$$1 - \frac{1}{4} = \frac{3}{4}$$입니다.

➡ (도서관에서 공원까지의 거리)$= 4\frac{4}{15} \times \frac{3}{4} = \frac{\overset{16}{\cancel{64}}}{\underset{5}{\cancel{15}}} \times \frac{\overset{1}{\cancel{3}}}{\underset{1}{\cancel{4}}} = \frac{16}{5} = 3\frac{1}{5} \, (\text{km})$

13 접근 ≫ 전체 포도씨유 무게의 $\frac{1}{4}$을 먼저 구해 봅니다.

(전체 포도씨유 무게의 $\frac{1}{4}$)

$=2\frac{1}{3}-1\frac{14}{15}=2\frac{5}{15}-1\frac{14}{15}=1\frac{20}{15}-1\frac{14}{15}=\frac{6}{15}=\frac{2}{5}$ (kg)

전체 포도씨유 무게의 $\frac{1}{4}$만큼이 $\frac{2}{5}$ kg이므로 전체 포도씨유의 무게는

$\frac{2}{5}\times4=\frac{8}{5}=1\frac{3}{5}$ (kg)입니다.

따라서 빈 병의 무게는 $2\frac{1}{3}-1\frac{3}{5}=2\frac{5}{15}-1\frac{9}{15}=1\frac{20}{15}-1\frac{9}{15}=\frac{11}{15}$ (kg)

입니다.

해결 전략
(빈 병의 무게)
=(포도씨유가 가득 들어 있는 병의 무게)-(전체 포도씨유의 무게)

14 접근 ≫ 로봇 동아리의 학생 중 여학생은 전체의 몇 분의 몇인지 구해 봅니다.

로봇 동아리의 학생 중 여학생은 전체의 $1-\frac{11}{27}=\frac{16}{27}$이므로 여학생이 남학생보다

전체의 $\frac{16}{27}-\frac{11}{27}=\frac{5}{27}$만큼 더 많습니다.

전체의 $\frac{5}{27}$가 10명이므로 전체의 $\frac{1}{27}$은 $10\times\frac{1}{5}=2$(명)입니다.

따라서 로봇 동아리 학생은 모두 $2\times27=54$(명)입니다.

해결 전략
(전체의 $\frac{\bullet}{\blacksquare}$를 제외한 나머지)
$=1-\frac{\bullet}{\blacksquare}$

15 접근 ≫ 어떤 기약분수를 $\frac{\spadesuit}{\heartsuit}$라 하여 식으로 나타내어 봅니다.

$3\frac{3}{10}=\frac{33}{10}$이고, 어떤 기약분수를 $\frac{\spadesuit}{\heartsuit}$라 하면 $\frac{\spadesuit}{\heartsuit}\times\frac{3}{5}$, $\frac{\spadesuit}{\heartsuit}\times\frac{33}{10}$이 모두 자연수

입니다. $\frac{\spadesuit}{\heartsuit}$가 가장 작은 분수가 되려면 $\spadesuit$는 5와 10의 최소공배수인 10이고, $\heartsuit$는

3과 33의 최대공약수인 3이어야 합니다.

따라서 조건에 맞는 분수는 $\frac{10}{3}=3\frac{1}{3}$입니다.

해결 전략
$\frac{\spadesuit}{\heartsuit}\times\frac{3}{5}=$(자연수),
$\frac{\spadesuit}{\heartsuit}\times\frac{33}{10}=$(자연수)
➡ $\spadesuit$는 5와 10의 공배수, $\heartsuit$는 3과 33의 공약수

16 접근 ≫ 앞에서부터 두 분수씩 차례로 묶어 계산해 봅니다.

$\frac{1}{2}\times\frac{1}{3}+\frac{1}{3}\times\frac{1}{4}+\frac{1}{4}\times\frac{1}{5}+\cdots+\frac{1}{48}\times\frac{1}{49}$

$=\left(\frac{1}{2}\times\frac{1}{3}\right)+\left(\frac{1}{3}\times\frac{1}{4}\right)+\left(\frac{1}{4}\times\frac{1}{5}\right)+\cdots+\left(\frac{1}{48}\times\frac{1}{49}\right)$

보충 개념
$1\times(\blacksquare-\bullet)=\blacksquare-\bullet$

$$= \frac{1}{3-2} \times \left(\frac{1}{2}-\frac{1}{3}\right) + \frac{1}{4-3} \times \left(\frac{1}{3}-\frac{1}{4}\right) + \frac{1}{5-4} \times \left(\frac{1}{4}-\frac{1}{5}\right) + \cdots$$
$$+ \frac{1}{49-48} \times \left(\frac{1}{48}-\frac{1}{49}\right)$$
$$= \frac{1}{2} - \frac{1}{3} + \frac{1}{3} - \frac{1}{4} + \frac{1}{4} - \frac{1}{5} + \cdots + \frac{1}{48} - \frac{1}{49}$$
$$= \frac{1}{2} - \frac{1}{49} = \frac{49}{98} - \frac{2}{98} = \frac{47}{98}$$

17 접근 ≫ 첫 번째로 튀어 오른 높이부터 차례로 튀어 오른 높이를 구해 봅니다.

(첫 번째로 튀어 오른 높이)$= \overset{14}{42} \times \frac{2}{3} = 28 \, (m)$

(두 번째로 튀어 오른 높이)$= 28 \times \frac{2}{3} = \frac{56}{3} = 18\frac{2}{3} \, (m)$

(세 번째로 튀어 오른 높이)$= \frac{56}{3} \times \frac{2}{3} = \frac{112}{9} = 12\frac{4}{9} \, (m)$

(네 번째로 튀어 오른 높이)$= \frac{112}{9} \times \frac{2}{3} = \frac{224}{27} = 8\frac{8}{27} \, (m)$

따라서 공이 12 m보다 낮게 튀어 오르려면 적어도 땅에 네 번 닿아야 합니다.

> **해결 전략**
> (튀어 오른 높이)
> $=$ (떨어진 높이)$\times \frac{2}{3}$

18 접근 ≫ 아영이와 진서가 각각 1분 동안 자전거를 타고 간 거리를 구해 봅니다.

(아영이가 1분 동안 자전거를 타고 간 거리)$= 1\frac{3}{5} \times \frac{1}{3} = \frac{8}{5} \times \frac{1}{3} = \frac{8}{15} \, (km)$

(진서가 1분 동안 자전거를 타고 간 거리)$= 2\frac{4}{5} \times \frac{1}{7} = \frac{\overset{2}{14}}{5} \times \frac{1}{\underset{1}{7}} = \frac{2}{5} \, (km)$

두 사람이 같은 지점에서 동시에 출발하여 반대 방향으로 자전거를 타면 1분이 지날

때마다 $\frac{8}{15} + \frac{2}{5} = \frac{8}{15} + \frac{6}{15} = \frac{14}{15} \, (km)$만큼 멀어집니다.

두 사람이 출발하여 12분 동안 자전거를 타고 간 거리의 합은

$\frac{14}{\underset{5}{15}} \times \overset{4}{12} = \frac{56}{5} = 11\frac{1}{5} \, (km)$이고, 출발한 지 12분 후에 처음 만났으므로 호수의

둘레는 $11\frac{1}{5}$ km입니다.

> **해결 전략**
> 같은 곳에서 반대 방향으로
> 이동한 두 사람 사이의 거리
> 는 두 사람이 이동한 거리의
> 합과 같아요.

서술형 19 접근 ≫ 분모가 작을수록, 분자가 클수록 분수가 커집니다.

⑨ 수 카드에 적힌 수의 크기를 비교해 보면 9>7>6>5>4입니다.
가장 큰 곱이 되려면 분모끼리 곱하여 가장 작은 수가 나와야 하므로 가장 작은 수와
둘째로 작은 수를 분모에 놓습니다. ➡ 4, 5

> **해결 전략**
> 가장 큰 곱이 되려면 분모에
> 작은 수를, 분자에 큰 수를 곱
> 해야 해요.

가장 큰 곱이 되려면 분자끼리 곱하여 가장 큰 수가 나와야 하므로 가장 큰 수와 둘째로 큰 수를 분자에 놓습니다. ➡ 9, 7

따라서 곱셈식의 곱 중 가장 큰 곱은 $\dfrac{\overset{4}{\cancel{16}}}{\underset{\underset{1}{\cancel{7}}}{\cancel{63}}} \times \dfrac{\overset{1}{\cancel{9}}}{\cancel{4}} \times \dfrac{7}{5} = \dfrac{4}{5}$입니다.

채점 기준	배점
분모에 놓을 수를 구했나요?	2점
분자에 놓을 수를 구했나요?	2점
가장 큰 곱을 구했나요?	1점

서술형

20 접근 ≫ 분모와 분자가 각각 몇 씩 커지는지 알아봅니다.

㉠ 분모는 6부터 3씩 커지고, 분자는 3부터 3씩 커집니다.

10번째 분수는 $\dfrac{3+3\times 9}{6+3\times 9} = \dfrac{30}{33} = \dfrac{10}{11}$이고,

11번째 분수는 $\dfrac{3+3\times 10}{6+3\times 10} = \dfrac{33}{36} = \dfrac{11}{12}$입니다.

따라서 10번째 분수와 11번째 분수의 곱은 $\dfrac{\overset{5}{\cancel{10}}}{\underset{1}{\cancel{11}}} \times \dfrac{\overset{1}{\cancel{11}}}{\underset{6}{\cancel{12}}} = \dfrac{5}{6}$입니다.

채점 기준	배점
분수를 늘어놓은 규칙을 찾았나요?	2점
10번째 분수와 11번째 분수의 곱을 구했나요?	3점

교내 경시 3단원	합동과 대칭				
01 80°	**02** 3 cm	**03** ㉢, ㉣, ㉠, ㉡	**04** 130°	**05** 52 cm	**06** 5 cm
07 140°	**08** 80°	**09** ④, ⑤	**10** 130°	**11** 5쌍	**12** 36°
13 56 cm²	**14** 86 cm	**15** 3개	**16** 8 cm	**17** 44°	**18** 60°
19 64 cm²	**20** 40°				

01 접근 ≫ 각 ㄹㅂㅁ의 대응각을 찾아봅니다.

합동인 삼각형에서 대응각의 크기는 서로 같으므로 (각 ㄹㅂㅁ)=(각 ㄴㄱㄷ)=35°
이고 삼각형의 세 각의 크기의 합은 180°이므로
(각 ㄹㅁㅂ)=180°−65°−35°=80°입니다.

> **보충 개념**
> 대응각을 찾을 때에는 각 점의 대응점을 찾은 후 대응점의 순서로 나타내요.

02 접근 ≫ 먼저 변 ㄴㄷ의 대응변을 찾아봅니다.

두 사각형은 서로 합동이므로 사각형 ㄱㄴㄷㄹ의 둘레도 18 cm입니다. 합동인 사각
형에서 대응변의 길이는 서로 같으므로 (변 ㄴㄷ)=(변 ㅇㅁ)=6 cm입니다.
따라서 (변 ㄱㄹ)=18−5−6−4=3 (cm)입니다.

> **해결 전략**
> 합동인 도형에서 각각의 대응변의 길이는 서로 같으므로 합동인 도형의 둘레는 같아요.

03 접근 ≫ 각 도형마다 모든 대칭축을 찾아봅니다.

각각 대칭축의 개수를 알아보면 ㉠ 2개, ㉡ 1개, ㉢ 5개, ㉣ 4개입니다.
따라서 대칭축의 개수가 많은 것부터 차례로 기호를 쓰면 ㉢, ㉣, ㉠, ㉡입니다.

> **보충 개념**
> 선대칭도형은 대칭축을 따라 접으면 완전히 겹쳐요.

> **지도 가이드**
> 선대칭도형의 대칭축을 쉽게 찾지 못한다면 주어진 모양으로 종이를 잘라 여러 방향으로 직접 접어 보도록 지도해 주세요.
> 특히 연습이 충분히 된 학생들 중에서도 평행사변형에서 대칭축이 두 개 있다고 생각하는 경우가 많이 있으므로 평행사변형은 직접 종이를 잘라 선대칭도형이 되지 않음을 확인해 보도록 해 주세요. 정■각형은 모두 선대칭도형이고 정■각형의 대칭축은 ■개라는 사실도 함께 지도해 주세요.

04 접근 ≫ 각 ㄱㄴㅂ의 대응각을 구해 봅니다.

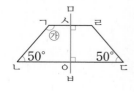

선대칭도형에서 대응각의 크기는 서로 같으므로
(각 ㄱㄴㅇ)=(각 ㄹㄷㅇ)=50°입니다.
따라서 사각형 ㄱㄴㅇㅅ에서
(각 ㉮)=360°−90°−90°−50°=130°입니다.

> **보충 개념**
> 선대칭도형에서 대응점을 이은 선분은 대칭축과 수직으로 만나요.

05 접근 》 선분 ㄱㅇ, 선분 ㄹㅇ의 길이를 각각 구해 봅니다.

대칭의 중심은 대응점을 이은 선분을 이등분합니다.

(선분 ㄱㅇ)=(선분 ㄱㄷ)÷2=38÷2=19 (cm)

(선분 ㄹㅇ)=(선분 ㄹㄴ)÷2=30÷2=15 (cm)

따라서 삼각형 ㄱㅇㄹ의 둘레는 18+19+15=52 (cm)입니다.

보충 개념
대응점에서 대칭의 중심까지의 거리는 같아요.

06 접근 》 서로 합동인 두 삼각형에서 대응변을 각각 찾아봅니다.

삼각형 ㄱㄴㄷ과 삼각형 ㄴㅁㄹ은 서로 합동입니다.

(변 ㄴㄷ)=(변 ㅁㄹ)=12 cm이고 (변 ㄴㄹ)=(변 ㄱㄷ)=7 cm이므로

(변 ㄷㄹ)=12−7=5 (cm)입니다.

보충 개념
합동인 삼각형을 나타낼 때에는 대응점을 찾은 다음 대응점의 순서로 나열해요.

07 접근 》 서로 합동인 두 삼각형에서 대응각을 각각 찾아봅니다.

합동인 삼각형에서 대응각의 크기는 서로 같으므로

(각 ㅂㅁㄷ)=(각 ㄱㄴㄹ)=90°이고

삼각형 ㅂㄷㅁ에서 (각 ㅂㄷㅁ)=180°−70°−90°=20°입니다.

따라서 (각 ㄱㄹㄴ)=(각 ㅂㄷㅁ)=20°이므로 삼각형 ㅅㄷㄹ에서

(각 ㄷㅅㄹ)=180°−20°−20°=140°입니다.

보충 개념
삼각형 세 각의 크기의 합은 180°예요.

08 접근 》 서로 합동인 두 삼각형을 찾아봅니다.

평행사변형은 마주 보는 변의 길이와 마주 보는 각의 크기가 각각 같으므로 삼각형 ㄱㄴㄷ과 삼각형 ㄷㄹㄱ은 서로 합동입니다.

대응각의 크기는 서로 같으므로 (각 ㄴㄱㄷ)=(각 ㄹㄷㄱ)=40°입니다.

따라서 삼각형 ㄱㄴㄷ의 세 각의 크기의 합은 180°이므로

(각 ㄱㄷㄴ)=180°−60°−40°=80°입니다.

보충 개념
평행사변형에 한 대각선을 그으면 서로 합동인 삼각형 두 개로 나누어져요.

09 접근 》 각각의 도형을 그려 선대칭도형과 점대칭도형이 되는지 확인해 봅니다.

각각의 도형을 그린 후 선대칭도형과 점대칭도형을 찾아봅니다.

① 정삼각형　② 평행사변형　③ 정오각형　④ 정육각형　⑤ 정팔각형

대칭의 중심　　대칭의 중심

• 선대칭도형: ①, ③, ④, ⑤　• 점대칭도형: ②, ④, ⑤

따라서 선대칭도형도 되고 점대칭도형도 되는 것은 ④, ⑤입니다.

보충 개념
한 직선을 따라 접어서 완전히 겹치는 도형을 선대칭도형, 한 도형을 어떤 점을 중심으로 180° 돌렸을 때 처음 도형과 완전히 겹치는 도형을 점대칭도형이라고 해요.

10 접근 >> 선대칭도형의 대칭축을 찾아봅니다.

주어진 선대칭도형의 대칭축은 선분 ㄴㅁ과 같습니다.

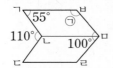

대응각의 크기는 서로 같으므로
(각 ㅂㅁㄴ)=100°÷2=50°이고,
(각 ㅁㄴㄱ)=(360°−110°)÷2=125°입니다.

따라서 사각형 ㄱㄴㅁㅂ의 네 각의 크기의 합은 360°이므로
(각 ㉠)=360°−55°−125°−50°=130°입니다.

> **보충 개념**
> 일직선이 이루는 각의 크기는 180°예요.

11 접근 >> 작은 삼각형 1개짜리, 2개짜리, … 순서로 서로 합동인 삼각형을 찾아봅니다.

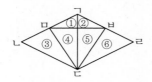

작은 삼각형 1개짜리: (①, ②), (③, ⑥), (④, ⑤) ➡ 3쌍
작은 삼각형 2개짜리: (①+④, ②+⑤) ➡ 1쌍
작은 삼각형 3개짜리: (①+③+④, ②+⑥+⑤) ➡ 1쌍
따라서 합동인 삼각형은 모두 3+1+1=5(쌍)입니다.

> **해결 전략**
> 작은 삼각형에 각각 번호를 매긴 다음 이웃한 작은 삼각형의 개수를 늘려가면서 합동인 삼각형을 찾아요.

12 접근 >> 각 ㄹㄷㅇ의 크기를 구해 봅니다.

점대칭도형에서는 대응각의 크기가 서로 같으므로
(각 ㄹㄷㅇ)=(각 ㄴㄱㅇ)=72°입니다.
선분 ㄷㅇ과 선분 ㄹㅇ은 원의 반지름이므로 삼각형 ㄷㄹㅇ은 이등변삼각형입니다.
따라서 (각 ㄷㅇㄹ)=180°−72°−72°=36°입니다.

> **보충 개념**
> • 한 원에서 반지름의 길이는 모두 같아요.
> • 두 변의 길이가 같은 삼각형은 이등변삼각형이에요.

13 접근 >> 변 ㄴㄹ의 대응변을 찾아봅니다.

삼각형 ㄱㄴㅁ과 삼각형 ㄴㄹㄷ은 서로 합동이므로
(변 ㄴㄹ)=(변 ㄱㄴ)=8 cm입니다.
➡ (사다리꼴 ㄱㄴㄷㄹ의 넓이)=(8+6)×8÷2=56 (cm²)

> **다른 풀이**
> 삼각형 ㄱㄴㅁ과 삼각형 ㄴㄹㄷ은 서로 합동이므로 (변 ㄴㄹ)=(변 ㄱㄴ)=8 cm입니다.
> ➡ (사각형 ㄱㄴㄷㄹ의 넓이)=(삼각형 ㄱㄴㄹ의 넓이)+(삼각형 ㄴㄹㄷ의 넓이)
> =8×8÷2+8×6÷2=32+24=56 (cm²)

> **보충 개념**
> • (사다리꼴의 넓이)
> =((윗변의 길이)+(아랫변의 길이))×(높이)÷2
> • (삼각형의 넓이)
> =(밑변)×(높이)÷2

14 접근 ≫ 완성된 점대칭도형을 그려 봅니다.

완성된 점대칭도형은 오른쪽과 같습니다.

(선분 ㅂㅁ)＝(선분 ㄱㄴ)＝14 cm

(선분 ㄷㅂ)＝(선분 ㄹㄱ)＝20 cm

(선분 ㅇㄷ)＝(선분 ㅇㄹ)＝4 cm이므로

(선분 ㄴㄷ)＝(선분 ㅁㄹ)＝13－4＝9 (cm)입니다.

➡ (완성된 점대칭도형의 둘레)＝(20＋14＋9)×2＝86 (cm)

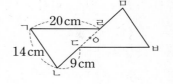

해결 전략
대칭의 중심은 대응점을 이은 선분을 이등분해요.

15 접근 ≫ 어떤 점을 중심으로 180° 돌려도 처음 네 자리 수 되는 것을 찾아봅니다.

어떤 점을 중심으로 180° 돌려서 처음 숫자가 되는 숫자는 0, 1이고, 6, 9를 180° 돌리면 각각 9와 6이 됩니다.

0, 1, 6, 9를 이용하여 점대칭도형이 되는 네 자리 수 중 9006보다 큰 수를 만들면 9116, 9696, 9966으로 모두 3개입니다.

주의
9119는 180° 돌리면 6116이 돼요.

16 접근 ≫ 삼각형 ㄱㄴㄷ과 삼각형 ㅅㅁㄷ에서 모르는 각을 먼저 구해 봅니다.

(각 ㄴㄷㄱ)＝180°－45°－90°＝45°이고, (각 ㄷㅅㅁ)＝180°－90°－45°＝45° 이므로 삼각형 ㄱㄴㄷ과 삼각형 ㅅㅁㄷ은 각각 직각이등변삼각형입니다.

(변 ㄱㄴ)＝(변 ㄴㄷ)＝(변 ㅁㅂ)＝24 cm이므로

(삼각형 ㄱㄴㄷ의 넓이)＝24×24÷2＝288 (cm²)입니다.

➡ (삼각형 ㅅㅁㄷ의 넓이)

＝(삼각형 ㄱㄴㄷ의 넓이)－(색칠한 부분의 넓이)＝288－160＝128 (cm²)

선분 ㅁㅅ의 길이를 □ cm라고 하면 □×□÷2＝128, □×□＝256,

16×16＝256이므로 □＝16 (cm)입니다.

따라서 (선분 ㄹㅅ)＝24－16＝8 (cm)입니다.

보충 개념
직각이등변삼각형은 두 변의 길이가 같고, 직각이 아닌 두 각의 크기가 각각 45°인 삼각형이에요.

17 접근 ≫ 삼각형 ㄱㄴㄷ과 삼각형 ㄱㄹㄷ은 각각 어떤 삼각형인지 알아봅니다.

삼각형 ㄱㄴㄷ과 삼각형 ㄱㄹㄷ은 각각 이등변삼각형이므로

(각 ㄹㄱㅂ)＝(각 ㄹㄷㅂ)＝□°라고 하면

(각 ㄱㄷㅁ)＝(각 ㄱㄴㅁ)＝(□＋57)°이고, 삼각형 ㄱㄴㄷ에서

□°＋(□＋57)°＋(□＋57)°＝180°, □°＋□°＋□°＋114°＝180°,

□°＋□°＋□°＝66°, □°＝66°÷3＝22°입니다.

따라서 (각 ㄱㄴㅁ)＝(각 ㄱㄷㅁ)＝22°＋57°＝79°이므로

삼각형 ㄹㄴㄷ에서 (각 ㄴㄹㄷ)＝180°－79°－57°＝44°입니다.

해결 전략
각 ㄹㄱㅂ의 크기를 □°라 하여 삼각형의 세 각의 크기를 구하는 식을 세워 봐요.

18 접근 >> 점 ㅇ과 점 ㄹ을 이어 만들어지는 삼각형 ㄱㅇㄹ이 어떤 삼각형인지 알아봅니다.

점 ㅇ과 점 ㄹ을 이으면 선분 ㅇㄹ은 반지름이고, 삼각형 ㄱㄷㄹ과
삼각형 ㄱㄷㅇ은 서로 합동이므로
(선분 ㄱㄹ)＝(선분 ㄱㅇ)＝(선분 ㅇㄹ)입니다.
삼각형 ㄱㅇㄹ은 정삼각형이므로 (각 ㅇㄱㄹ)＝60°이고,
(각 ㅇㄱㄷ)＝(각 ㄹㄱㄷ)＝60°÷2＝30°입니다.
따라서 (각 ㄱㄷㅇ)＝180°−90°−30°＝60°입니다.

보충 개념
원의 $\dfrac{1}{4}$이므로
(각 ㄱㅇㄴ)
＝360°÷4＝90°예요.

서술형 19 접근 >> 선대칭도형은 대칭축을 중심으로 이등분됩니다.

예 삼각형의 세 각의 크기의 합은 180°이고 (각 ㄱㄷㄴ)＝180°−90°−45°＝45°
이므로 삼각형 ㄱㄴㄷ은 이등변삼각형입니다.
➡ (선분 ㄱㄴ)＝(선분 ㄱㄷ)＝8 cm
따라서 (삼각형 ㄱㄴㄷ의 넓이)＝8×8÷2＝32 (cm²)이므로
완성된 선대칭도형의 넓이는 32×2＝64 (cm²)입니다.

해결 전략
(완성된 선대칭도형의 넓이)
＝(주어진 도형의 넓이)×2

채점 기준	배점
삼각형 ㄱㄴㄷ이 이등변삼각형임을 알았나요?	2점
선분 ㄱㄴ의 길이를 구했나요?	2점
완성된 선대칭도형의 넓이를 구했나요?	1점

서술형 20 접근 >> 삼각형 ㄱㄹㅂ과 서로 합동인 삼각형을 찾아봅니다.

예 삼각형 ㄱㄹㅂ과 삼각형 ㅁㄹㅂ은 서로 합동입니다.
(각 ㄱㅂㄹ)＝(180°−80°)÷2＝50°이고, 삼각형의 세 각의 크기의 합은 180°이
므로 (각 ㄱㄹㅂ)＝180°−60°−50°＝70°입니다.
(각 ㄱㄹㅂ)＝(각 ㅁㄹㅂ)＝70°이므로 (각 ㉠)＝180°−70°−70°＝40°입니다.

해결 전략
종이를 접었을 때 접은 모양과
접기 전 모양은 합동이에요.

채점 기준	배점
삼각형 ㄱㄹㅂ과 삼각형 ㅁㄹㅂ이 서로 합동임을 이용해 각 ㄱㅂㄹ의 크기를 구했나요?	2점
각 ㄱㄹㅂ의 크기를 구했나요?	2점
각 ㉠의 크기를 구했나요?	1점

01 28.5	**02** 25.6	**03** ㉣	**04** 14.4 L	**05** 734 g	**06** ㉠, ㉣, ㉤
07 0.56 m	**08** 9140	**09** 6.7473 km	**10** 19.72 L	**11** 281.6 cm²	**12** 843.75 cm
13 8	**14** 1.089	**15** 0.3888	**16** 430.4 cm²	**17** 1500명	**18** 9
19 153.9 km	**20** 2940개				

01 접근 ≫ 소수를 분수로 나타내어 계산해 봅니다.

$$3.7 \times 5 = \frac{37}{10} \times 5 = \frac{37 \times 5}{10} = \frac{185}{10} = 18.5$$

➡ ㉠+㉡=10+18.5=28.5

보충 개념

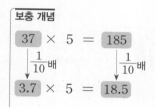

02 접근 ≫ 덧셈을 곱셈으로 나타내어 봅니다.

0.32를 80번 더한 값은 0.32의 80배와 같습니다. 자연수의 곱셈을 해 보면

$32 \times 80 = 2560$이고, 곱해지는 수 32가 $\frac{1}{100}$배가 되면 곱 2560도 $\frac{1}{100}$배가

되므로 $0.32 \times 80 = 25.6$입니다.

따라서 0.32를 80번 더한 값은 25.6입니다.

보충 개념

0.32는 0.01이 32개이고,
0.32×80은 0.01이
(32×80)개예요.

03 접근 ≫ 곱해지는 소수가 1보다 큰지 작은지 알아봅니다.

자연수에 1보다 큰 소수를 곱하면 계산 결과가 자연수보다 커집니다.

㉠ 0.62<1, ㉡ 0.4<1, ㉢ 0.53<1, ㉣ 1.7>1이므로 계산 결과가 곱해지는
자연수보다 커지는 곱셈식은 ㉣입니다.

주의

● ×(1보다 작은 소수)<●
■ ×(1보다 큰 소수)>■

다른 풀이

㉠ $9 \times 0.62 = 5.58$ ➡ $9 > 5.58$　　㉡ $8 \times 0.4 = 3.2$ ➡ $8 > 3.2$
㉢ $4 \times 0.53 = 2.12$ ➡ $4 > 2.12$　　㉣ $2 \times 1.7 = 3.4$ ➡ $2 < 3.4$
따라서 계산 결과가 곱해지는 자연수보다 커지는 곱셈식은 ㉣입니다.

04 접근 ≫ 들이가 3 L인 생수를 한 통 샀을 때 살 수 있는 양을 구해 봅니다.

3 L의 1.2배는 $3 \times 1.2 = 3.6$ (L)입니다.

따라서 이 생수를 4통 사면 모두 $3.6 \times 4 = 14.4$ (L)를 사는 셈입니다.

보충 개념

3 L의 1.2배는 3 L보다 3 L
의 0.2배만큼 더 커요.

05 접근 ≫ 10 m가 10 cm의 몇 배인지 알아봅니다.

$10\,m=1000\,cm$이고, $1000\,cm$는 $10\,cm$의 100배입니다.
리본의 두께가 일정하므로 길이가 100배가 되면 무게도 100배가 됩니다.
➡ (리본 10 m의 무게)$=7.34\times100=734\,(g)$

다른 풀이
리본 10 cm의 무게가 7.34 g이므로 리본 $1\,m=100\,cm$의 무게는
$7.34\times10=73.4\,(g)$입니다.
따라서 리본 10 m의 무게는 $73.4\times10=734\,(g)$입니다.

해결 전략
리본의 두께가 일정할 때, 길이가 ■배이면 무게도 ■배예요.

06 접근 ≫ 소수를 자연수로 어림해 봅니다.

㉠ 3×2.01은 3과 2의 곱인 6보다 큽니다.
㉡ 1.94×3은 2와 3의 곱인 6보다 작습니다.
㉢ 1.47×4는 1.5와 4의 곱인 6보다 작습니다.
㉣ 6×1.08은 6과 1의 곱인 6보다 큽니다.
㉤ $0.7\times10\times1.1=7\times1.1$이고 7과 1의 곱인 7보다 큽니다.
따라서 계산 결과가 6보다 큰 것은 ㉠, ㉣, ㉤입니다.

보충 개념
세 수의 곱셈은 두 수씩 차례로 계산해요.

07 접근 ≫ 사용한 철사의 길이를 구해 봅니다.

(사용한 철사의 길이)$=0.54\times5=2.7\,(m)$
➡ (남은 철사의 길이)$=$(처음 철사의 길이)$-$(사용한 철사의 길이)
$$=3.26-2.7=0.56\,(m)$$

주의
사용한 철사의 길이를 구하지 않도록 주의해요.

08 접근 ≫ 소수점의 위치를 보고 모르는 수를 구해 봅니다.

$2.58\times㉠=2580$ ➡ 2.58의 ㉠배가 2580이므로 ㉠$=1000$입니다.
$㉡\times0.01=0.0914$ ➡ ㉡의 0.01배가 0.0914이므로 ㉡$=9.14$입니다.
따라서 ㉠과 ㉡의 곱은 $1000\times9.14=9140$입니다.

다른 풀이
2.58에서 소수점을 오른쪽으로 세 칸 옮겨야 2580이 되므로 ㉠$=1000$입니다.
㉡에서 소수점을 왼쪽으로 두 칸 옮겨 0.0914가 되었으므로 ㉡$=9.14$입니다.
따라서 ㉠과 ㉡의 곱은 $1000\times9.14=9140$입니다.

해결 전략
· 곱하는 수의 0이 하나씩 늘어날 때마다 곱의 소수점이 오른쪽으로 한 칸씩 옮겨져요.
· 곱하는 소수의 소수점 아래 자리 수가 하나씩 늘어날 때마다 곱의 소수점이 왼쪽으로 한 칸씩 옮겨져요.

09

접근 ≫ 3바퀴 반을 소수로 나타내어 봅니다.

3바퀴 반$=3\frac{1}{2}$바퀴$=3\frac{5}{10}$바퀴$=3.5$바퀴이고 1주일은 7일이므로

(지수가 1주일 동안 달린 거리)$=275.4\times3.5\times7=963.9\times7=6747.3\,(\text{m})$입니다.

따라서 $1000\,\text{m}=1\,\text{km}$이므로 지수가 1주일 동안 달린 거리는 $6.7473\,\text{km}$입니다.

보충 개념

●의 $\dfrac{1}{1000}$배는 소수점을 왼쪽으로 세 자리 옮겨요.

10

접근 ≫ 1분 동안 받을 수 있는 물의 양을 구해 봅니다.

(1분 동안 받을 수 있는 물의 양)$=$(1분 동안 받는 물의 양)$-$(1분 동안 새는 물의 양)
$$=8.5-2.7=5.8\,(\text{L})$$

3분 24초$=3\frac{24}{60}$분$=3\frac{4}{10}$분$=3.4$분

➡ (3분 24초 동안 받을 수 있는 물의 양)$=5.8\times3.4=19.72\,(\text{L})$

보충 개념

· 60초$=$1분

➡ ■분 ●초$=$■$\dfrac{●}{60}$분

11

접근 ≫ 새로 만든 직사각형의 가로와 세로를 각각 구해 봅니다.

(새로 만든 직사각형의 가로)$=16+16\times0.25=16+4=20\,(\text{cm})$
(새로 만든 직사각형의 세로)$=16-16\times0.12=16-1.92=14.08\,(\text{cm})$
➡ (새로 만든 직사각형의 넓이)$=20\times14.08=281.6\,(\text{cm}^2)$

다른 풀이
(새로 만든 직사각형의 가로)$=16\times1.25=20\,(\text{cm})$
(새로 만든 직사각형의 세로)$=16\times0.88=14.08\,(\text{cm})$
➡ (새로 만든 직사각형의 넓이)$=20\times14.08=281.6\,(\text{cm}^2)$

보충 개념

(늘인 후 변의 길이)
$=$(처음 변의 길이)$+$(늘인 길이)
(줄인 후 변의 길이)
$=$(처음 변의 길이)$-$(줄인 길이)

12

접근 ≫ 첫 번째로 튀어 오른 높이를 구해 봅니다.

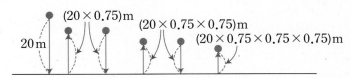

(첫 번째로 튀어 오른 높이)$=20\times0.75$

(두 번째로 튀어 오른 높이)$=20\times0.75\times0.75$

➡ (세 번째로 튀어 오른 높이)$=20\times0.75\times0.75\times0.75$
$$=8.4375\,(\text{m})=843.75\,(\text{cm})$$

해결 전략

(튀어 오른 높이)
$=$(떨어진 높이)$\times0.75$

보충 개념

$1\,\text{m}=100\,\text{cm}$

13 접근 » 0.8을 여러 번 곱하여 곱의 소수점 아래 끝자리 숫자의 규칙을 찾습니다.

0.8을 97번 곱하면 소수 97자리 수가 되므로 소수 97번째 자리 숫자는 소수점 아래 끝자리 숫자입니다. 0.8을 계속 곱하면 소수점 아래 끝자리의 숫자는 8, 4, 2, 6으로 반복되고 $97 \div 4 = 24 \cdots 1$이므로 소수 97째 자리 숫자는 8, 4, 2, 6에서 첫 번째 숫자와 같은 8입니다.

> **해결 전략**
> $\underbrace{0.■ \times 0.■ \times \cdots \times 0.■}_{●번}$
> ➡ 곱은 소수 ● 자리 수

14 접근 » ★×(1보다 큰 소수)>★, ▲×(1보다 작은 소수)<▲

1.05에 ■를 곱한 값이 1.05보다 커졌으므로 ■는 1보다 큰 소수입니다.
➡ ■에 들어갈 수 있는 가장 작은 소수 한 자리 수는 1.1입니다.
●에 2.4를 곱한 값이 2.4보다 작아졌으므로 ●는 1보다 작은 소수입니다.
➡ ●에 들어갈 수 있는 가장 큰 소수 두 자리 수는 0.99입니다.
따라서 ■와 ●에 들어갈 수의 곱은 $1.1 \times 0.99 = 1.089$입니다.

> **보충 개념**
> • 1보다 큰 소수 중 가장 작은 소수 한 자리 수는 1.1 이에요.
> • 1보다 작은 소수 중 가장 큰 소수 두 자리 수는 0.99 예요.

15 접근 » 수 카드의 수를 큰 순서대로 배열해 봅니다.

$7 > 5 > 4 > 2$이므로 7과 5를 각각 소수 첫째 자리에 놓습니다.
$0.74 \times 0.52 = 0.3848$, $0.72 \times 0.54 = 0.3888$ ➡ $0.3848 < 0.3888$
따라서 만들 수 있는 곱 중 가장 큰 곱은 0.3888입니다.

> **해결 전략**
> 곱이 가장 큰 곱셈식을 만들 때에는 높은 자리에 가장 큰 수부터 놓아요.

16 접근 » 직사각형 11개의 넓이를 먼저 구해 봅니다.

(직사각형 11개의 넓이)$= 13.5 \times 3.2 \times 11 = 43.2 \times 11 = 475.2 \text{ (cm}^2)$
(겹쳐진 부분의 넓이)$= 1.4 \times 3.2 \times 10 = 4.48 \times 10 = 44.8 \text{ (cm}^2)$
➡ (이어 붙인 전체 도형의 넓이)$= 475.2 - 44.8 = 430.4 \text{ (cm}^2)$

> **보충 개념**
> 직사각형 ■개를 겹치도록 한 줄로 이어 붙였을 때 겹쳐진 부분 ➡ (■ − 1)군데

17 접근 » 재작년 합격자 수를 □명이라고 하여 식을 세워 봅니다.

재작년 합격자를 □명이라고 하면 작년 합격자는 (□$\times 0.9$)명이고, 올해 합격자는 □$\times 0.9 \times 1.2 =$□$\times 1.08$(명)입니다. □명의 1.08배가 1620명이고, 1.08은 0.01이 108개이므로 □명의 0.01배는 $1620 \div 108 = 15$(명)입니다.
따라서 □명의 0.01배가 15명이므로 재작년 합격자는 $15 \times 100 = 1500$(명)입니다.

> **보충 개념**
> □$\times ● = ▲$
> ➡ □$= ▲ \div ●$

> **지도 가이드**
> 소수의 곱셈을 자연수의 곱셈으로 생각하여 해결하는 문제입니다. 곱하는 수가 100배가 되면 계산 결과가 100배가 되는 것을 이용해 재작년 합격자 수를 구하도록 해 주세요. 소수의 나눗셈은 6학년 때 배우므로 (자연수)÷(소수)의 계산으로 문제를 접근하지 않도록 지도해 주세요.

18 접근 » $0.\blacksquare\blacktriangle\bullet = 0.\blacksquare + 0.0\blacktriangle + 0.00\bullet$ 로 나타내어 봅니다.

$$\underline{0.7+0.77+0.777+0.7777+0.77777+\cdots}_{25개}$$
$$=0.7+(0.7+0.07)+(0.7+0.07+0.007)$$
$$\quad+(0.7+0.07+0.007+0.0007)$$
$$\quad+(0.7+0.07+0.007+0.0007+0.00007)+\cdots$$
$$=0.7\times25+0.07\times24+0.007\times23+0.0007\times22+0.00007\times21+\cdots$$
$$=17.5+1.68+0.161+0.0154+0.00147+\cdots$$

식에서 소수 첫째 자리까지 숫자가 있는 수의 합은
$17.5+1.68+0.161=19.341$입니다.
따라서 합의 일의 자리 숫자는 9입니다.

보충 개념

합의 일의 자리 숫자를 구할 때에는 소수 첫째 자리에서 받아올림이 있을 수 있으므로 소수 첫째 자리 숫자가 있는 수를 모두 구해야 해요.

서술형 **19** 접근 » 버스로 이동한 시간을 소수로 나타내어 봅니다.

㉠ 오후 1시 30분에 출발하여 같은 날 오후 3시 18분에 도착했으므로
버스로 3시 18분－1시 30분＝1시간 48분 동안 갔습니다.
1시간은 60분이므로 1시간 48분을 소수로 나타내면
$1\frac{48}{60}$시간＝$1\frac{8}{10}$시간＝1.8시간입니다.
따라서 버스로 간 거리는 $85.5\times1.8=153.9$ (km)입니다.

보충 개념

60분＝1시간

➡ $\blacksquare$시간 $\bullet$분＝$\blacksquare\frac{\bullet}{60}$시간

채점 기준	배점
버스로 이동한 시간을 소수로 구했나요?	2점
버스로 간 거리를 구했나요?	3점

서술형 **20** 접근 » 먼저 작년 판매량을 이용해 올해의 목표 판매량을 구해 봅니다.

㉠ 작년 판매량이 8400개이므로 올해의 목표 판매량은 $8400\times1.25=10500$(개)입니다.
따라서 올해 초부터 지금까지 $8400\times0.9=7560$(개) 팔았으므로 모자를
$10500-7560=2940$(개) 더 팔아야 올해의 목표 판매량을 채울 수 있습니다.

보충 개념

$\blacksquare$의 1.25배

➡ $\blacksquare\times1.25$

$\bullet$의 0.9배

➡ $\bullet\times0.9$

채점 기준	배점
올해의 목표 판매량을 구했나요?	2점
올해 초부터 지금까지의 판매량을 구했나요?	2점
올해의 목표 판매량을 채우기 위해 더 팔아야 하는 모자의 수를 구했나요?	1점

교내 경시 5단원 직육면체

01 84 cm	**02** 20 cm	**03** 16 cm	**04** 면 나, 면 다, 면 라, 면 마	**05** 1, 6
06 8 cm	**07** 18 cm	**08** 면 가, 면 다	**09** ㉢, ㉣	**10** 84 cm	**11** 선분 ㅇㅅ
12 4	**13**		**14** 128 cm	**15** 빨간색	**16** 56 cm
			17 ㉯	**18** 48개	**19** 6 cm
			20 84 cm		

13

---

01 접근 ≫ 정육면체의 모서리의 길이의 특징을 생각해 봅니다.

정육면체의 모서리의 길이는 모두 같고, 정육면체의 모서리는 12개입니다.
따라서 정육면체의 모든 모서리의 길이의 합은 $7 \times 12 = 84$ (cm)입니다.

> **해결 전략**
> 정육면체의 한 모서리의 길이를 12배 해요.

02 접근 ≫ 색칠한 면과 평행한 면을 찾아봅니다.

색칠한 면과 평행한 면은 가로가 4 cm, 세로가 6 cm인 직사각형입니다.
➡ (둘레) $= 4 + 6 + 4 + 6 = 20$ (cm)

> **해결 전략**
> 직육면체에서 서로 마주 보는 면은 평행해요.

03 접근 ≫ 보이지 않는 모서리를 찾아봅니다.

겨냥도에서 보이지 않는 세 모서리는 직육면체의 한 꼭짓점에서 만나는 세 모서리와 길이가 같습니다.
따라서 겨냥도에서 보이지 않는 모서리의 길이의 합은 $5 + 8 + 3 = 16$ (cm)입니다.

> **보충 개념**
> 겨냥도는 보이는 모서리는 실선으로, 보이지 않는 모서리는 점선으로 그려요.

04 접근 ≫ 전개도를 접었을 때의 모양을 생각해 봅니다.

면 가와 수직인 면은 면 가와 평행한 면인 면 바를 제외한 나머지 네 면입니다.

> **보충 개념**
> 직육면체에서 한 면과 수직인 면은 항상 4개예요.

05 접근 ≫ 주사위의 전개도를 접었을 때 서로 평행한 면을 찾아봅니다.

주사위에서 서로 마주 보는 면의 눈의 수의 합이 7이므로 눈의 수가 2인 면과 마주 보는 면의 눈의 수는 5이고, 눈의 수가 4인 면과 마주 보는 면의 눈의 수는 3입니다.
따라서 ㉠에 올 수 있는 눈의 수는 1 또는 6입니다.

> **보충 개념**
> 주사위에서 서로 마주 보는 두 면은 서로 평행해요.

06 접근 ≫ 모든 모서리의 길이의 합을 식으로 나타내어 봅니다.

길이가 5 cm, ㉠ cm, 6 cm인 모서리가 각각 4개씩 있으므로 모든 모서리의 길이의
합을 식으로 나타내면 (5+㉠+6)×4입니다.

➡ $(5+㉠+6)×4=76$, $5+㉠+6=76÷4=19$, $㉠=19-5-6=8$ (cm)

해결 전략
(직육면체의 모든 모서리의
길이의 합)
=((가로)+(세로)+(높이))
×4

07 접근 ≫ 직육면체의 겨냥도를 그려 봅니다.

앞과 옆에서 본 모양을 이용하여 한 꼭짓점에서 만나는 세 모서리가
3 cm, 6 cm, 5 cm인 직육면체의 겨냥도를 그리면 오른쪽과 같습
니다.
위에서 본 모양은 가로가 3 cm, 세로가 6 cm인 직사각형이므로
둘레는 3+6+3+6=18 (cm)입니다.

보충 개념
옆에서 본 직사각형의 가로는
위에서 본 직사각형의 세로가
돼요.

08 접근 ≫ 전개도를 접었을 때의 모양을 생각해 봅니다.

전개도를 접었을 때의 모양은 오른쪽과 같으므로 빨간색 선분에서 만나는
두 면은 면 가와 면 다입니다.

보충 개념
직육면체의 한 모서리에서 두
면이 만나요.

09 접근 ≫ 모양과 크기가 같은 면이 없는 것을 찾아봅니다.

마주 보는 면이 없는 것은 ★표 한 면입니다.

해결 전략
직육면체의 전개도에서 서로
마주 보는 면은 3쌍이에요.

따라서 나머지 한 면을 그려 넣을 수 있는 곳은 다음과 같이 ㉢, ㉣입니다.

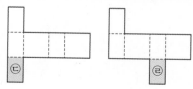

10 접근 ≫ 가로, 세로, 높이별로 보이는 모서리의 개수를 세어 봅니다.

보이는 모서리는 한 꼭짓점에서 만나는 세 모서리가 각각 3개씩이므로
((가로)+(세로)+(높이))×3=63, (가로)+(세로)+(높이)=63÷3=21 (cm)
입니다.
따라서 모든 모서리의 길이의 합은 21×4=84 (cm)입니다.

보충 개념
직육면체에서 길이가 같은 모
서리는 4개씩 3가지가 있어
요.

11 접근 》 전개도를 접었을 때의 모양을 생각해 봅니다.

주어진 전개도로 직육면체를 만들면 다음과 같습니다.

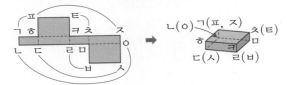

따라서 선분 ㄴㄷ과 만나는 선분은 선분 ㅇㅅ입니다.

보충 개념
전개도를 접어 직육면체를 만들었을 때 같은 기호의 점은 서로 만나는 점이고, 같은 색의 선분은 서로 만나는 모서리예요.

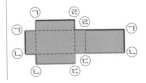

12 접근 》 눈의 수가 1인 면과 마주 보는 눈의 수를 먼저 구해 봅니다.

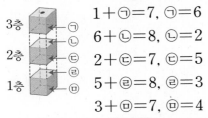

$1+㉠=7$, $㉠=6$

$6+㉡=8$, $㉡=2$

$2+㉢=7$, $㉢=5$

$5+㉣=8$, $㉣=3$

$3+㉤=7$, $㉤=4$

따라서 바닥과 맞닿은 면의 눈의 수는 4입니다.

주의
맞닿는 면의 눈의 수의 합이 8임을 주의해요.

13 접근 》 전개도를 접었을 때 만나는 점에 같은 기호를 표시해 봅니다.

겨냥도를 보고 전개도에 각 꼭짓점을 표시한 후 선이 지나간 자리를 찾아 표시합니다.

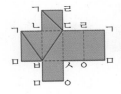

보충 개념
전개도에서는 떨어져 있어도 접었을 때 만나는 점은 모두 같은 기호로 표시해요.

14 접근 》 끈의 길이가 직육면체의 어떤 모서리의 길이와 각각 같은지 찾아봅니다.

묶은 끈의 길이 중 20 cm인 모서리와 길이가 같은 부분은 2군데, 15 cm인 모서리와 길이가 같은 부분은 2군데, 10 cm인 모서리와 길이가 같은 부분은 4군데입니다.
매듭을 묶는 데 사용한 끈의 길이는 18 cm이므로 사용한 끈의 길이는
$20×2+15×2+10×4+18=40+30+40+18=128$ (cm)입니다.

해결 전략
모서리와 길이가 같은 부분이 각각 몇 군데인지 알아봐요.

15

접근 》 파란색 면과 수직인 네 면을 먼저 찾아봅니다.

여섯 면에 칠해진 색깔은 빨간색, 초록색, 보라색, 파란색, 노란색, 주황색입니다. 둘째와 셋째 그림에서 파란색이 칠해진 면과 수직인 면에 칠해진 색깔은 초록색, 보라색, 주황색, 노란색입니다.

따라서 파란색이 칠해진 면과 마주 보는 면에는 빨간색이 칠해져 있습니다.

보충 개념
정육면체의 전개도를 그려 보는 방법도 있어요.

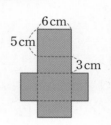

16

접근 》 어느 모서리를 자르는가에 따라 전개도의 모양과 둘레가 달라집니다.

전개도의 둘레에 길이가 긴 모서리가 최대한 적게 오도록 해야 전개도의 둘레가 짧아집니다. 길이가 짧은 모서리를 잘라서 전개도를 그리면 오른쪽과 같습니다.

전개도의 둘레에서 길이가 6 cm인 선분은 2개, 길이가 5 cm인 선분은 4개, 길이가 3 cm인 선분은 8개입니다.

따라서 둘레가 가장 짧게 되도록 그린 전개도의 둘레는 $6 \times 2 + 5 \times 4 + 3 \times 8 = 12 + 20 + 24 = 56 \, (\text{cm})$입니다.

보충 개념
직육면체의 전개도의 둘레는 14개의 선분으로 이루어져 있어요.

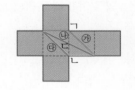

17

접근 》 정육면체의 전개도를 그려 봅니다.

오른쪽과 같이 정육면체의 전개도를 그린 후 세 개의 선분을 그어 보면 가장 짧은 선분은 ㉯입니다.

보충 개념
직선으로 이은 선분이 가장 짧아요.

지도 가이드

정육면체의 전개도는 다음과 같이 11가지가 있습니다.

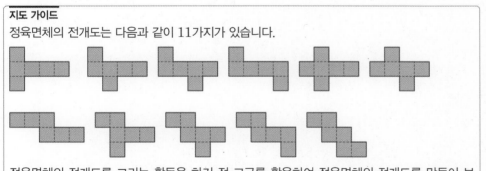

정육면체의 전개도를 그리는 활동을 하기 전 교구를 활용하여 정육면체의 전개도를 만들어 보는 경험을 충분히 하고, 이것이 익숙해지면 연속으로 이어 붙어 있는 면이 4개인 경우, 3개인 경우, 2개인 경우로 나누어 전개도를 그릴 수 있게 지도해 주세요.

18 접근 ≫ **두 면이 색칠된 정육면체와 한 면이 색칠된 정육면체를 각각 찾아봅니다.**

두 면이 색칠된 작은 정육면체는 큰 정육면체의 한 모서리에 4개씩 있습니다. 정육면체의 모서리는 12개이므로 두 면이 색칠된 작은 정육면체는 모두 $4 \times 12 = 48$(개)입니다.

> **해결 전략**
> 각 모서리와 면을 살펴보며 조건에 맞는 정육면체를 찾아봐요.

지도 가이드

- 세 면이 색칠된 정육면체: 초록색 정육면체
- 두 면이 색칠된 정육면체: 빨간색 정육면체
- 한 면이 색칠된 정육면체: 파란색 정육면체

서술형 **19** 접근 ≫ **먼저 직육면체의 모든 모서리의 길이의 합을 구해 봅니다.**

ⓔ 직육면체의 모든 모서리의 길이의 합은 $(8+5+5) \times 4 = 72$ (cm)입니다.
따라서 정육면체의 한 모서리의 길이는 $72 \div 12 = 6$ (cm)입니다.

> **해결 전략**
> 직육면체에서 길이가 같은 모서리는 4개씩 3가지가 있고, 정육면체는 12개의 모서리의 길이가 모두 같아요.

채점 기준	배점
직육면체의 모든 모서리의 길이의 합을 구했나요?	3점
정육면체의 한 모서리의 길이를 구했나요?	2점

서술형 **20** 접근 ≫ **선분 ㄱㄴ과 선분 ㅎㅍ의 길이를 각각 구해 봅니다.**

ⓔ (선분 ㄴㄷ)＝(선분 ㅁㅂ)＝4 cm이므로 (선분 ㄱㄴ)＝$28 \div 4 = 7$ (cm)입니다.
(선분 ㄴㄷ)＝(선분 ㄱㅎ)＝(선분 ㅍㅌ)이므로
(선분 ㅎㅍ)＝$18-4-4 = 10$ (cm)입니다.
따라서 직육면체의 모든 모서리의 길이의 합은 $(4+7+10) \times 4 = 84$ (cm)입니다.

> **보충 개념**
> 전개도를 접었을 때 서로 만나는 선분은 길이가 같아요.

채점 기준	배점
선분 ㄱㄴ의 길이를 구했나요?	2점
선분 ㅎㅍ의 길이를 구했나요?	2점
직육면체의 모든 모서리의 길이의 합을 구했나요?	1점

01 25 m	**02** 161번	**03** 아영, 진서	**04** ㉡

05

06 ㉮ 기계, 41개	**07** 1 cm	**08** 799명

09 4점	**10** 16살	**11** 152 cm	**12** ㉡, ㉢	**13** ㉠, ㉡, ㉢	**14** 연지
15 $\frac{1}{2}$	**16** 6과목	**17** 0	**18** 100000원	**19** 13번	**20** 가, 다, 나

01
접근 ≫ 공 던지기 기록의 합을 구해 봅니다.

(공 던지기 기록의 합)$=26+30+19+28+22=125\,(\text{m})$

➡ (공 던지기 기록의 평균)$=\dfrac{125}{5}=25\,(\text{m})$

> **해결 전략**
> (공 던지기 기록의 평균)
> $=\dfrac{(\text{공 던지기 기록의 합})}{(\text{학생 수})}$

02
접근 ≫ (자료 값의 합)=(평균)×(자료의 수)

일주일은 7일입니다.

진수가 일주일 동안 하는 윗몸 말아 올리기 횟수는 모두 $23\times7=161\,(\text{번})$입니다.

> **보충 개념**
> 윗몸 말아 올리기를 하루에
> 23번씩 7일 동안 한 셈이에요.

03
접근 ≫ 하루 동안 마신 우유의 양의 평균을 구해 봅니다.

(하루 동안 마신 우유의 양의 평균)$=\dfrac{250+200+235+255}{4}$

$=\dfrac{940}{4}=235\,(\text{mL})$

따라서 우유를 235 mL보다 많이 마신 학생은 아영, 진서입니다.

> **주의**
> 235 mL보다 많이 마신 학생
> 에는 235 mL를 마신 리나는
> 포함되지 않아요.

04
접근 ≫ 각각의 일이 일어날 가능성을 생각해 봅니다.

㉠ 1부터 6까지의 눈이 그려진 주사위를 던져 8의 눈이 나올 가능성은 '불가능하다'
입니다.

㉡ 동전 1개를 던져 그림 면이 나올 가능성은 '반반이다'입니다.

㉢ 흰색 공만 들어 있는 주머니에서 흰색 공을 꺼낼 가능성은 '확실하다'입니다.

따라서 일이 일어날 가능성이 '반반이다'인 것은 ㉡입니다.

> **보충 개념**
> 일이 일어날 가능성은 일이 일
> 어날 가능성이 낮은 순서대로
> '불가능하다, ~아닐 것 같다,
> 반반이다, ~일 것 같다, 확실
> 하다'로 표현할 수 있어요.

05 접근 ≫ 회전판에서 나누어진 칸 수와 파란색이 칠해진 칸 수를 각각 세어 봅니다.

8칸 중 4칸이 파란색이므로 화살이 파란색에 멈출 가능성은 '반반이다'이고, 이를 수로 표현하면 $\dfrac{1}{2}$입니다.

보충 개념
가능성을 수로 표현하기

불가능 하다	반반이다	확실하다
0	$\dfrac{1}{2}$	1

06 접근 ≫ 두 기계의 모자 생산량의 평균을 각각 구해 봅니다.

(㉮ 기계의 한 시간당 모자 생산량의 평균)$=\dfrac{492}{3}=164$(개)

(㉯ 기계의 한 시간당 모자 생산량의 평균)$=\dfrac{492}{4}=123$(개)

따라서 $164>123$이므로 ㉮ 기계의 한 시간당 모자 생산량의 평균이
$164-123=41$(개) 더 많습니다.

해결 전략
(모자 생산량의 평균)
$=\dfrac{(생산한\ 모자의\ 수)}{(생산한\ 시간)}$

07 접근 ≫ 먼저 준서의 높이뛰기 기록의 평균을 구해 봅니다.

준서의 높이뛰기 기록의 합이 지우의 높이뛰기 기록의 합보다 $4\,\mathrm{cm}$ 높고 두 사람 모두 높이뛰기를 4회씩 했습니다.
따라서 준서의 높이뛰기 기록의 평균은 지우의 높이뛰기 기록의 평균보다
$\dfrac{4}{4}=1$ (cm) 높습니다.

해결 전략
두 사람의 자료의 수가 같을 때는 두 사람의 자료 값의 합의 차이를 이용해 기록의 평균의 차를 구해요.

08 접근 ≫ 먼저 총 관람객 수를 구해 봅니다.

(총 관람객 수)$=770\times5=3850$(명)
➡ (수요일의 관람객 수)$=3850-(659+780+852+760)=799$(명)

보충 개념
(총 관람객 수)
$=$(관람객 수의 평균)
$\times$(날수)

09 접근 ≫ 화살을 10번 쏘았을 때 맞힌 점수의 합을 구해 봅니다.

화살을 10번 쏘았을 때 점수의 평균은 2.7점이므로
화살을 10번 쏘았을 때 맞힌 점수의 합은 $2.7\times10=27$(점)이 되어야 합니다.

화살을 9번 쏘아 맞힌 점수의 합은

$5 \times 1 + 4 \times 2 + 3 \times 1 + 2 \times 2 + 1 \times 3 = 5 + 8 + 3 + 4 + 3 = 23$(점)입니다.

따라서 마지막 화살을 쏘아 맞힌 점수는 $27 - 23 = 4$(점)입니다.

해결 전략
(마지막 화살로 맞힌 점수)
＝(화살을 10번 쏘았을 때 맞힌 점수의 합)－(화살을 9번 쏘았을 때 맞힌 점수의 합)

10 접근 》 새로운 회원이 들어오기 전의 나이의 평균을 구해 봅니다.

(회원 5명의 나이의 평균)$= \dfrac{8+13+9+11+9}{5} = \dfrac{50}{5} = 10$(살)

6명의 나이의 평균이 한 살 늘어나기 위해서는 자료 값이 6살 커져야 합니다.

따라서 새로 들어온 회원의 나이는

(회원 5명의 나이의 평균)$+6 = 10+6 = 16$(살)입니다.

다른 풀이

(회원 5명의 나이의 평균)$= \dfrac{8+13+9+11+9}{5} = \dfrac{50}{5} = 10$(살)이므로

새로운 회원 한 명이 들어온 후 6명의 나이의 평균은 $10+1 = 11$(살)입니다.

6명의 나이의 평균이 11살이면 총 나이의 합은 $11 \times 6 = 66$(살)이어야 하므로

새로 들어온 회원의 나이는 $66 - (8+13+9+11+9) = 66-50 = 16$(살)입니다.

해결 전략
(새로 들어온 회원의 나이)
＝(전체 회원의 나이의 합)
－(회원 5명의 나이의 합)

11 접근 》 남학생과 여학생 키의 합을 각각 구해 봅니다.

(남학생 키의 합)$= 156 \times 3 = 468$ (cm)

(여학생 키의 합)$= 146 \times 2 = 292$ (cm)

전체 키의 합은 $468 + 292 = 760$ (cm)이고, 전체 학생 수는 $3+2 = 5$(명)이므로

전체 학생의 키의 평균은 $\dfrac{760}{5} = 152$ (cm)입니다.

해결 전략
(키의 합)
＝(키의 평균)×(학생 수)

12 접근 》 ㉮에 해당하는 가능성의 정도를 생각해 봅니다.

㉮에 해당하는 가능성의 정도는 '불가능하다'입니다.

㉠ 한 명의 아이가 태어날 때 남자아이 또는 여자아이이므로 한 명의 아이가 태어날 때 남자아이일 가능성은 '반반이다'입니다.

㉡ 5월은 31일까지 있으므로 5월 40일이 있을 가능성은 '불가능하다'입니다.

㉢ 계산기로 $2+1=$를 누르면 3이 나오므로 계산기로 $2+1=$를 눌렀을 때 7이 나올 가능성은 '불가능하다'입니다.

㉣ 태양은 매일 뜨므로 내일 태양이 뜰 가능성은 '확실하다'입니다.

따라서 일이 일어날 가능성이 '불가능하다'인 것은 ㉡, ㉢입니다.

해결 전략
일어날 가능성을 '불가능하다, ~아닐 것 같다, 반반이다, ~일 것 같다, 확실하다'로 표현하여 가능성을 판단해 봐요.

13 접근 》 각 경우마다 가능성을 수로 표현해 봅니다.

전체 수 카드의 수는 같으므로 각 경우의 수를 비교해 봅니다.

㉠ 1부터 20까지의 수 중 30보다 큰 수는 없으므로 30보다 큰 수가 나올 가능성은 '불가능하다'입니다. ➡ 0

㉡ 1부터 20까지의 수 중 16의 약수는 1, 2, 4, 8, 16으로 5개입니다.

➡ $\dfrac{5}{20}=\dfrac{1}{4}$

㉢ 1부터 20까지의 수 중 2의 배수가 아닌 수인 홀수는 1, 3, 5, 7, 9, 11, 13, 15, 17, 19로 10개입니다. ➡ $\dfrac{10}{20}=\dfrac{1}{2}$

따라서 $0<\dfrac{1}{4}<\dfrac{1}{2}$이므로 일이 일어날 가능성이 낮은 것부터 차례로 기호를 쓰면 ㉠, ㉡, ㉢입니다.

보충 개념
일이 일어날 가능성은 0부터 1 사이의 수로 표현할 수 있어요.

14 접근 》 ㉮ 모둠의 점수의 평균을 구해 봅니다.

㉮ 모둠의 점수의 평균은 $\dfrac{78+86+92+76}{4}=\dfrac{332}{4}=83$(점)이므로 ㉯ 모둠의 점수의 평균도 83점입니다.

㉯ 모둠의 학생 수는 5명이므로 ㉯ 모둠의 점수의 총합은 $83×5=415$(점)이고 연지의 점수는 $415-(88+84+72+80)=415-324=91$(점)입니다.

따라서 ㉯ 모둠에서 점수가 가장 높은 사람은 연지입니다.

보충 개념
(모르는 자료 값)
=(전체 자료 값의 합)
 −(아는 자료 값의 합)

15 접근 》 세 번째로 구슬을 꺼낸 후 색깔별로 남은 구슬 수를 구해 봅니다.

빨간색 구슬 3개, 초록색 구슬 4개, 주황색 구슬 6개 중 초록색 구슬 2개와 주황색 구슬 1개를 꺼냈으므로 주머니 안에 남은 구슬은 빨간색 구슬 3개, 초록색 구슬 2개, 주황색 구슬 5개입니다.

따라서 전체 구슬 10개 중 네 번째로 구슬 하나를 꺼낼 때 꺼낸 구슬이 주황색일 가능성을 수로 표현하면 $\dfrac{5}{10}=\dfrac{1}{2}$입니다.

해결 전략
(네 번째로 꺼낸 구슬이 주황색일 가능성)
= $\dfrac{(남은\ 주황색\ 구슬\ 수)}{(남은\ 전체\ 구슬\ 수)}$

16 접근 》 실제 점수의 합과 잘못 계산한 점수의 합을 각각 식으로 나타냅니다.

한 과목의 점수인 98점을 89점으로 잘못 계산하면 전체 점수의 합이 $98-89=9$(점)만큼 줄어듭니다. 단원 평가 과목 수를 □과목이라 하면 $90.5×□-89×□=9$, $1.5×□=9$이고 $1.5×6=9$이므로 □=6(과목)입니다. 따라서 단원 평가는 모두 6과목입니다.

해결 전략
(바르게 계산한 평균)×□
 −(잘못 계산한 평균)×□
=9

17 접근 ≫ 어떤 수에 0을 곱했을 때 나오는 수를 생각해 봅니다.

어떤 수에 0을 곱하면 항상 0이므로 어떤 수에 0을 곱했을 때 8이 나올 가능성은 '불가능하다'이고, 이를 수로 표현하면 0입니다.

보충 개념
(어떤 수)×0=0

18 접근 ≫ 남은 사람들이 더 내야 하는 돈을 구해 봅니다.

25명 중 5명이 참석을 취소하여 남은 25−5=20(명)이 각각 1000원씩,
모두 1000×20=20000(원)을 더 내야 합니다.
20000원은 취소한 5명이 내야 하는 금액의 합과 같으므로 25명이 가는 경우 한 사람이 내야 하는 금액은 20000÷5=4000(원)입니다.
따라서 관광버스를 빌리는 비용은 4000×25=100000(원)입니다.

보충 개념
취소한 사람들이 내야 했던 금액의 합만큼이 부족해지므로 남은 사람들이 이만큼을 더 내야 해요.

서술형 19 접근 ≫ 1회부터 4회까지의 턱걸이 기록의 합을 구해 봅니다.

⑩ 1회부터 5회까지의 턱걸이 기록의 평균이 9번 이상이 되려면 1회부터 5회까지의 턱걸이 기록의 합이 9×5=45(번) 이상이 되어야 합니다.
따라서 5회에서 턱걸이를 적어도 45−(5+8+7+12)=45−32=13(번) 해야 합니다.

채점 기준	배점
1회부터 5회까지의 턱걸이 기록의 합을 구했나요?	3점
5회에서 턱걸이를 적어도 몇 번 해야 하는지 구했나요?	2점

보충 개념
(1회부터 5회까지의 기록의 합)=(기록의 평균)×5

서술형 20 접근 ≫ 각 회전판에서 빨간색이 차지하는 부분을 알아봅니다.

⑩ 가를 돌릴 때 화살이 빨간색에 멈출 가능성은 '확실하다'이므로 수로 표현하면 1,
나를 돌릴 때 화살이 빨간색에 멈출 가능성은 '불가능하다'이므로 수로 표현하면 0,
다를 돌릴 때 화살이 빨간색에 멈출 가능성은 '반반이다'이므로 수로 표현하면 $\frac{1}{2}$입니다.
따라서 $0 < \frac{1}{2} < 1$이므로 화살이 빨간색에 멈출 가능성이 높은 것부터 순서대로 기호를 쓰면 가, 다, 나입니다.

채점 기준	배점
각 회전판마다 화살이 빨간색에 멈출 가능성을 수로 표현했나요?	3점
화살이 빨간색에 멈출 가능성이 높은 것부터 순서대로 기호를 썼나요?	2점

보충 개념
다에서 6칸 중 3칸이 빨간색이므로 화살이 빨간색에 멈출 가능성은 '반반이다'예요.

수능형 사고력을 기르는 2학기 TEST ─ 1회

01 100	**02** 14 cm	**03** $13\frac{1}{3}$ m	**04** 40	**05** 1개	**06** ④, ㉮, ㉰
07 50, 51	**08** 9 cm	**09** $\frac{1}{2}$	**10** 166 cm²	**11** 서현	**12** 164°
13 6개	**14** 68.8 cm	**15** 14 cm	**16** 12 cm	**17** 6쌍	**18** $\frac{68}{81}$ cm²
19 1.768	**20** 12				

01 [4단원]
접근 ≫ 주어진 두 식에서 곱해지는 수와 곱하는 수를 각각 살펴봅니다.

35는 3.5의 10배이고, 18은 0.018의 1000배이므로 ■＝10×1000＝10000
입니다.
따라서 ■÷100＝10000÷100＝100입니다.

보충 개념
두 수를 구성하고 있는 숫자가 같을 때에는 각각의 숫자를 비교해요.

다른 풀이
35×18＝630, 3.5×0.018＝0.063이고 0.063이 630이 되려면 소수점을 오른쪽으로 네
칸 옮겨야 하므로 ■＝10000입니다.
따라서 ■÷100＝100입니다.

02 [3단원]
접근 ≫ 서로 합동인 삼각형에서 대응변을 각각 찾아봅니다.

삼각형 ㄱㄴㄷ과 삼각형 ㄷㄹㅁ은 서로 합동이므로
(변 ㄴㄷ)＝(변 ㄹㅁ)＝8 cm, (변 ㄷㄹ)＝(변 ㄱㄴ)＝6 cm입니다.
따라서 (변 ㄴㄹ)＝(변 ㄴㄷ)＋(변 ㄷㄹ)＝8＋6＝14 (cm)입니다.

해결 전략
합동인 도형에서 대응변의 길이는 서로 같아요.

03 [2단원]
접근 ≫ ㉠과 ㉡ 사이의 거리는 전체 거리의 몇 분의 몇인지 알아봅니다.

선분 전체의 길이는 24 m이고 ㉠과 ㉡ 사이의 거리는 전체의 $\frac{5}{9}$이므로

(㉠과 ㉡ 사이의 거리)＝$\overset{8}{24}×\frac{5}{\underset{3}{9}}＝\frac{40}{3}＝13\frac{1}{3}$ (m)입니다.

보충 개념
전체 ■칸 중 ▲칸
➡ 전체의 $\frac{▲}{■}$

지도 가이드
선분에서 눈금 사이의 간격이 같으므로 나눗셈을 이용하여 눈금 한 칸의 크기를 구할 수 있습니다. 하지만 이 문제에서 눈금 한 칸의 크기를 구할 때 나눗셈을 하면 나누어떨어지지 않아 정확한 값을 구할 수 없습니다. 반면 눈금 한 칸의 크기를 구할 때 분수의 곱셈을 하면 정확한 값을 구할 수 있습니다.

04 [4단원] + [6단원]
접근 ≫ 평균을 이용하여 전체 수의 합을 먼저 구해 봅니다.

(주어진 수의 합)$=35.5\times4=142$

➡ $\square=142-(30+38+34)=142-102=40$

05 [3단원]
접근 ≫ 각 도형의 대칭축을 각각 찾아봅니다.

가   나

가의 대칭축은 5개이고,

나의 대칭축은 6개입니다.

➡ (대칭축 수의 차)$=6-5=1$(개)

06 [6단원]
접근 ≫ 각 경우마다 일이 일어날 가능성을 생각해 봅니다.

㉮ 주사위를 던졌을 때 주사위 눈의 수가 짝수인 2, 4, 6일 가능성은 '반반이다'입니다.

㉯ $2.3\times4=9.2$이므로 2.3×4의 계산 결과가 9.2가 나올 가능성은 '확실하다'입니다.

㉰ 2장의 수 카드 3, 7 을 한 번씩 모두 사용하여 만들 수 있는 두 자리 수는 37,

73이므로 52를 만들 가능성은 '불가능하다'입니다.

따라서 일이 일어날 가능성이 높은 차례로 기호를 쓰면 ㉯, ㉮, ㉰입니다.

07 [1단원]
접근 ≫ 수직선에 나타낸 수의 범위를 각각 구해 봅니다.

왼쪽 수직선에 나타낸 수의 범위는 43 이상 52 미만이고, 오른쪽 수직선에 나타낸
수의 범위는 49 초과 57 이하입니다.

• 43 이상 52 미만인 자연수: 43, 44, 45, 46, 47, 48, 49, 50, 51

• 49 초과 57 이하인 자연수: 50, 51, 52, 53, 54, 55, 56, 57

➡ 두 수의 범위에 공통으로 속하는 자연수: 50, 51

08 [5단원]
접근 ≫ 면 ㉮와 수직인 모서리를 찾아봅니다.

면 ㉮와 수직인 모서리는 길이가 3 cm이고 4개입니다.

이 중에서 보이는 모서리는 3개이므로 보이는 모서리의 길이의 합은 $3\times3=9$ (cm)
입니다.

09 6단원

접근 ≫ 전체 사탕 개수 중 포도 맛 사탕의 개수를 알아봅니다.

전체 사탕은 $3+3=6$(개)이고 그중 포도 맛 사탕이 3개이므로 포도 맛 사탕은 전체의 반만큼 있습니다.

따라서 꺼낸 사탕이 포도 맛일 가능성은 '반반이다'이므로 수로 표현하면 $\dfrac{1}{2}$입니다.

> **보충 개념**
> 가능성을 수로 표현하기
>
> | 불가능 하다 | 반반이다 | 확실하다 |
> | --- | --- | --- |
> | 0 | $\dfrac{1}{2}$ | 1 |

10 3단원 + 4단원

접근 ≫ 오려서 펼친 도형은 어떤 도형인지 생각해 봅니다.

오려서 펼친 사각형은 접은 선을 대칭축으로 하는 선대칭도형입니다.
대칭축에 의해 나누어진 두 도형은 서로 합동이므로 펼친 사각형의 넓이는 펼친 사각형의 반쪽 넓이의 2배가 됩니다.

➡ (펼친 사각형의 넓이)$=(5.45+11.15)\times10\div2\times2=166\,(cm^2)$

> **보충 개념**
> 서로 합동인 도형은 넓이가 같아요.

11 6단원

접근 ≫ 진호네 모둠 학생들이 주운 밤의 수의 합을 구해 봅니다.

(진호네 모둠 학생들이 주운 밤의 수의 합)$=30\times5=150$(개)
(서현이와 인서가 주운 밤의 수의 합)$=150-(25+35+17)=73$(개)
■2+3▲=73이므로 일의 자리 계산에서 2+▲=3, ▲=1이고, 십의 자리 계산에서 ■+3=7, ■=4입니다. 서현이가 주운 밤은 42개, 인서가 주운 밤은 31개입니다. 따라서 밤을 가장 많이 주운 학생은 서현이입니다.

> **해결 전략**
> (모르는 자료 값)
> =(전체 자료 값의 합)
> -(아는 자료 값의 합)

12 3단원

접근 ≫ 각 ㄱㅂㅁ, 각 ㄴㄱㅂ, 각 ㄱㄴㄷ의 대응각을 각각 찾아봅니다.

점대칭도형에서 대응각의 크기는 서로 같으므로 (각 ㄱㅂㅁ)=(각 ㄹㄷㄴ)=88°, (각 ㄴㄱㅂ)=(각 ㅁㄹㄷ)=108°이고 (각 ㄱㄴㄷ)=(각 ㄹㅁㅂ)입니다.
육각형 여섯 각의 크기의 합은 사각형 2개의 네 각의 크기의 합과 같으므로 $360°\times2=720°$입니다.

➡ (각 ㅂㅁㄹ)$=(720°-88°\times2-108°\times2)\div2$
$\qquad\qquad=(720°-176°-216°)\div2=328°\div2=164°$

> **보충 개념**
> 사각형 네 각의 크기의 합은 360°예요.

13 1단원

접근 ≫ 반올림하여 천의 자리까지 나타냈을 때 4000이 되는 수의 범위를 구해 봅니다.

반올림하여 천의 자리까지 나타내면 4000이 되는 수의 범위는 3500 이상 4500 미만입니다.
주어진 수 카드로 3500 이상 4500 미만인 수의 범위에 포함되는 수를 만들면 다음

> **보충 개념**
> 반올림하여 천의 자리까지 나타내려면 백의 자리에서 반올림해야 해요.

과 같이 모두 6개입니다.

35□□: 3548, 3584 38□□: 3845, 3854 43□□: 4358, 4385

14 4단원
접근 » 고리 안쪽 지름의 길이를 구해 봅니다.

(고리 1개의 안쪽 지름의 길이)$=4.2-0.4-0.4=3.4$ (cm)
➡ (연결한 고리 전체의 길이)$=3.4\times20+0.4\times2=68+0.8=68.8$ (cm)

해결 전략
(연결한 고리 전체의 길이)
$=$(고리 1개의 안쪽의 길이)
$\times20$
$+$(양쪽 끝 고리의 두께)

15 3단원 + 4단원
접근 » 삼각형 ㄱㄴㄷ이 어떤 삼각형인지 알아봅니다.

두 정사각형은 서로 합동이므로 (변 ㄱㄷ)$=$(변 ㄴㄷ)입니다.
삼각형 ㄱㄴㄷ은 이등변삼각형이므로 (각 ㄷㄱㄴ)$=$(각 ㄷㄴㄱ)$=60°$이고,
(각 ㄱㄷㄴ)$=180°-60°-60°=60°$입니다.
따라서 삼각형 ㄱㄴㄷ은 정삼각형이므로
(변 ㄱㄷ)$=$(변 ㄴㄷ)$=$(선분 ㄱㄴ)$=3.5$ cm이고, 정사각형 한 개의 둘레는
$3.5\times4=14$ (cm)입니다.

보충 개념
이등변삼각형은 두 각의 크기
가 같아요.

16 5단원
접근 » 길이가 8 cm인 모서리와 길이가 같은 모서리를 찾아봅니다.

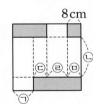

ⓒ$=$ⓜ$=8$ cm이므로
㉠$=$㉣$=(40-8-8)\div2=12$ (cm)입니다.
ⓛ$=40-8-8=24$ (cm)입니다.
따라서 (㉠과 ⓛ의 차)$=24-12=12$ (cm)입니다.

해결 전략
전개도를 접었을 때 서로 만
나는 모서리의 길이는 같아요.

17 2단원
접근 » ㉠이 될 수 있는 수를 먼저 구해 봅니다.

$\dfrac{2}{3}\times㉠\times\dfrac{1}{ⓛ}=\dfrac{2}{3}\times\dfrac{㉠}{ⓛ}$이 자연수가 되려면 ㉠은 3의 배수인 3, 6, 9 중 하나입니다.

• ㉠$=3$인 경우: $\dfrac{2}{\underset{1}{3}}\times\dfrac{\overset{1}{3}}{ⓛ}=\dfrac{2}{ⓛ}$이므로 ⓛ은 2입니다.

• ㉠$=6$인 경우: $\dfrac{2}{\underset{1}{3}}\times\dfrac{\overset{2}{6}}{ⓛ}=\dfrac{4}{ⓛ}$이므로 ⓛ은 2, 4입니다.

• ㉠$=9$인 경우: $\dfrac{2}{\underset{1}{3}}\times\dfrac{\overset{3}{9}}{ⓛ}=\dfrac{6}{ⓛ}$이므로 ⓛ은 2, 3, 6입니다.

따라서 (㉠, ⓛ)은 (3, 2), (6, 2), (6, 4), (9, 2), (9, 3), (9, 6)으로 모두 6쌍입니다.

보충 개념
$\dfrac{\blacktriangle}{\blacksquare}\times(\blacksquare$의 배수$)=$(자연수)

18 2단원 + 3단원
접근 ≫ 나누어진 한 개의 정사각형의 넓이를 먼저 구해 봅니다.

한 변이 2 cm인 정사각형의 넓이는 $2 \times 2 = 4 \, (cm^2)$이므로 처음 색칠한 정사각형 한 개의 넓이는 $4 \times \dfrac{1}{9} = \dfrac{4}{9} \, (cm^2)$입니다.

색칠하지 않은 정사각형 8개의 가로와 세로를 각각 3등분하여 정사각형 9개로 나누면 새로 색칠한 정사각형 한 개의 넓이는 $\left(\dfrac{4}{9} \times \dfrac{1}{9} \right) cm^2$입니다.

➡ (구하는 넓이) $= \dfrac{4}{9} + \dfrac{4}{9} \times \dfrac{1}{9} \times 8$

$= \dfrac{4}{9} + \dfrac{32}{81} = \dfrac{36}{81} + \dfrac{32}{81} = \dfrac{68}{81} \, (cm^2)$

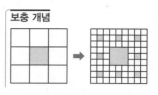

보충 개념

서술형 **19** 1단원 + 4단원
접근 ≫ 어림할 때는 구하려는 자리 아래 수를 확인합니다.

㉠ 버림하여 소수 첫째 자리까지 나타낸 수는 1.3이고, 올림하여 소수 둘째 자리까지 나타낸 수는 1.36입니다.
따라서 버림하여 소수 첫째 자리까지 나타낸 수와 올림하여 소수 둘째 자리까지 나타낸 수의 곱은 $1.3 \times 1.36 = 1.768$입니다.

채점 기준	배점
버림하여 소수 첫째 자리까지 나타낸 수를 구했나요?	2점
올림하여 소수 둘째 자리까지 나타낸 수를 구했나요?	2점
버림하여 소수 첫째 자리까지 나타낸 수와 올림하여 소수 둘째 자리까지 나타낸 수의 곱을 구했나요?	1점

보충 개념
(소수 ■ 자리 수)
×(소수 ● 자리 수)
=(소수 (■＋●) 자리 수)

서술형 **20** 5단원
접근 ≫ 보이지 않는 세 면의 눈의 수를 각각 알아봅니다.

㉠ 서로 평행한 두 면의 눈의 수의 합이 7이므로 눈의 수가 1인 면과 평행한 면의 눈의 수는 6이고, 눈의 수가 3인 면과 평행한 면의 눈의 수는 4이고, 눈의 수가 5인 면과 평행한 면의 눈의 수는 2입니다. 따라서 보이지 않는 면에 있는 눈의 수의 합은 $6 + 4 + 2 = 12$입니다.

채점 기준	배점
보이지 않는 세 면의 눈의 수를 찾았나요?	4점
보이지 않는 면의 눈의 수의 합을 구했나요?	1점

보충 개념
정육면체에는 서로 평행한 면이 3쌍 있어요.

01 450 이상 550 미만	**02** $1\frac{1}{8}$ kg	**03** 5.775 kg	**04** 13개	**05** 64 cm
06 $\frac{1}{2}$	**07** 오각형	**08** 860원	**09** 55 km	**10** 64°
11 오후 5시 33분 50초	**12** 175000원	**13** 7개	**14** ○	**15** 1
16 16 cm	**17** ©	**18** 12 cm	**19** 네 번째	**20** 12개

01 [1단원]

접근 ≫ 반올림하여 백의 자리까지 나타내었을 때 500이 되는 수를 구해 봅니다.

반올림하여 백의 자리까지 나타내었을 때 500이 되는 수는 450과 같거나 크고 550 보다 작은 수이므로 구하는 수의 범위는 450 이상 550 미만입니다.

> **해결 전략**
> 반올림하여 백의 자리까지 나타낸 수는 십의 자리에서 반올림한 수예요.

02 [2단원]

접근 ≫ 남은 밀가루는 전체의 몇 분의 몇인지 생각해 봅니다.

남은 밀가루는 전체의 $1 - \frac{2}{3} = \frac{1}{3}$ 입니다.

➡ (남은 밀가루의 양)$= 3\frac{3}{8} \times \frac{1}{3} = \frac{\overset{9}{27}}{8} \times \frac{1}{\underset{1}{3}} = \frac{9}{8} = 1\frac{1}{8}$ (kg)

> **해결 전략**
> 전체를 1로 생각하여 남은 부분을 구해요.

03 [4단원]

접근 ≫ 231 cm가 몇 m인지 알아봅니다.

231 cm$=2.31$ m입니다.

➡ (막대 2.31 m의 무게)$=2.31 \times 2.5 = 5.775$ (kg)

> **보충 개념**
> 100 cm$=1$ m
> ➡ 1 cm$=0.01$ m

04 [6단원]

접근 ≫ 접은 종이학 수의 평균을 구해 봅니다.

(전체 접은 종이학 수)$=23+42+38+40+37=180$(개)이고 모둠 학생 수는 5명입니다.

➡ (접은 종이학 수의 평균)$=\frac{180}{5}=36$(개)

따라서 은혜는 종이학을 평균보다 $36-23=13$(개) 덜 접었습니다.

> **보충 개념**
> (접은 종이학 수의 평균)
> $=\dfrac{(전체 접은 종이학 수)}{(학생 수)}$

05 [5단원]
접근 ›› 잘라 만든 한 직육면체의 세 모서리의 길이를 구해 봅니다.

잘라 만든 직육면체의 한 꼭짓점에서 만나는 세 모서리의 길이는 각각
$8 \div 2 = 4$ (cm), $8 \div 2 = 4$ (cm), 8 cm입니다.
따라서 잘라 만든 직육면체 하나의 모든 모서리의 길이의 합은
$(4+4+8) \times 4 = 64$ (cm)입니다.

> **보충 개념**
> 직육면체에서는 평행한 모서리끼리 길이가 같아요.

06 [6단원]
접근 ›› 각 경우의 가능성을 생각해 봅니다.

㉠ $\boxed{1}$ 부터 $\boxed{9}$ 까지의 수 카드 중 1장을 뽑았을 때 0이 나올 가능성은 '불가능하다'
이므로 수로 표현하면 0입니다.

㉡ 동전 1개를 던졌을 때 숫자 면이 나올 가능성은 '반반이다'이므로 수로 표현하면
$\frac{1}{2}$입니다.

따라서 ㉠＋㉡$=0+\frac{1}{2}=\frac{1}{2}$입니다.

> **보충 개념**
> 동전 1개를 던졌을 때 그림
> 면 또는 숫자 면이 나와요.

07 [3단원]
접근 ›› 선대칭도형과 점대칭도형을 각각 완성해 봅니다.

선대칭도형   점대칭도형   두 두형이 겹쳐지는 부분

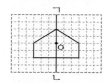 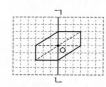 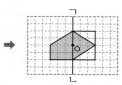

따라서 두 도형이 겹쳐지는 부분은 오각형입니다.

> **보충 개념**
> ■개의 선분으로 이루어진 도형은 ■각형이에요.

08 [1단원] + [2단원]
접근 ›› 오른 버스 요금을 구해 봅니다.

720의 $\frac{1}{5}$은 $\overset{144}{720} \times \frac{1}{\underset{1}{5}} = 144$이므로 버스 요금은 올해 144원만큼 올랐습니다.

따라서 올해의 버스 요금은 $720+144=864$(원)을 버림하여 십의 자리까지 나타낸 860원입니다.

> **주의**
> 올해의 버스 요금을 구할 때 오른 요금만 구하지 않도록 주의해요.

09 [4단원] + [6단원]
접근 ≫ 2시간 12분은 몇 시간인지 소수로 나타내어 봅니다.

2시간 12분$=2\dfrac{12}{60}$시간$=2\dfrac{2}{10}$시간$=2.2$시간

(2.2시간 동안 승용차가 간 거리)$=75\times2.2=165\,(\text{km})$

➡ (버스가 한 시간 동안 간 거리의 평균)$=\dfrac{165}{3}=55\,(\text{km})$

> **보충 개념**
> 60분$=1$시간
> ➡ ■분$=\dfrac{■}{60}$시간

> **다른 풀이**
>
> 2시간 12분$=2\dfrac{12}{60}$시간$=2\dfrac{1}{5}$시간
>
> ($2\dfrac{1}{5}$시간 동안 승용차가 간 거리)$=75\times2\dfrac{1}{5}=\overset{15}{75}\times\dfrac{11}{\underset{1}{5}}=165\,(\text{km})$
>
> ➡ (버스가 한 시간 동안 간 거리의 평균)$=\dfrac{165}{3}=55\,(\text{km})$

10 [3단원]
접근 ≫ 삼각형 ㄱㅁㅂ과 서로 합동인 삼각형을 찾아봅니다.

삼각형 ㄱㅁㅂ과 삼각형 ㄱㄹㅂ은 서로 합동이므로 (각 ㅁㄱㅂ)$=$(각 ㄹㄱㅂ)$=32°$ 입니다.

(각 ㄱㅂㅁ)$=180°-32°-90°=58°$이고 (각 ㄱㅂㄹ)$=$(각 ㄱㅂㅁ)$=58°$입니다.

따라서 (각 ㉮)$=180°-58°-58°=64°$입니다.

> **해결 전략**
> 도형을 접었을 때 접은 모양과 접기 전의 모양은 서로 합동이에요.

11 [2단원]
접근 ≫ 오늘 오후 1시부터 다음날 오후 5시까지 빨라진 시간을 구해 봅니다.

오늘 오후 1시부터 다음날 오후 5시까지는 $24+4=28$(시간)입니다.

한 시간에 $1\dfrac{5}{24}$분씩 빨라지므로 28시간 동안에는

$1\dfrac{5}{24}\times28=\dfrac{29}{\underset{6}{24}}\times\overset{7}{28}=\dfrac{203}{6}=33\dfrac{5}{6}$(분) 빨라집니다.

$33\dfrac{5}{6}$분$=33\dfrac{50}{60}$분$=33$분 50초 빨라졌으므로 다음날 오후 5시에 이 시계가 가리

키는 시각은 오후 5시 33분 50초입니다.

> **해결 전략**
> (고장 난 시계가 ●시에 가리 키는 시각)
> $=$●시$+$(빨라진 시간)

12 [1단원]
접근 ≫ 관람권을 10장씩 사야 하므로 학생 수를 올림합니다.

343을 올림하여 십의 자리까지 나타내면 350입니다.

따라서 10장 단위로 입장권을 사면 적어도 $5000\times35=175000$(원)이 필요합니다.

> **보충 개념**
> 340장을 사면 입장권이 부족해요.

13 _{4단원} + _{6단원}
접근 » 혜진이네 모둠 학생들이 만든 도넛 수의 합을 구해 봅니다.

혜진이네 모둠 학생들이 만든 도넛 수의 합은 $5.5 \times 4 + 8 \times 6 = 22 + 48 = 70$(개)입니다.

따라서 모둠 전체 학생 수는 $4 + 6 = 10$(명)이므로 모둠 전체 학생들이 만든 도넛 수의 평균은 $\frac{70}{10} = 7$(개)입니다.

보충 개념
(전체 모둠 학생들이 만든 도넛 수의 합)
=(남학생이 만든 도넛 수의 합)+(여학생이 만든 도넛 수의 합)

14 _{5단원}
접근 » ♡ 그림을 기준으로 전개도를 그려 봅니다.

오른쪽과 같이 정육면체의 전개도를 그릴 수 있습니다.
□ 그림이 그려진 면과 마주 보는 면에 그려진 그림은 ○입니다.

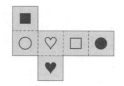

해결 전략
♡ 그림이 그려진 면과 수직인 네 개의 면을 이용해 전개도를 그려 봐요.

지도 가이드

정육면체를 여러 방향에서 본 모양을 이용해 조건에 해당하는 면의 그림을 찾는 문제는 전개도를 그려 해결하는 것이 좋습니다. 정육면체의 전개도 중 하나를 먼저 그리고 각 면에 해당하는 그림을 그릴 수도 있지만 이 경우 입체인 정육면체와 평면인 전개도 사이의 시각적 차이로 인해 각 면에 해당하는 그림을 그리는 데 어려움을 겪을 수 있습니다.
전개도 그리는 것이 어려운 경우에는 보이는 면 중 공통된 한 면을 기준으로 전개도의 일부를 그린 후 그린 전개도를 겹쳐 보도록 합니다. 그리고 난 후 전개도에 빠진 면을 그리면 좀 더 쉽게 전개도를 그릴 수 있습니다.

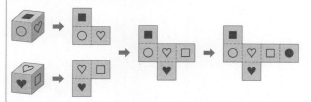

---

15 _{4단원}
접근 » 0.3을 여러 번 곱했을 때 소수점 아래 반복되는 숫자를 찾아봅니다.

0.3을 100번 곱했을 때 소수 100째 자리 숫자는 곱의 소수점 아래 끝자리 숫자입니다.

$0.3 = 0.3$
$0.3 \times 0.3 = 0.09$
$0.3 \times 0.3 \times 0.3 = 0.027$
$0.3 \times 0.3 \times 0.3 \times 0.3 = 0.0081$
$0.3 \times 0.3 \times 0.3 \times 0.3 \times 0.3 = 0.00243$

소수점 아래 끝자리 숫자는 3, 9, 7, 1이 반복됩니다.
따라서 $100 \div 4 = 25$이므로 소수 100째 자리 숫자는 반복되는 4개의 숫자 중 네 번째 숫자인 1입니다.

보충 개념
0.3을 ■번 곱했을 때 소수 ■째 자리 숫자는 곱의 소수점 아래 끝자리 숫자예요.

16 _{2단원 + 5단원}
접근 ≫ 직육면체의 각 모서리와 길이가 같은 끈이 몇 개씩인지 찾아봅니다.

길이가 $14\frac{1}{3}$ cm인 끈이 6개, 길이가 ㉠ cm인 끈이 2개, 매듭의 길이가 21 cm입니다.

따라서 (사용한 끈의 길이)$=14\frac{1}{3}\times6+㉠\times2+21=139$ (cm)이므로

$\frac{43}{\underset{1}{3}}\times\overset{2}{6}+㉠\times2+21=139$, $86+㉠\times2+21=139$, $㉠\times2=32$,

$㉠=16$ (cm)입니다.

> **해결 전략**
> (사용한 끈의 길이)
> =(상자를 둘러싼 끈의 길이)
> +(매듭의 길이)

17 _{4단원}
접근 ≫ 곱하는 두 수의 끝자리 숫자를 살펴봅니다.

곱하는 두 수의 끝자리 숫자가 9와 6이므로 곱의 끝자리 숫자는 4로 ㉠은 답이 될 수 없습니다.

(소수 두 자리 수)×(소수 두 자리 수)=(소수 네 자리 수)이므로 ㉡은 답이 될 수 없습니다.

따라서 주어진 식의 계산 결과가 될 수 있는 것은 ㉢입니다.

> **해결 전략**
> (소수 ■ 자리 수)
> ×(소수 ● 자리 수)
> =(소수 (■+●) 자리 수)
>
> **보충 개념**
> $4.29\times3.16=13.5564$

18 _{3단원}
접근 ≫ 정사각형의 두 대각선의 길이를 구해 봅니다.

점대칭도형에 오른쪽과 같이 보조선을 그어 보면 정사각형은 두 대각선의 길이가 각각 $8\times2=16$ (cm)인 마름모입니다.

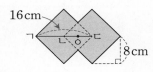

(정사각형 2개의 넓이)$=(16\times16\div2)\times2=256$ (cm²)

➡ (겹쳐진 부분의 넓이)$=256-224=32$ (cm²)

겹쳐진 부분도 정사각형이면서 마름모이므로 선분 ㄴㄷ의 길이를 □ cm라 하면

$\square\times\square\div2=32$, $\square\times\square=64$, $\square=8$ (cm)입니다.

점대칭도형은 대응점에서 대칭의 중심까지의 거리가 같으므로

(선분 ㄴㅇ)=(선분 ㅇㄷ)$=8\div2=4$ (cm)입니다.

따라서 (선분 ㄱㅇ)=(선분 ㄱㄷ)-(선분 ㅇㄷ)$=16-4=12$ (cm)입니다.

> **보충 개념**
> (마름모의 넓이)
> =(한 대각선의 길이)×
> (다른 대각선의 길이)÷2

_{서술형}
19 _{1단원 + 2단원}
접근 ≫ (튀어 오른 공의 높이)=(떨어진 높이)×$\frac{1}{3}$입니다.

㉎ 3.24 m는 324 cm입니다.

(첫 번째로 튀어 오른 높이)$=\overset{108}{324}\times\frac{1}{\underset{1}{3}}=108$ (cm)

(두 번째로 튀어 오른 높이)=$\overset{36}{\cancel{108}} \times \dfrac{1}{\cancel{3}_{1}}=36\,(\text{cm})$

(세 번째로 튀어 오른 높이)=$\overset{12}{\cancel{36}} \times \dfrac{1}{\cancel{3}_{1}}=12\,(\text{cm})$

(네 번째로 튀어 오른 높이)=$\overset{4}{\cancel{12}} \times \dfrac{1}{\cancel{3}_{1}}=4\,(\text{cm})$

따라서 튀어 오른 높이가 9 cm 이하가 되는 것은 공이 네 번째로 튀어 오를 때입니다.

보충 개념
9 cm 이하는 9 cm와 같거나 작은 수예요.

채점 기준	배점
공이 첫 번째, 두 번째, 세 번째, 네 번째로 튀어 오른 높이를 각각 구했나요?	4점
튀어 오른 높이가 9 cm 이하가 되는 것은 공이 몇 번째로 튀어 오를 때인지 구했나요?	1점

서술형

20 3단원
접근 ≫ 점대칭도형이 되는 숫자를 찾아봅니다.

예 0, 1, 8은 점대칭도형이 되는 숫자이고 6은 180° 돌리면 9가 되고 9는 180° 돌리면 6이 됩니다.

따라서 0, 1, 6, 8, 9를 사용하여 점대칭도형이 되는 세 자리 수를 만들면 101, 111, 181, 609, 619, 689, 808, 818, 888, 906, 916, 986으로 모두 12개입니다.

해결 전략
점대칭도형이 되는 숫자를 조합하여 점대칭도형이 되는 수를 만들어 봐요.

채점 기준	배점
점대칭도형을 만들 수 있는 숫자를 찾았나요?	2점
점대칭도형이 되는 세 자리 수를 모두 구했나요?	3점

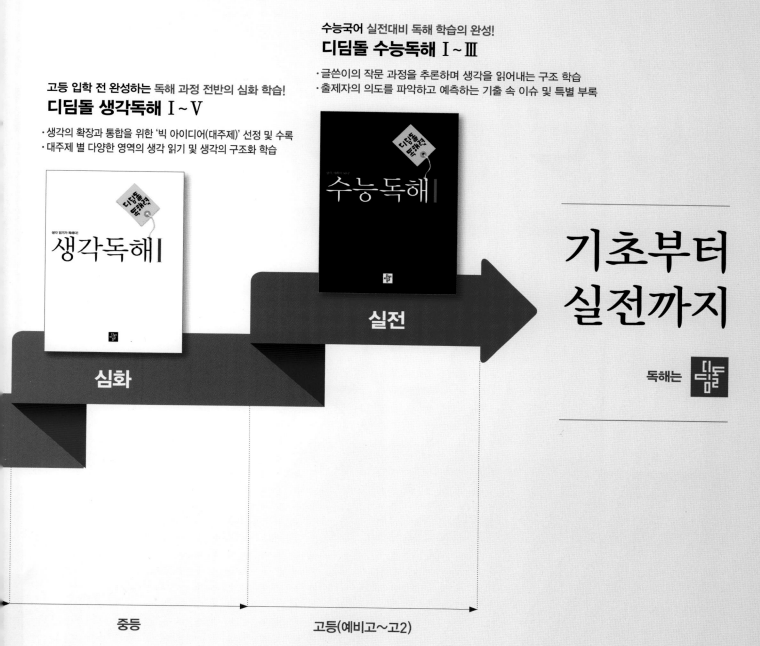

수능국어 실전대비 독해 학습의 완성!
디딤돌 수능독해 Ⅰ~Ⅲ
· 글쓴이의 작문 과정을 추론하며 생각을 읽어내는 구조 학습
· 출제자의 의도를 파악하고 예측하는 기출 속 이슈 및 특별 부록

고등 입학 전 완성하는 독해 과정 전반의 심화 학습!
디딤돌 생각독해 Ⅰ~Ⅴ
· 생각의 확장과 통합을 위한 '빅 아이디어(대주제)' 선정 및 수록
· 대주제 별 다양한 영역의 생각 읽기 및 생각의 구조화 학습

기초부터 실전까지

독해는

실전

심화

중등   고등(예비고~고2)

한걸음 한걸음 디딤돌을 걷다 보면 수학이 완성됩니다.

- **개념 다지기**
  원리, 기본

- **문제해결력 강화**
  문제유형, 응용

- **심화 완성**
  최상위 수학S, 최상위 수학

- **연산 개념 다지기**
  디딤돌 연산

- **개념+문제해결력 강화를 동시에**
  기본+유형, 기본+응용

- **상위권의 힘, 사고력 강화**
  최상위 사고력

개념 이해   개념 응용   개념 확장

학습 능력과 목표에 따라
맞춤형이 가능한 디딤돌 초등 수학

교내 경시 1단원 수의 범위와 어림하기

이름   점수

01 다음 수들이 모두 속하는 수의 범위는 어느 것입니까?

(   )

| 23   14.7   16   13   19.8 |

① 23 미만인 수   ② 16 이상인 수
③ 14 초과 23 이하인 수   ④ 13 초과인 수
⑤ 13 이상 24 미만인 수

02 버림하여 백의 자리까지 나타낸 수가 <u>다른</u> 하나를 찾아 기호를 쓰시오.

| ㉠ 5267   ㉡ 5299   ㉢ 5202   ㉣ 5187   ㉤ 5245 |

(   )

03 은수네 가족이 KTX를 타고 부산에 갈 때, 내야 할 KTX 요금은 얼마입니까?

KTX 요금

구분	KTX 요금
경로	15400원
어른	22000원
어린이	11000원
유아	무료

은수네 가족

할아버지	만 67세
할머니	만 65세
아버지	만 44세
어머니	만 38세
은수	만 12세
동생	만 2세

경로: 만 65세 이상
어른: 만 12세 초과 만 65세 미만
어린이: 만 6세 이상 만 12세 이하
유아: 만 6세 미만

(   )

04 학생 578명이 모두 보트를 타려고 합니다. 보트 한 척에 학생이 최대 10명까지 탈 수 있다면 보트는 적어도 몇 척이 있어야 합니까?

(   )

05 어떤 수를 반올림하여 십의 자리까지 나타내었더니 1580이 되었습니다. 어떤 수가 될 수 있는 수의 범위를 이상과 미만을 이용하여 나타내시오.

(   )

06 ☐ 안에 알맞은 자연수를 써넣으시오.

☐ 초과 49.5 미만인 자연수는 모두 13개입니다.

07 어느 놀이공원의 고속열차는 키가 다음과 같은 사람은 탈 수 없습니다. 고속열차를 탈 수 있는 사람의 키의 범위를 수직선에 나타내시오.

| 130 cm 미만인 사람, 195 cm 초과인 사람 |

125 ↑ 135 ↑ 145 ↑ 155 ↑ 165 ↑ 175 ↑ 185 ↑ 195 ↑
    130   140   150   160   170   180   190   200

08 둘레의 범위가 48 cm 초과 72 cm 이하인 정육각형이 있습니다. 정육각형의 한 변의 길이가 될 수 있는 길이의 범위를 초과와 이하를 이용하여 나타내시오.

(   )

09 3.284를 올림하여 소수 둘째 자리까지 나타낸 수와 반올림하여 소수 둘째 자리까지 나타낸 수의 차는 얼마입니까?

(   )

10 사탕 807개를 한 상자에 30개씩 포장하여 판매하려고 합니다. 판매할 수 있는 사탕은 모두 몇 상자입니까?

(   )

11 어느 빵집에서 빵 1251개를 하나씩 봉투에 담아 포장하려고 합니다. 필요한 봉투의 개수를 두 사람이 각각 다음과 같이 어림하였습니다. 봉투의 개수를 빵의 개수와 더 가깝게 어림한 사람의 이름을 쓰시오.

| 진수: 올림하여 십의 자리까지 |
| 윤후: 반올림하여 백의 자리까지 |

(   )

12 네 자리 수 4■●7을 올림하여 십의 자리까지 나타내었더니 4530이 되었습니다. 6■●1을 반올림하여 백의 자리까지 나타내시오.

( )

13 올림하여 십의 자리까지 나타내면 700이 되는 자연수 중 가장 작은 수와 가장 큰 수의 합은 얼마입니까?

( )

14 다음 4장의 수 카드 중 세 장을 한 번씩만 사용하여 소수 두 자리 수를 만들려고 합니다. 만들 수 있는 수 중에서 2 이상 5.67 미만인 수는 모두 몇 개입니까?

⑦ ⑥ ③ ⑤

( )

15 어떤 자연수 ●에 9를 곱해서 나온 수를 버림하여 백의 자리까지 나타내면 8500이 됩니다. ●가 될 수 있는 수 중 가장 작은 수를 구하시오.

( )

16 네 자리 수 83□5를 올림하여 백의 자리까지 나타낸 수와 반올림하여 십의 자리까지 나타낸 수가 같습니다. □ 안에 들어갈 수를 구하시오.

( )

17 지예네 학교 학생 수를 버림하여 백의 자리까지 나타내면 100명, 반올림하여 백의 자리까지 나타내면 200명입니다. 학생들에게 양말을 3켤레씩 나누어 주려고 합니다. 양말을 20켤레씩 묶어서 판다면 사야 하는 양말은 최소 몇 묶음입니까?

( )

18 어떤 수를 버림하여 백의 자리까지 나타낸 다음, 반올림하여 천의 자리까지 나타내면 37000이 됩니다. 어떤 수 중 가장 작은 자연수를 구하시오.

( )

19 서술형 두 수의 범위에 공통으로 속하는 자연수는 모두 몇 개인지 풀이 과정을 쓰고 답을 구하시오.

> 25 이상 33 미만인 수
> 29 초과 35 이하인 수

풀이

답

20 서술형 축구 경기를 관람하러 온 입장객 수를 반올림하여 십의 자리까지 나타내면 8400명입니다. 이 입장객들에게 응원 막대를 2개씩 나누어 주려고 16800개를 준비했을 때, 응원 막대는 최대 몇 개가 부족한지 풀이 과정을 쓰고 답을 구하시오.

풀이

답

교내 경시 2단원 분수의 곱셈

이름　　　　점수

01 계산 결과가 다른 하나는 어느 것입니까? (　　　)

① $1\frac{2}{3} \times 7$　　② $7 \times \frac{5}{3}$　　③ $1\frac{2}{7} \times 3$

④ $2\frac{1}{3} \times 5$　　⑤ $5 \times \frac{7}{3}$

02 어림하여 계산 결과가 $\frac{3}{5}$보다 작은 것을 찾아 기호를 쓰시오.

$$ ㉠ \frac{3}{5} \times 1\frac{2}{9} \quad ㉡ \frac{3}{5} \times 2 \quad ㉢ \frac{3}{5} \times \frac{7}{8} $$

(　　　　　　　)

03 색종이 45장을 가지고 있습니다. 이 중 전체의 $\frac{4}{9}$를 사용했다면 남은 색종이는 몇 장입니까?

(　　　　　　　)

04 다음 중에서 두 분수를 골라 곱을 구하려고 합니다. 가장 큰 곱은 얼마입니까?

$$ \frac{1}{5} \qquad \frac{1}{2} \qquad \frac{1}{4} \qquad \frac{1}{9} $$

(　　　　　　　)

05 어떤 수를 3으로 나누었더니 $2\frac{1}{4}$이 되었습니다. 어떤 수와 $1\frac{7}{9}$의 곱은 얼마입니까?

(　　　　　　　)

06 ●에 들어갈 수 있는 자연수를 모두 구하시오.

(단, $\frac{5}{●}$는 진분수입니다.)

$$ \frac{5}{●} \times 7 = (\text{자연수}) $$

(　　　　　　　)

07 수직선에서 $2\frac{1}{7}$과 $4\frac{3}{7}$ 사이를 5등분하였습니다. □ 안에 알맞은 수를 대분수로 나타내시오.

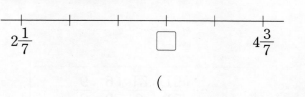

(　　　　　　　)

08 한 시간에 $70\frac{5}{6}$ km를 달리는 자동차가 있습니다. 이 자동차가 같은 빠르기로 2시간 24분 동안 달린다면 달린 거리는 몇 km입니까?

(　　　　　　　)

09 오른쪽 그림은 정사각형의 각 변의 한가운데 점들을 이어서 만든 도형입니다. 색칠한 부분의 넓이는 몇 cm²입니까?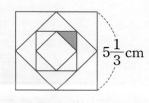

(　　　　　　　)

10 ㉮ 수도꼭지에서는 물이 1분에 $2\frac{5}{7}$ L씩 나오고, ㉯ 수도꼭지에서는 물이 1분에 $1\frac{2}{3}$ L씩 나옵니다. 두 수도꼭지를 동시에 틀어 3분 동안 물을 받으면 받는 물은 모두 몇 L가 됩니까?

(　　　　　　　)

11 다음 식의 계산 결과가 자연수가 되기 위해 □ 안에 들어갈 수 있는 수를 구하시오.

$$ \frac{5}{6} \times 1\frac{7}{8} \times 6\frac{□}{5} $$

(　　　　　　　)

12 학교에서 병원까지의 거리는 $2\frac{4}{5}$ km이고, 병원에서 공원까지의 거리는 $1\frac{7}{15}$ km입니다. 도서관은 학교에서 병원을 거쳐 공원까지의 거리의 $\frac{1}{4}$인 지점에 있다고 합니다. 도서관에서 공원까지의 거리는 몇 km입니까?

(   )

13 포도씨유가 가득 들어 있는 병의 무게를 재어 보았더니 $2\frac{1}{3}$ kg이었습니다. 이 포도씨유를 $\frac{1}{4}$만큼 사용한 후 병의 무게를 재어 보았더니 $1\frac{14}{15}$ kg이 되었다면 빈 병의 무게는 몇 kg입니까?

(   )

14 어느 로봇 동아리의 학생 중 전체의 $\frac{11}{27}$은 남학생입니다. 여학생이 남학생보다 10명 더 많을 때, 로봇 동아리 학생은 모두 몇 명입니까?

(   )

15 어떤 기약분수에 $\frac{3}{5}$, $3\frac{3}{10}$을 각각 곱하면 모두 자연수가 됩니다. 어떤 기약분수 중에서 가장 작은 분수를 대분수로 나타내시오.

(   )

16 $\frac{1}{\blacksquare} \times \frac{1}{\bullet} = \frac{1}{\bullet - \blacksquare} \times \left(\frac{1}{\blacksquare} - \frac{1}{\bullet}\right)$과 같이 나타낼 수 있습니다. 이를 이용하여 다음 식의 값을 구하시오.

$$\frac{1}{2} \times \frac{1}{3} + \frac{1}{3} \times \frac{1}{4} + \frac{1}{4} \times \frac{1}{5} + \cdots + \frac{1}{48} \times \frac{1}{49}$$

(   )

17 떨어진 높이의 $\frac{2}{3}$만큼 튀어 오르는 공이 있습니다. 이 공을 바닥에서 42 m 높이에서 떨어뜨렸을 때, 공이 12 m보다 낮게 튀어 오르려면 적어도 몇 번 땅에 닿아야 합니까?

(   )

18 자전거를 타고 아영이는 3분 동안 $1\frac{3}{5}$ km를 가고, 진서는 7분 동안 $2\frac{4}{5}$ km를 갑니다. 아영이와 진서가 같은 지점에서 동시에 출발하여 호수의 둘레를 따라 반대 방향으로 자전거를 탔습니다. 두 사람이 출발한지 12분 후 처음으로 만났다면 호수의 둘레는 몇 km입니까? (단, 아영이와 진서가 자전거를 타는 빠르기는 각각 일정합니다.)

(   )

19 서술형 수 카드 [5], [7], [9], [4], [6] 중 4장을 한 번씩만 사용하여 다음과 같은 곱셈식을 만들 때의 곱 중 가장 큰 곱은 얼마인지 풀이 과정을 쓰고 답을 구하시오.

$$\frac{16}{63} \times \frac{\square}{\square} \times \frac{\square}{\square}$$

풀이

답

20 서술형 일정한 규칙에 따라 분수를 늘어놓았습니다. 10번째 분수와 11번째 분수의 곱을 기약분수로 나타내면 얼마인지 풀이 과정을 쓰고 답을 구하시오.

$$\frac{3}{6}, \frac{6}{9}, \frac{9}{12}, \frac{12}{15}, \cdots$$

풀이

답

01 두 도형은 서로 합동입니다. 각 ㄹㅁㅂ은 몇 도입니까?

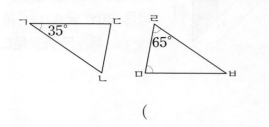

(　　　　)

02 두 사각형은 서로 합동입니다. 사각형 ㅁㅂㅅㅇ의 둘레가 18 cm라면, 변 ㄱㄹ은 몇 cm입니까?

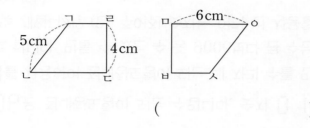

(　　　　)

03 다음 중 대칭축의 개수가 많은 것부터 차례로 기호를 쓰시오.

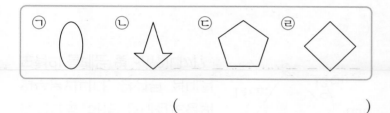

(　　　　)

04 오른쪽 도형은 직선 ㅁㅂ을 대칭축으로 하는 선대칭도형입니다. 각 ㉮의 크기를 구하시오.

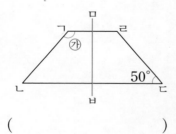

(　　　　)

05 오른쪽 사각형 ㄱㄴㄷㄹ은 점대칭도형입니다. 선분 ㄱㄷ의 길이는 38 cm이고 선분 ㄴㄹ의 길이는 30 cm일 때, 삼각형 ㄱㄴㅇ의 둘레는 몇 cm입니까?

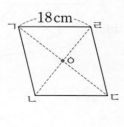

(　　　　)

06 서로 합동인 삼각형 2개를 오른쪽과 같이 놓았습니다. 선분 ㄷㄹ은 몇 cm입니까?

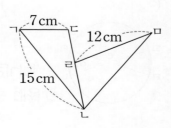

(　　　　)

07 삼각형 ㄱㄴㄹ과 삼각형 ㅂㅁㄷ은 서로 합동입니다. 각 ㄷㅅㄹ은 몇 도입니까?

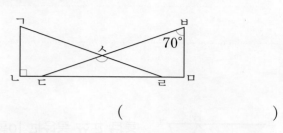

(　　　　)

08 오른쪽 평행사변형 ㄱㄴㄷㄹ에서 각 ㄱㄷㄴ은 몇 도입니까?

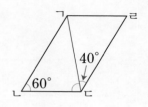

(　　　　)

09 다음 중 선대칭도형도 되고 점대칭도형도 되는 것을 모두 고르시오. (　　　　)

① 정삼각형 　　② 평행사변형 　　③ 정오각형

④ 정육각형 　　⑤ 정팔각형

10 오른쪽 선대칭도형에서 각 ㉠의 크기를 구하시오.

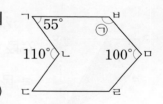

(　　　　)

11 오른쪽 마름모 ㄱㄴㄷㄹ에서 합동인 삼각형은 모두 몇 쌍입니까? (단, 점 ㅁ과 점 ㅂ은 각각 한 변을 이등분하는 점입니다.)

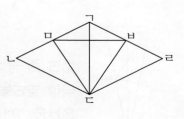

(　　　　)

12 오른쪽 도형은 원의 중심 ㅇ을 대칭
의 중심으로 하는 점대칭도형입니다.
각 ㄷㅇㄹ은 몇 도입니까?

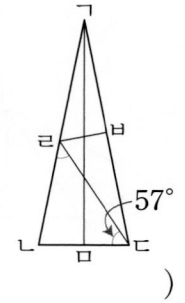

( )

17 오른쪽 삼각형 ㄱㄴㄷ은 선분 ㄱㅁ을 대
칭축으로 하는 선대칭도형이고, 삼각형
ㄹㄱㄷ은 선분 ㄹㅂ을 대칭축으로 하는
선대칭도형입니다. 각 ㄴㄹㄷ은 몇 도입
니까?

( )

13 오른쪽 그림에서 삼각형 ㄱㄴㅁ
과 삼각형 ㄴㄹㄷ은 서로 합
동입니다. 사각형 ㄱㄴㄷㄹ
의 넓이는 몇 cm²입니까?

( )

18 오른쪽 그림과 같이 중심이 점 ㅇ인
원의 $\frac{1}{4}$ 모양의 종이를 점 ㅇ과 점 ㄹ
이 겹쳐지도록 선분 ㄱㄷ을 따라 접었
습니다. 각 ㄱㄷㅇ은 몇 도입니까?

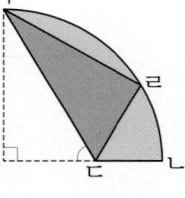

( )

14 오른쪽 도형은 점 ㅇ을 대칭의
중심으로 하는 점대칭도형의
일부분입니다. 완성된 점대칭
도형의 둘레는 몇 cm입니까?

( )

19
서술형
오른쪽 도형은 선분 ㄴㄷ을 대칭
축으로 하는 선대칭도형의 일부
분입니다. 완성된 선대칭도형의
넓이는 몇 cm²인지 풀이 과정을 쓰고 답을 구하시오.

풀이 _____

_____

_____

답

15 9006은 점대칭도형이 되는 수입니다. 숫자 0, 1,
6, 9를 사용하여 점대칭도형이 되는 네 자리 수를 만
들려고 합니다. 만들 수 있는 수 중 9006보다 큰 수는
모두 몇 개입니까? (단, 주어진 숫자는 여러 번 사용할
수 있습니다.)

( )

20
서술형
오른쪽 그림과 같이 삼각형 모양
의 색종이를 꼭짓점 ㄱ이 변 ㄴㄷ
위에 닿도록 접었습니다. 각 ㉠은
몇 도인지 풀이 과정을 쓰고 답을
구하시오.

풀이 _____

_____

_____

답

16 오른쪽 그림에서 삼각형 ㄱㄴㄷ
과 삼각형 ㄹㅁㅂ은 서로 합동
입니다. 색칠한 부분의 넓이가
160 cm²일 때, 선분 ㄹㅅ은 몇
cm입니까?

( )

01 다음 식에서 ㉠과 ㉡의 합을 구하시오.

$$3.7 \times 5 = \frac{37}{㉠} \times 5 = \frac{37 \times 5}{㉠} = \frac{185}{㉠} = ㉡$$

(   )

02 0.32를 80번 더한 값을 구하시오.

(   )

03 다음 중 계산 결과가 곱해지는 자연수보다 커지는 곱셈 식을 골라 기호를 쓰시오.

㉠ 9×0.62 ㉡ 8×0.4
㉢ 4×0.53 ㉣ 2×1.7

(   )

04 들이가 3 L인 생수를 한 통 사면 1.2배로 추가 증정하고 있습니다. 이 생수를 4통 사면 모두 몇 L를 사는 셈입니까?

(   )

05 두께가 일정한 리본 10 cm의 무게는 7.34 g입니다. 이 리본 10 m의 무게는 몇 g입니까?

(   )

06 어림하여 계산 결과가 6보다 큰 것을 모두 찾아 기호를 쓰시오.

㉠ 3×2.01 ㉡ 1.94×3 ㉢ 1.47×4
㉣ 6×1.08 ㉤ $0.7 \times 10 \times 1.1$

(   )

07 길이가 3.26 m인 철사를 0.54 m씩 5번 잘라서 사용하였습니다. 남은 철사는 몇 m입니까?

(   )

08 다음 식에서 ㉠과 ㉡의 곱을 구하시오.

$$2.58 \times ㉠ = 2580$$
$$㉡ \times 0.01 = 0.0914$$

(   )

09 지수는 매일 아침 운동장을 3바퀴 반씩 달립니다. 운동장의 둘레가 275.4 m일 때, 지수가 1주일 동안 달린 거리는 몇 km입니까?

(   )

10 1분 동안 8.5 L의 물이 나오는 수도로 수조에 물을 받고 있습니다. 이 수조에서 1분 동안 2.7 L의 물이 샌다면 3분 24초 동안 수조에 받을 수 있는 물은 몇 L입니까? (단, 수도에서 나오는 물과 수조에서 새는 물의 양은 각각 일정합니다.)

(   )

11 한 변이 16 cm인 정사각형이 있습니다. 가로를 0.25배 늘이고 세로를 0.12배 줄여서 새로운 직사각형을 만들었습니다. 새로 만든 직사각형의 넓이는 몇 cm²입니까?

(   )

12 떨어진 높이의 0.75만큼 튀어 오르는 공이 있습니다. 이 공을 높이가 20 m인 곳에서 떨어뜨렸을 때 세 번째로 튀어 오른 높이는 몇 cm입니까?

( )

13 0.8을 97번 곱했을 때 소수 97째 자리 숫자를 구하시오.

( )

14 ■에 들어갈 수 있는 가장 작은 소수 한 자리 수와 ●에 들어갈 수 있는 가장 큰 소수 두 자리 수의 곱을 구하시오.

$$1.05 \times ■ > 1.05 \qquad ● \times 2.4 < 2.4$$

( )

15 4장의 수 카드 5, 2, 7, 4를 모두 한 번씩만 사용하여 다음과 같은 곱셈식을 만들려고 합니다. 만들 수 있는 곱 중 가장 큰 곱은 얼마입니까?

$$0.\square\square \times 0.\square\square$$

( )

16 똑같은 직사각형 11개를 그림과 같이 1.4 cm씩 겹치도록 한 줄로 이어 붙였습니다. 이어 붙인 전체 도형의 넓이는 몇 cm²입니까?

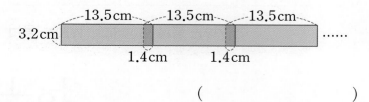

( )

17 어느 경시대회의 작년 합격자 수는 재작년 합격자 수의 0.9배이고, 올해 합격자 수는 작년 합격자 수의 1.2배입니다. 올해 합격자 수가 1620명일 때, 재작년 합격자는 몇 명입니까?

( )

18 다음과 같은 규칙으로 늘어놓은 소수 25개를 모두 더했을 때, 합의 일의 자리 숫자를 구하시오.

$$0.7 + 0.77 + 0.777 + 0.7777 + 0.77777 + \cdots$$

( )

19 서술형
1시간에 85.5 km를 가는 버스를 타고 오후 1시 30분에 출발하여 같은 날 오후 3시 18분에 도착했습니다. 버스로 간 거리는 몇 km인지 풀이 과정을 쓰고 답을 구하시오.

풀이 _____

_____

_____

답 _____

20 서술형
어느 모자 공장에서 올해의 목표 판매량을 작년의 1.25배로 정했습니다. 작년 판매량이 8400개이고 올해 초부터 지금까지 작년 판매량의 0.9배만큼 팔았다면 모자를 몇 개 더 팔아야 올해의 목표 판매량을 채울 수 있는지 풀이 과정을 쓰고 답을 구하시오.

풀이 _____

_____

_____

답 _____

01 오른쪽 정육면체의 모든 모서리의 길이의 합은 몇 cm입니까?

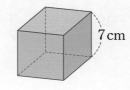

(   )

02 오른쪽 직육면체에서 색칠한 면과 평행한 면의 둘레는 몇 cm입니까?

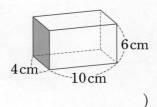

(   )

03 오른쪽 직육면체의 겨냥도에서 보이지 않는 모서리의 길이의 합은 몇 cm입니까?

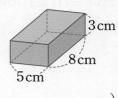

(   )

04 전개도를 접어 직육면체를 만들었을 때, 면 가와 수직인 면을 모두 찾아 기호를 쓰시오.

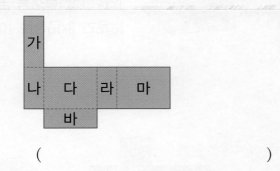

(   )

05 마주 보는 눈의 수의 합이 7인 주사위의 전개도입니다. ㉠에 올 수 있는 눈의 수를 모두 구하시오.

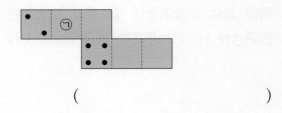

(   )

06 오른쪽 직육면체의 모든 모서리의 길이의 합은 76 cm입니다. ㉠은 몇 cm입니까?

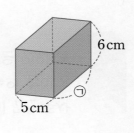

(   )

07 어떤 직육면체를 앞과 옆에서 본 모양을 그린 것입니다. 이 직육면체를 위에서 본 모양의 둘레는 몇 cm입니까?

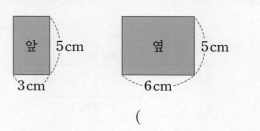

(   )

08 다음 정육면체의 전개도를 접었을 때, 빨간색 선분에서 만나는 두 면을 찾아 기호를 쓰시오.

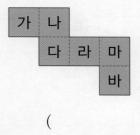

(   )

09 오른쪽 직육면체의 전개도를 완성하려고 합니다. 나머지 한 면을 그려 넣을 수 있는 곳을 모두 찾아 기호를 쓰시오.

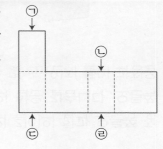

(   )

10 오른쪽 직육면체에서 보이는 모서리의 길이의 합이 63 cm입니다. 이 직육면체의 모든 모서리의 길이의 합은 몇 cm입니까?

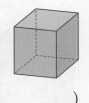

(   )

11 오른쪽 전개도를 접어서 직육면체를 만들었을 때, 선분 ㄴㄷ과 만나는 선분을 쓰시오.

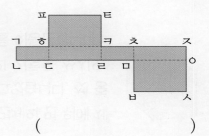

(   )

12 서로 마주 보는 면의 눈의 수의 합이 7인 주사위 3개를 서로 맞닿는 면의 눈의 수의 합이 8이 되도록 붙였습니다. 바닥과 맞닿은 면의 눈의 수는 얼마입니까?

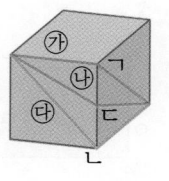

(   )

13 왼쪽과 같이 직육면체에 선을 그었습니다. 이 직육면체의 전개도가 오른쪽과 같을 때, 직육면체에 그은 선을 전개도에 실선으로 나타내시오.

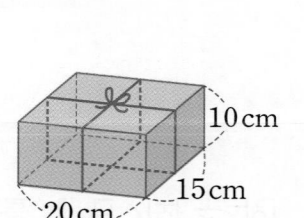

14 오른쪽과 같이 직육면체 모양의 상자를 끈으로 묶었습니다. 상자를 묶는 데 사용한 끈의 길이는 몇 cm입니까? (단, 매듭을 묶는 데 사용한 끈의 길이는 18 cm입니다.)

10 cm
15 cm
20 cm

(   )

15 다음은 각 면에 다른 색이 칠해진 정육면체를 서로 다른 방향에서 본 그림입니다. 파란색이 칠해진 면과 마주 보는 면에는 무슨 색이 칠해져 있습니까?

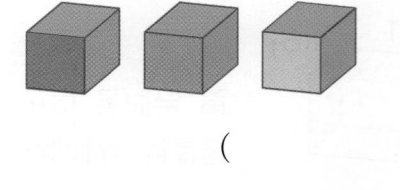

(   )

16 오른쪽 직육면체의 전개도의 둘레가 가장 짧게 되도록 그릴 때, 전개도의 둘레는 몇 cm가 되겠습니까?

5 cm
6 cm
3 cm

(   )

17 오른쪽 그림과 같이 정육면체의 면 위에 세 개의 선분 ㉮, ㉯, ㉰를 그었습니다. 셋 중 길이가 가장 짧은 선분의 기호를 쓰시오. (단, 점 ㄷ은 모서리 ㄱㄴ을 이등분합니다.)

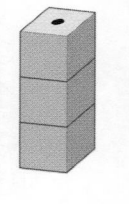

(   )

18 오른쪽과 같이 정육면체의 겉면을 모두 빨간색으로 색칠한 다음 각 모서리를 6등분하여 크기가 같은 작은 정육면체가 되도록 모두 잘랐습니다. 작은 정육면체 중 빨간색이 두 면에 색칠된 것은 모두 몇 개입니까?

(   )

19 왼쪽 직육면체의 모든 모서리의 길이의 합과 오른쪽 정육면체의 모든 모서리의 길이의 합은 같습니다. 오른쪽 정육면체의 한 모서리의 길이는 몇 cm인지 풀이 과정을 쓰고 답을 구하시오.
서술형

5 cm
8 cm
5 cm

풀이

답

20 다음 전개도를 접어 직육면체를 만들려고 합니다. 직사각형 ㄱㄴㄷㅎ의 넓이가 28 cm²일 때, 직육면체의 모든 모서리의 길이의 합은 몇 cm인지 풀이 과정을 쓰고 답을 구하시오.
서술형

18 cm
4 cm

풀이

답

01 효선이네 모둠의 공 던지기 기록을 나타낸 표입니다. 효선이네 모둠 학생들의 공 던지기 기록의 평균은 몇 m입니까?

공 던지기 기록

이름	효선	윤호	지연	민석	수지
기록 (m)	26	30	19	28	22

(   )

02 진수가 하루에 하는 윗몸 말아 올리기 횟수의 평균이 23번일 때, 일주일 동안 하는 윗몸 말아 올리기 횟수는 모두 몇 번입니까?

(   )

03 아영이네 모둠 학생들이 하루 동안 마신 우유의 양을 나타낸 표입니다. 우유를 평균보다 많이 마신 학생의 이름을 모두 쓰시오.

마신 우유의 양

이름	아영	시헌	리나	진서
우유의 양 (mL)	250	200	235	255

(   )

04 다음 중 일이 일어날 가능성이 '반반이다'인 것을 찾아 기호를 쓰시오.

> ㉠ 1부터 6까지의 눈이 그려진 주사위를 던져 8의 눈이 나올 가능성
> ㉡ 동전 1개를 던져 그림 면이 나올 가능성
> ㉢ 흰색 공만 들어 있는 주머니에서 흰색 공을 꺼낼 가능성

(   )

05 오른쪽 회전판을 돌렸을 때 화살이 파란색에 멈출 가능성을 ↓로 나타내시오. (단, 각 칸의 넓이는 같습니다.)

```
|----------|----------|
0          1/2         1
```

06 492개의 모자를 만드는 데 ㉮ 기계는 3시간이 걸리고, ㉯ 기계는 4시간이 걸립니다. 어떤 기계의 한 시간당 모자 생산량의 평균이 몇 개 더 많습니까?

(   )

07 준서와 지우가 높이뛰기를 각각 4회씩 했습니다. 준서의 기록의 합과 지우의 기록의 합의 차가 4 cm입니다. 준서의 높이뛰기 기록의 평균은 지우의 높이뛰기 기록의 평균보다 몇 cm 높습니까?

(   )

08 어느 미술관의 요일별 관람객 수를 나타낸 표입니다. 월요일부터 금요일까지 미술관 관람객 수의 평균이 770명일 때, 수요일의 관람객은 몇 명입니까?

요일별 미술관 관람객 수

요일	월	화	수	목	금
관람객 수 (명)	659	780		852	760

(   )

09 효주가 과녁판에 화살을 9개 쏘아서 오른쪽과 같이 맞추었습니다. 화살을 한 개 더 쏘아서 효주의 점수의 평균이 2.7점이 되었다면, 마지막 화살을 쏘아 맞힌 점수는 몇 점입니까?

(   )

10 봉사활동 동아리 회원들의 나이를 나타낸 표입니다. 새로운 회원 한 명이 더 들어와서 나이의 평균이 한 살 늘었다면 새로 들어온 회원의 나이는 몇 살입니까?

동아리 회원들의 나이

이름	인희	진환	아람	도훈	슬혜
나이 (살)	8	13	9	11	9

(   )

11 남학생 3명의 키의 평균은 156 cm이고, 여학생 2명의 키의 평균은 146 cm일 때, 전체 학생의 키의 평균은 몇 cm입니까?

(   )

12 일이 일어난 가능성의 정도를 말로 나타낸 것입니다. 다음 중 일이 일어날 가능성이 ㉮인 것을 모두 골라 기호를 쓰시오.

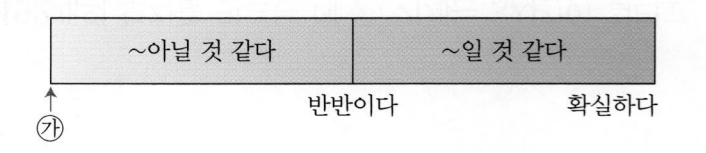

- ㉠ 한 명의 아이가 태어날 때 남자아이일 가능성
- ㉡ 5월 40일이 있을 가능성
- ㉢ 계산기로 2＋1＝를 눌렀을 때 7이 나올 가능성
- ㉣ 내일 태양이 뜰 가능성

( )

13 1부터 20까지의 수가 적힌 수 카드 20장 중 한 장을 뽑을 때, 일이 일어날 가능성이 낮은 것부터 차례로 기호를 쓰시오.

- ㉠ 30보다 큰 수가 나올 가능성
- ㉡ 16의 약수가 나올 가능성
- ㉢ 2의 배수가 나오지 않을 가능성

( )

14 다음은 두 모둠 학생들의 국어 점수를 나타낸 표입니다. 두 모둠의 국어 점수의 평균이 같을 때, ㉯ 모둠에서 점수가 가장 높은 사람은 누구입니까?

㉮ 모둠의 점수

이름	점수 (점)
경희	78
주영	86
세광	92
민정	76

㉯ 모둠의 점수

이름	점수 (점)
이수	88
민경	84
철수	72
연지	
수현	80

( )

15 빨간색 구슬 3개, 초록색 구슬 4개, 주황색 구슬 6개가 들어 있는 주머니가 있습니다. 첫 번째와 두 번째로 구슬 하나씩을 꺼내자 각각 초록색 구슬이 나왔고, 세 번째로 구슬 하나를 꺼내자 주황색 구슬이 나왔습니다. 네 번째로 구슬 하나를 꺼낼 때, 꺼낸 구슬이 주황색일 가능성을 수로 표현하시오. (단, 꺼낸 구슬은 다시 넣지 않습니다.)

( )

16 진우가 과목별 단원 평가 성적 중 98점인 한 과목의 점수를 89점으로 잘못 보고 계산하였더니 성적의 평균이 89점이 되었습니다. 실제 진우의 성적의 평균이 90.5점일 때, 단원 평가는 모두 몇 과목입니까?

( )

17 어떤 수에 0을 곱했을 때 8이 나올 가능성을 수로 표현하시오.

( )

18 어느 동아리에서 25명이 똑같은 금액을 모아 관광버스를 빌리기로 했습니다. 25명 중 5명이 참석을 취소하여 한 사람당 돈을 1000원씩 더 내게 됐다면, 관광버스를 빌리는 비용은 얼마입니까?

( )

19 서술형 민규의 턱걸이 기록을 나타낸 표입니다. 1회부터 5회까지의 턱걸이 기록의 평균이 9번 이상이 되려면 민규가 5회에서 턱걸이를 적어도 몇 번 해야 하는지 풀이 과정을 쓰고 답을 구하시오.

턱걸이 기록

회	1회	2회	3회	4회
기록 (번)	5	8	7	12

풀이

답

20 서술형 회전판을 돌렸을 때 화살이 빨간색에 멈출 가능성이 높은 것부터 순서대로 기호를 쓰려고 합니다. 풀이 과정을 쓰고 답을 구하시오.

가　　　　나　　　　다

풀이

답

01 35×18은 3.5×0.018의 ■배입니다. ■÷100은 얼마입니까?

( )

02 오른쪽 그림에서 삼각형 ㄱㄴㄷ과 삼각형 ㄷㄹㅁ은 서로 합동입니다. 선분 ㄴㄹ 은 몇 cm입니까?

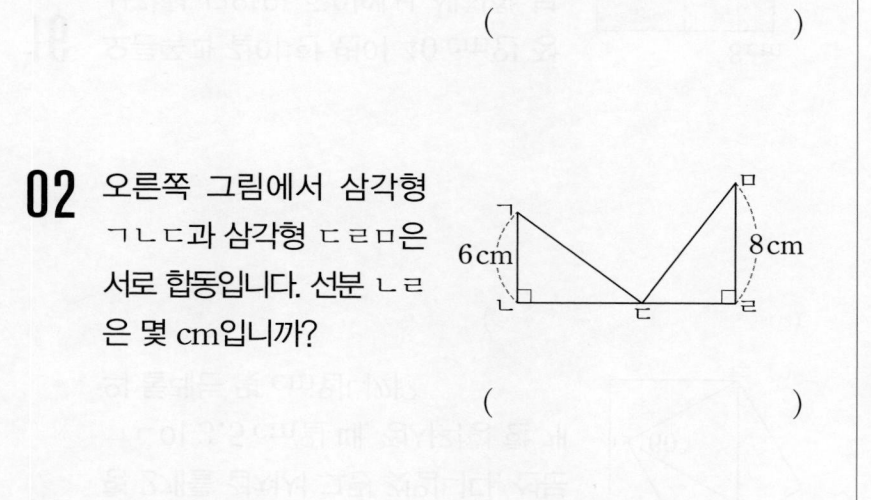

( )

03 선분을 9등분한 것입니다. ㉠과 ㉡ 사이의 거리는 몇 m 인지 대분수로 나타내시오.

24 m

( )

04 □ 안에 알맞은 수를 써넣으시오.

30, 38, 34, □ ➡ 평균: 35.5

05 선대칭도형 가와 나의 대칭축의 수의 차는 몇 개입니까?

가   나

( )

06 일이 일어날 가능성이 높은 차례로 기호를 쓰시오.

㉮ 1부터 6까지의 눈이 있는 주사위를 던졌을 때 주사 위 눈의 수가 짝수일 가능성
㉯ 2.3×4의 계산 결과가 9.2가 나올 가능성
㉰ 2장의 수 카드 3 , 7 을 한 번씩 모두 사용하여 두 자리 수를 만들었을 때 52를 만들 가능성

( )

07 두 수직선에 나타낸 수의 범위에 공통으로 속하는 자연 수를 모두 구하시오.

43   52   49   57

( )

08 오른쪽 직육면체에서 면 ㉮와 수 직인 모서리 중 보이는 모서리의 길이의 합은 몇 cm입니까?

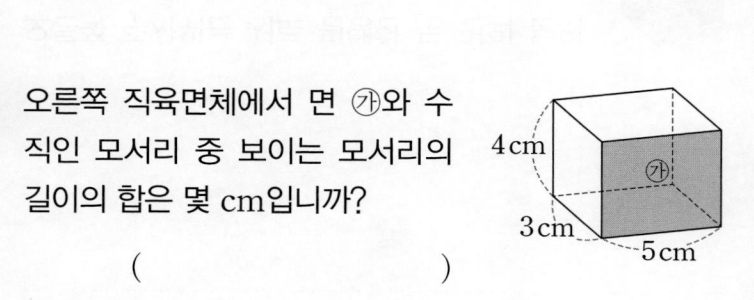

( )

09 주머니 안에 딸기 맛 사탕 3개와 포도 맛 사탕 3개가 들 어 있습니다. 주머니에서 사탕 한 개를 꺼낼 때 꺼낸 사 탕이 포도 맛일 가능성을 수로 표현하시오.

( )

10 오른쪽과 같이 색종이를 반으로 접 어 굵은 선을 따라 가위로 오린 후 펼 쳤습니다. 펼친 사각형의 넓이는 몇 cm²입니까?

5.45 cm
10 cm
11.15 cm

( )

11 진호네 모둠 학생들이 주운 밤의 수를 나타낸 표입니다. 주운 밤의 수의 평균이 30개일 때 밤을 가장 많이 주운 학생은 누구입니까?

학생별 주운 밤의 수

이름	진호	수영	서현	태섭	인서
밤의 수 (개)	25	35	■2	17	3▲

( )

12 오른쪽 도형은 점대칭도형입니다. 각 ㅂㅁㄹ은 몇 도입니까?

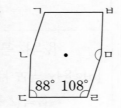

( )

13 4장의 수 카드 8, 5, 3, 4 를 한 번씩 모두 사용하여 네 자리 수를 만들려고 합니다. 수 카드로 만들 수 있는 수 중 반올림하여 천의 자리까지 나타내면 4000이 되는 수는 모두 몇 개입니까?

( )

14 두께가 일정하고 크기가 같은 고리를 그림과 같이 20개 연결하면 연결한 고리 전체의 길이는 몇 cm입니까?

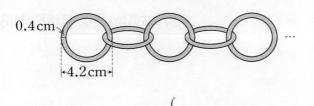

( )

15 오른쪽 그림은 서로 합동인 정사각형 2개를 겹쳐서 그린 것입니다. 선분 ㄱㄴ이 3.5 cm일 때, 정사각형 한 개의 둘레는 몇 cm입니까?

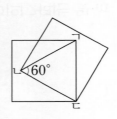

( )

16 오른쪽과 같이 한 변이 40 cm인 정사각형 모양의 종이에서 색칠한 부분을 잘라낸 후 남은 종이를 접어 직육면체를 만들었습니다. ㉠과 ㉡의 차는 몇 cm입니까?

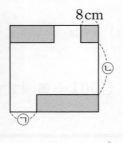

( )

17 다음 식의 계산 결과가 자연수가 되도록 ㉠과 ㉡이 될 수 있는 수를 (㉠, ㉡)으로 나타내면 모두 몇 쌍입니까? (단, ㉠과 ㉡은 1보다 큰 한 자리 자연수입니다.)

$$\frac{2}{3} \times ㉠ \times \frac{1}{㉡}$$

( )

18 오른쪽 그림은 한 변이 2 cm인 정사각형을 합동인 정사각형 9개로 나눈 뒤 가운데 정사각형을 색칠한 것입니다. 다시 색칠하지 않은 정사각형을 모두 가로와 세로로 각각 3등분하여 정사각형 9개로 나눈 뒤 각각 가운데 정사각형을 모두 색칠하였습니다. 색칠한 정사각형의 넓이의 합은 몇 cm²입니까?

( )

19 서술형 1.352를 버림하여 소수 첫째 자리까지 나타낸 수와 올림하여 소수 둘째 자리까지 나타낸 수의 곱은 얼마인지 풀이 과정을 쓰고 답을 구하시오.

풀이 _____

_____

_____

답 _____

20 서술형 오른쪽 주사위는 서로 평행한 두 면의 눈의 수의 합이 7인 주사위입니다. 보이지 않는 면에 있는 눈의 수의 합은 얼마인지 풀이 과정을 쓰고 답을 구하시오.

풀이 _____

_____

_____

답 _____

최상위 수학

수능형 사고력을 기르는 2학기 TEST - 2회

점수

이름

01 반올림하여 백의 자리까지 나타내면 500이 되는 수의 범위를 이상과 미만을 이용하여 나타내시오.

(   )

02 $3\frac{3}{8}$ kg의 밀가루 중에서 $\frac{2}{3}$ 를 사용했습니다. 남은 밀가루는 몇 kg인지 대분수로 나타내시오.

(   )

03 두께가 일정한 막대 1 m의 무게가 2.5 kg입니다. 이 막대 231 cm의 무게는 몇 kg입니까?

(   )

04 은혜네 모둠 학생들이 접은 종이학 수를 나타낸 표입니다. 은혜는 종이학을 평균보다 몇 개 덜 접었습니까?

학생별 접은 종이학 수

이름	은혜	이현	상원	민주	진호
종이학 수(개)	23	42	38	40	37

(   )

05 한 모서리의 길이가 8 cm인 정육면체를 오른쪽과 같이 똑같은 4개의 직육면체로 잘랐습니다. 잘라 만든 직육면체 하나의 모든 모서리의 길이의 합은 몇 cm입니까?

8 cm

(   )

06 ㉠과 ㉡을 수로 표현했을 때 그 합은 얼마입니까?

㉠ **1** 부터 **9** 까지의 수 카드 중 1장을 뽑았을 때 0
이 나올 가능성
㉡ 동전 1개를 던졌을 때 숫자 면이 나올 가능성

(   )

07 그림에서 선분 ㄱㄴ을 대칭축으로 하는 선대칭도형과 점 ㅇ을 대칭의 중심으로 하는 점대칭도형을 각각 완성했을 때, 완성한 두 도형이 겹쳐지는 부분은 몇 각형입니까?

(   )

08 어떤 시에서는 올해의 버스 요금을 작년 버스 요금의 $\frac{1}{5}$ 만큼 올린 후 버림하여 십의 자리까지 나타낸 값으로 정하기로 했습니다. 작년 이 시의 버스 요금이 720원이었다면 올해의 버스 요금은 얼마입니까?

(   )

09 한 시간에 75 km를 가는 승용차로 2시간 12분 동안 간 거리를 버스로 3시간 동안 갔다고 합니다. 버스는 한 시간에 평균 몇 km를 간 셈입니까? (단, 승용차와 버스의 빠르기는 각각 일정합니다.)

(   )

10 오른쪽은 정사각형 모양의 색종이를 접은 것입니다. 각 ㉮는 몇 도입니까?

32°

(   )

11 한 시간에 $1\frac{5}{24}$ 분씩 빨라지는 시계가 있습니다. 이 시계를 오늘 오후 1시에 정확히 맞추어 놓았다면, 다음날 오후 5시에 이 시계가 가리키는 시각을 구하시오.

(   )

12 수아네 학교의 학생 343명이 박물관을 관람하려고 합니다. 입장권은 10장씩만 팔고 10장에 5000원입니다. 입장권을 사는 데 적어도 얼마가 필요합니까?

(   )

13 혜진이네 모둠 학생들이 만든 도넛 수의 평균을 나타낸 표입니다. 혜진이네 모둠 전체 학생들이 만든 도넛 수의 평균을 구하시오.

남학생(4명)	여학생(6명)
5.5개	8개

(   )

14 다음은 각 면에 ■, □, ●, ○, ♥, ♡ 그림이 하나씩 그려진 한 개의 주사위를 서로 다른 방향에서 본 모양입니다. □ 그림이 그려진 면과 마주 보는 면에 그려진 그림은 무엇입니까?

(   )

15 0.3을 100번 곱했을 때, 소수 100째 자리 숫자는 무엇입니까?

(   )

16 직육면체 모양의 상자를 길이가 139 cm인 끈을 모두 사용하여 오른쪽 그림과 같이 묶었습니다. 매듭을 묶는 데 21 cm 사용했다면 ㉠은 몇 cm입니까?

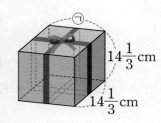

$14\frac{1}{3}$ cm

$14\frac{1}{3}$ cm

(   )

17 ●와 ▲에 1부터 9까지의 자연수가 들어갈 수 있을 때 오른쪽 식의 계산 결과가 될 수 있는 것을 찾아 기호를 쓰시오.

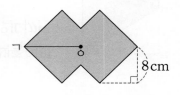

4.●9 × 3.▲6

| ㉠ 13.2751 | ㉡ 15.31754 | ㉢ 13.5564 |

(   )

18 오른쪽 도형은 서로 합동인 정사각형 2개를 겹쳐서 만든 점대칭도형입니다. 이 점대칭도형의 넓이가 224 cm² 이고 점 ㅇ이 대칭의 중심일 때, 선분 ㄱㅇ은 몇 cm입니까?

8 cm

(   )

19 서술형 떨어진 높이의 $\frac{1}{3}$ 만큼 튀어 오르는 공을 3.24 m의 높이에서 떨어뜨렸을 때, 튀어 오른 높이가 9 cm 이하가 되는 것은 공이 몇 번째로 튀어 오를 때인지 풀이 과정을 쓰고 답을 구하시오.

풀이

답

20 서술형 다음 숫자를 사용하여 점대칭도형이 되는 세 자리 수를 만들려고 합니다. 모두 몇 개 만들 수 있는지 풀이 과정을 쓰고 답을 구하시오. (단, 같은 숫자를 여러 번 사용할 수 있습니다.)

| 0 | 1 | 2 | 5 | 6 | 8 | 9 |

풀이

답